超低渗透油藏勘探开发技术新进展

超低渗透油藏地面工程技术

凌心强　朱天寿　著

石油工业出版社

内 容 提 要

本书以鄂尔多斯盆地三叠系延长组超低渗透油藏为典型代表，全面论述了超低渗透油藏地面工程建设标准化与油田数字化应用等新技术和新理念，对超低渗透油藏地面工程新技术的论述和系统总结，开拓了油藏勘探开发新领域，创新了现代油藏管理模式，对国内外同类油藏开发及现代油田生产和管理具有重要指导意义和实用参考价值。

本书可供从事油田生产技术人员、教学和科研人员参考，也可作为石油工程专业本科生和研究生在油田地面工程方面的教材和教学参考书。

图书在版编目（CIP）数据

超低渗透油藏地面工程技术 / 凌心强，朱天寿 著

北京：石油工业出版社，2013.11

（超低渗透油藏勘探开发技术新进展）

ISBN 978 - 7 - 5021 - 9761-2

Ⅰ . 超…

Ⅱ . ①凌…②朱…

Ⅲ . 低渗透油气藏–地面工程–工程技术

Ⅳ . P618.130.2

中国版本图书馆 CIP 数据核字（2013）第 215092 号

出版发行：石油工业出版社

　　　　　（北京安定门外安华里 2 区 1 号　　100011）

　　　　　网　　址：www.petropub.com.cn

　　　　　编辑部：（010）64523738　　　　发行部：（010）64523620

经　　销：全国新华书店

印　　刷：北京中石油彩色印刷有限责任公司

2013 年 11 月第 1 版　　2013 年 11 月第 1 次印刷

787 × 1092 毫米　　开本：1/16　　印张：17

字数：430 千字

定价：100.00 元

序 一

　　超低渗透油藏属于非常规油藏，受技术条件和开采成本制约，长期以来没有得到规模有效开发。近年来随着石油勘探和资源供需形势的巨大变化，超低渗透油藏越来越受到国际石油界的重视，国外致密油气（tight oil）的划分范围比较宽泛，国内与之对应的划分标准则涵盖了特低渗透、超低渗透和非储层三种类型。我国超低渗透油气资源分布广、储量大，在油气资源勘探和开发中占据着十分重要的地位。鄂尔多斯盆地是我国规模最大的低渗透油气资源富集区，经过几十年的潜心研究，超低渗透油藏勘探开发理论与技术取得了重大进展，并实现了工业规模开发，为国内外超低渗透油藏勘探、开发和现代油田管理提供了成功范例。鄂尔多斯盆地超低渗透油藏勘探与开发经验证明，油藏勘探开发理论研究和勘探开发新技术的应用，是指导油田勘探和开发方案部署的基础，是超低渗透油藏勘探开发成功的关键所在；观念创新、方法创新和标准化、数字化管理实践，是超低渗透油田实现低成本发展与生产方式转变的砥石。本丛书是在大量理论研究和实践基础上，对超低渗透油藏勘探开发理论与技术的全面论述和系统总结，不但丰富和发展了传统的油藏形成机理，开拓了油藏勘探开发新领域，创新了现代油藏管理模式，而且对我国乃至世界其他地区超低渗透油藏勘探开发具有重要的指导意义。

　　本套丛书共四册，包括《超低渗透油藏勘探理论与技术》《超低渗透油藏开发理论与技术》《超低渗透油藏压裂改造技术》《超低渗透油藏地面工程技术》。系统介绍了超低渗透油藏勘探、开发、数字化管理技术和方法，包括地震勘探技术、测井技术、井网优化技术、多级加砂和多缝压裂技术、数字化关键技术、地面集输关键设备研发等，结合长庆油田超低渗透油藏具有的"三低"特点，对上述技术的内容和应用效果进行了详细论述。其中黄土塬复杂地形和地表条件下地震勘探和地球化学勘探技术、低阻油层测井识别技术的应用达到国际先进水平；根据启动压力梯度、最小可流动喉道半径确定生产压差，进行高效合理注水，结合储层物性关系，确定临界注采静压差，建立有效驱替压力系统的评价方法，精细调控注采压力系统，是地层压力保持合理水平的有益尝试；数字化增压橇、智能注水橇和远程控制电磁阀等数字化关键设备的成功研发，使集油站无人值守成为现实，使油田组织管理方式和发展方式发生根本转变。

我赞同本丛书的观点，即超低渗透油藏成功的勘探和开发得益于科学管理和技术创新，思维方式的转变、管理理念的创新，催生了以标准化体系为核心的超低渗透油藏全新管理模式。如勘探开发一体化就是适合于鄂尔多斯盆地自然条件和地质条件的油藏评价创新举措，一体化的管理模式改变了以往传统的做法，加快了地质认识的步伐，缩短了建设周期，提高了勘探开发的整体效益；具有自主知识产权的多级压裂工艺和先进适用技术的集成与应用，助推了低成本发展的步伐，其产生的技术经济效益是显而易见的。

　　总之，本套丛书是生产和科研相结合的成果，集中反映了我国近年来在超低渗透油藏勘探开发方面的最新进展，代表了超低渗透油藏勘探开发、地面集输系统标准化设计与油田数字化建设的先进水平，也是一套国际上少有的针对性和实用性非常强的系列专著，值得我们学习和研究。我相信，这套书的出版，不仅对发展超低渗透油藏勘探开发理论研究和技术具有重要的启发作用，更重要的是对我国目前和今后油气勘探开发具有重要的指导意义。为此，在本套书出版之际，我谨向作者和致力于超低渗透油藏勘探开发的有识之士致以衷心的祝贺。希望你们继续努力，为鄂尔多斯盆地能源化工基地建设和我国经济社会发展做出更大的贡献。

（中国工程院院士）

2011 年 9 月

序 二

油藏地面集输工程是油田开发系统中的一项主体工程，与油藏、钻采等工程密切相关，主要包括原油的收集、处理、输送，以及辅助的（水、电、路、讯等）建设配套系统。长庆油田超低渗透油藏主要分布在鄂尔多斯盆地中部的黄土高原区，地表沟壑纵横、梁峁交错，地面雨水冲刷水土流失严重，这种复杂的建设环境给地面工程设计和油田数字化管理造成极大困扰。

油藏特征、分布规律和开发方式，直接关系到地面工程的建设规模和系统布局，面对大规模开发、快速滚动建设超低渗透油藏的实际需要，优化适应超低渗透油藏开发特点的地面工艺模式，是地面工程研究急需解决的关键问题。为此，本书创建性地提出了"标准化设计、模块化建设、数字化管理、市场化运作"建设模式，并通过超低渗透油藏的开发实践实现了工艺模式的定型化。该模式重点突出地面工程的系统性、整体性和规模性，采用数字化新技术和创新的建设模式，改变了管理机制，满足了超低渗透油藏低成本开发、大规模建设、大油田管理的需要，较好地诠释了优质、高效、超前的建设理念，是对常规建设模式的重大变革，又是对非常规建设思路的有益尝试。鄂尔多斯盆地超低渗透油藏开发经验表明：地面建设工程以其特有的规模性、系统性和经济性，决定了体系设计的优化、建设标准的规范、关键技术的创新、低成本理念在油藏地面工程建设中发挥着至关重要的作用；油藏地面工程设计理念的创新和新技术的应用，开拓了超低渗透油藏地面工程技术应用的新领域，是实现现代化油藏管理的基础；标准化设计、模块化建设、数字化管理是油藏地面工程技术的全新内容；市场化运作是实现超低渗透油田低成本发展、经济有效开发的必由之路。

《超低渗透油藏地面工程技术》一书以实践与理论相结合的方式，突出介绍了超低渗透油藏标准化设计和数字化应用新技术，诸如数字化增压橇、智能注水橇和远程控制电磁阀等数字化关键设备的研发与应用，使井站无人值守成为现实，也使油田劳动组织结构和生产经营发生了根本转变。

本书是产、学、研、用相结合的结晶，集中反映了长庆油田近年来在超低渗透油藏地面集输系统标准化设计与油田数字化管理的先进水平，本书所述的理念、模式、创新应用与解决方案，为油藏地面工程建设提供了新思路，有利于超低渗透油藏建设水平的全面提高。尽管油田地面工程的标准化和数字化控制模式还有待进一步完善，但其创新之处和成功实践，无疑起到了抛砖引玉的作用，为丰富油藏地面工程技术理论的新内涵，并创新现代油田管理的新模式，以及超低渗透油藏低成本建设与智能化管理起到了关键的作用。

本书编写和定稿过程中得到了众多专家的热忱帮助和指导，在此一并表示感谢。

作者

2013 年 8 月

目 录

第一章　超低渗透油藏地面建设概述……………………………………（1）

　　第一节　低渗透油藏的基本概念………………………………………（1）

　　第二节　鄂尔多斯盆地超低渗透油藏主要特征………………………（2）

　　第三节　超低渗透油藏地面工程建设的总体思路……………………（5）

第二章　标准化原理和方法………………………………………………（8）

　　第一节　标准化的基本概念……………………………………………（8）

　　第二节　标准化的基本原理……………………………………………（9）

　　第三节　标准化的形式和方法…………………………………………（10）

第三章　地面工程建设的标准化工作……………………………………（19）

　　第一节　标准化工作的需求……………………………………………（20）

　　第二节　标准化建设体系的构建………………………………………（24）

　　第三节　标准化建设体系的主要内容…………………………………（27）

第四章　地面工艺定型化…………………………………………………（35）

　　第一节　低渗透油藏地面工艺模式发展历程…………………………（35）

　　第二节　原油集输系统总体布局………………………………………（39）

　　第三节　原油集输工艺…………………………………………………（42）

　　第四节　原油稳定与轻烃回收…………………………………………（55）

　　第五节　采出水处理工艺………………………………………………（57）

　　第六节　供注水工艺……………………………………………………（61）

第五章　站场的标准化设计………………………………………………（68）

　　第一节　标准化设计方法选择…………………………………………（68）

　　第二节　工艺流程通用化………………………………………………（70）

　　第三节　平面布局标准化………………………………………………（78）

　　第四节　模块化设计……………………………………………………（84）

第五节　设备定型化设计 ……………………………………………………（92）

第六章　模块化建设 ………………………………………………………（101）

第一节　概　述 ………………………………………………………………（101）

第二节　模块化建设的工艺技术要求与基本条件 …………………………（103）

第三节　模块化建设的主要做法 ……………………………………………（105）

第四节　模块化建设现场运用效果 …………………………………………（129）

第七章　标准化设计、模块化建设的作用 ……………………………（130）

第一节　在超低渗透油藏开发中的作用 ……………………………………（130）

第二节　标准化造价的意义 …………………………………………………（132）

第八章　油田数字化管理 ………………………………………………（134）

第一节　油田数字化 …………………………………………………………（134）

第二节　超低渗透油藏数字化管理目标与思路 ……………………………（138）

第九章　油田数字化管理基础 …………………………………………（142）

第一节　数字化建设模式 ……………………………………………………（142）

第二节　数字化建设的三端五系统 …………………………………………（146）

第十章　超低渗透油藏数字化生产管理与控制平台 …………………（154）

第一节　数字化管理平台 ……………………………………………………（154）

第二节　应用模块 ……………………………………………………………（159）

第十一章　超低渗透油田数字化管理关键技术 ………………………（208）

第一节　电子巡井技术 ………………………………………………………（208）

第二节　电子值勤技术 ………………………………………………………（226）

第三节　智能化设备技术 ……………………………………………………（227）

第四节　橇装集成技术 ………………………………………………………（235）

第五节　数据共享及应用技术 ………………………………………………（244）

第十二章　超低渗透油藏数字化应用实例 ……………………………（249）

第一节　超低渗透油藏数字化管理技术的推广应用 ………………………（249）

第二节　效果评价 ……………………………………………………………（252）

参考文献 …………………………………………………………………（261）

第一章　超低渗透油藏地面建设概述

鄂尔多斯盆地蕴含丰富的超低渗透石油资源。超低渗透油藏和常规的特低渗透油藏相比，单井产量更低、开发难度更大，属于经济开发下限的边际油藏，也就是人们现在所讲的非常规油藏。目前，从世界石油发展趋势看，大规模开发建设超低渗透油藏是长庆油田实现跨越式发展的必然选择，对保障我国石油供给意义重大，如何实现超低渗透油藏经济有效开发是油藏地面工程建设必须解决的关键问题。为极大满足我国能源保障战略对石油产量增长的需求，实现超低渗透油藏科学、快速、规模、有效开发显得尤为重要。

长庆油田在开发建设实践中，通过优化简化、集成创新形成了"标准化设计、模块化建设、数字化管理、市场化运作"的建设管理新模式，适应了超低渗透油藏大规模建设、大油田管理的需要。

第一节　低渗透油藏的基本概念

一、我国对低渗透油田的一般划分

低渗透严格来讲，是针对储层物性特征的概念，一般是指渗透性能较低的储层，国外一般将低渗透储层称为致密性储层。

低渗透油田是一个相对的概念，不同国家和地区对其并无统一固定的划分标准和界限，通常根据储层性质和油田开发技术经济指标进行划分。随着技术的进步，中国石油界对低渗透标准的界限不断下移，从 100mD，50mD 逐步下降到 20mD，10mD，5mD，1mD，0.5mD，0.3mD（低渗透气田 0.1mD），这个演化过程充分反映出油田开发中对低渗透认识不断深入的过程，也反映出技术创新进步的发展过程，亦是一次次油田科技进步的过程。

通常的划分标准是根据我国生产实践和理论研究，把油层平均渗透率 0.1 ~ 50mD 的油田统称为低渗透油田，并根据实际生产特征，依据基质岩块渗透率将低渗透油田进一步细分为三类。

（1）一般低渗透油田，油层平均渗透率为 10 ~ 50mD。这类油层接近正常油层，油井初产能够达到工业油流标准，但产量太低，需采取压裂措施提高生产能力，才能取得较好的开发效果和经济效益。

（2）特低渗透油田，油层平均渗透率为 1 ~ 10mD。这类油层与正常油层差别比较明显，一般束缚水饱和度增高，测井电阻率降低，正常测试达不到工业油流标准，必须采取一定规模的压裂改造和其他相应措施，才能有效地投入工业开发，例如长庆安塞油田、大庆榆树林油田、吉林新民油田等。

（3）超低渗透油田，其油层平均渗透率为 0.1 ~ 1mD（通常也称为非常规油田）。这类油层非常致密，束缚水饱和度很高，油井基本没有自然产能，在现有技术经济条件下一般不具备工业开发价值。但如果其他方面条件有利，如油层较厚、埋藏较浅、原油性质比较好等，采取有效提高油井单井产量的技术政策和低成本的开发建设措施，也可以进行工业开发，并取得一定的经济效益，如延长川口油田和长庆合水、华庆等油田。

二、长庆油田对超低渗透油藏的划分

长庆油田依据有用孔隙度、可动流体饱和度、主流喉道半径和启动压力梯度等参数，通过构造四元分类系数，建立了超低渗透油藏综合评价模型，将超低渗透油藏进一步划分为三大类，具体见表1-1。

表1-1　长庆油田超低渗透油藏分类标准

分类	有用孔隙度 %	可动流体饱和度，%	主流喉道半径 μm	启动压力梯度 MPa/m	四元分类系数	相应渗透率 mD	千米采油量 t/d
超低渗透Ⅰ类油藏	6.7 ~ 8.0	53 ~ 65	1.2 ~ 2.5	0.05 ~ 0.3	1.5 ~ 3.5	0.5 ~ 1.0	≥ 1.0
超低渗透Ⅱ类油藏	5.5 ~ 8.0	45 ~ 55	0.8 ~ 1.2	0.3 ~ 0.5	0 ~ 1.5	0.3 ~ 0.7	0.8 ~ 1.0
超低渗透Ⅲ类油藏	2.7 ~ 5.5	35 ~ 47	0.25 ~ 0.8	0.5 ~ 2	− 3.5 ~ 0	< 0.3	< 0.8

（1）超低渗透Ⅰ类油藏：相应渗透率0.5 ~ 1.0mD，千米采油量不低于1.0t/d。此类油藏"十五"期间已基本实现了有效开发，如长庆西峰、姬塬等油田。

（2）超低渗透Ⅱ类油藏：相应渗透率0.3 ~ 0.7mD，千米采油量0.8 ~ 1.0t/d。此类油藏为目前超低渗透油藏攻关的主要目标，目前已具备了有效开发的条件。

（3）超低渗透Ⅲ类油藏：相应渗透率小于0.3mD，千米采油量小于0.8t/d，仍需攻关研究。

第二节　鄂尔多斯盆地超低渗透油藏主要特征

一、油藏资源分布情况

鄂尔多斯盆地超低渗透油藏分布如图1-1所示，主要分布在盆地中南部地区，常规的低渗透油藏与非常规特低渗透油藏相间分布。

超低渗透储层以三角洲前缘相沉积为主，主要发育水下分流河道、河口坝微相，多期砂体相互叠置，大面积连片分布，含油范围大，油层分布稳定，储量规模较大。随着勘探开发的不断深入，在安塞、靖安、西峰、姬塬油田之后，华庆油田等储量超亿吨的超低渗透油田相继被发现，形成了良好的资源接替。根据储量评价，目前超低渗透油藏三级储量约占鄂尔多斯盆地三级储量的50%；预测超低渗透油藏的潜在资源量约占总潜在资源量的80%。

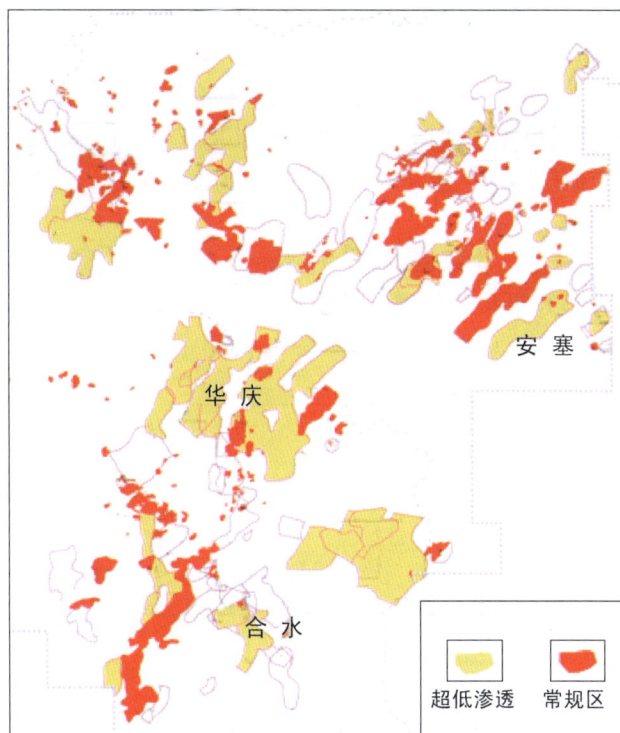

图 1-1　鄂尔多斯盆地超低渗透油藏分布示意图

二、油藏主要特征

（一）埋藏深

构成鄂尔多斯盆地中生界主体的伊陕斜坡属典型的西倾单斜构造，是油气聚集的重要场所。位于盆地中、西部的超低渗透油藏，平均井深达 2200m，盆地西部的 GY 油田三叠系延长组长 8 超低渗透储层的平均井深达 2800m。

（二）层系复杂

鄂尔多斯盆地主要发育侏罗系含油层系、三叠系含油层系、上古生界含气层系和下古生界含气层系 4 套含油气层系。每套层系由多个含油（气）层组构成，其中侏罗系有 13 个油层组，三叠系有 10 个油层组。超低渗透油藏的主力开发层位为三叠系下部油层组，目前以长 4+5、长 6 和长 8 油层为主要开发对象，并兼顾长 9 和长 10 油层，开发的层位普遍深于以往开发的层位。

（三）储层物性差

（1）超低渗透储层非常致密，以细砂岩为主，细砂组分平均比特低渗透储层高 13% 左右，粒度中值只有特低渗透储层的 84% 左右，胶结物含量比特低渗透储层高出 2%，面孔率仅为特低渗透储层的 57%，中值压力是特低渗透储层的 3 倍。与特低渗透储层相比，孔隙度差别不大，但喉道半径分布差异较大，超低渗透储层以微细喉道为主，喉道半径小于 1.0μm。

（2）储层胶结物成分以酸敏矿物绿泥石、浊沸石和方解石为主，水敏矿物较少，利于水驱开发。

（3）储层渗透率一般小于 1.0mD，非达西渗流特征明显，压敏效应强，随渗透率的降低，启动压力梯度和压力敏感系数快速上升。超前注水是超低渗透油藏开发有效的技术手段，通过超前注水及时补充地层能量，建立较高的有效压力驱替系统，油井初产高，稳产期长，有利于提高最终采收率。

（4）地层原油性质较好，含蜡量较低，伴生气含量丰富，黏度和凝点低，易于流动。这一点也是鄂尔多斯盆地超低渗透油藏能够实现经济有效动用的重要因素。鄂尔多斯盆地超低渗透油藏与其他油田地层原油黏度对比如图 1-2 所示。

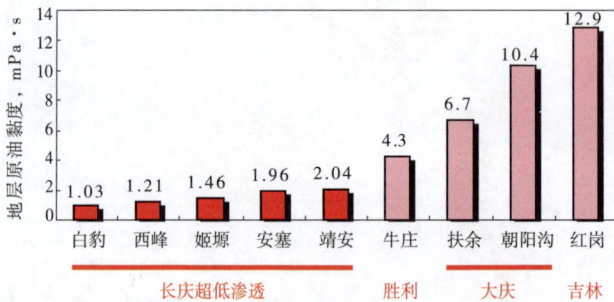

图 1-2　鄂尔多斯盆地超低渗透油藏与其他油田地层原油黏度比较

（四）开采难度较大

（1）油井的生产能力较低，平均配产 2t/d 左右。较目前常规产能开发区块（平均配产 4～5t/d）大幅度降低，多井低产是超低渗透油藏无法回避的现实问题。

（2）超低渗透油藏平均递减规律如图 1-3 所示，虽初期递减大，但后期递减小，仅为 5%～8%，与其他油藏对比，具有较长的稳产期，累计产油量高，投资回报周期长，综合效益较好。

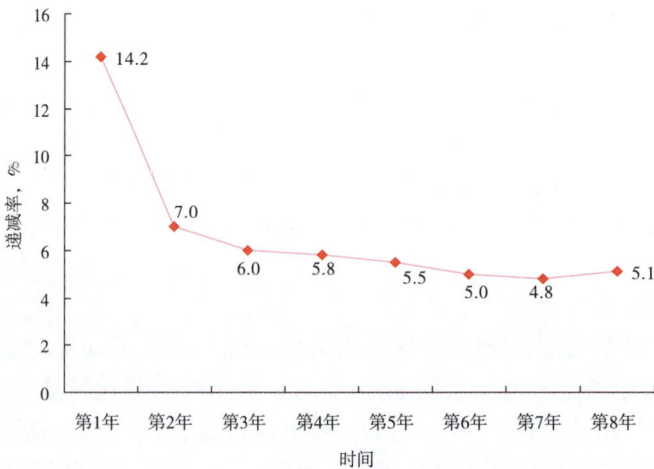

图 1-3　超低渗透油藏递减预测曲线

（3）油井生产初期含水率较低，一般为15%～20%，甚至不含水，且含水率上升较为缓慢，总体采出液量基本保持稳定。由于采用超前注水开发方式，个别油井初期含水量与以往相比有所上升，但通常不超过30%。

（4）超低渗透油藏单井注水量小，而注水系统压力普遍较高。例如，华庆油田设计最大注水压力长6层为20.8MPa，长8层为24MPa。

第三节　超低渗透油藏地面工程建设的总体思路

油田地面工程是油田开发系统工程中的一项主体工程，与油藏、钻井、采油等工程既相对独立又紧密联系，主要研究的是采出物的收集、处理及储运，以及与之配套的水、电、路、讯等系统和生产管理方面的建设内容。同时，也为油藏的动态分析和调整开采方案提供科学依据。

超低渗透油藏开发思路是以提高单井产量、降低投资成本为主线，针对超低渗透油藏的实际，重点突出如何降低地面建设和生产管理的成本，采用新技术、新模式、新机制，适应超低渗透油藏低成本开发、大规模建设和大油田管理的需要，它是本书要重点研究的问题。

一、超低渗透油藏地面工程建设面临的问题

优化选择适应超低渗透油藏开发特点的地面工艺模式，是保证地面工程建设的关键。综合分析，超低渗透油藏地面工艺面临如下问题：

（1）低产量使得传统不加热集输工艺难度增大。

不加热集输是地面最简化、投资最省的工艺流程，是长庆特低渗透油藏的主要集油方式。超低渗透油藏由于产量低、含水率低，使用不加热、不保温集油管线运行难度很大。主要表现为井口回压高，停输后易凝管，同时高回压也导致伴生气无法直接进入油管，回收利用难度增大。

（2）低产量使得站场数量增加，运行能耗增大。

超低渗透油藏单位产能的井数和相应油区面积必然导致建站点多、线长，建设成本高，与油井小产量、注水井小配注量很不适应。同时长距离的集输，集油与注水必然导致系统的能耗增大。

（3）储层的隐蔽性对地面系统布局影响很大。

地下的油藏特征、油藏分布和开发方式，直接制约后续地面工程的建设规模和系统布局。超低渗透油藏开发是一个对地下储层逐渐认识的过程，也是对地面工程系统不断优化的过程。由于储层隐蔽性强，对地面系统具有很大的不确定性，变化大、调整多、决策难，往往出现站场负荷率偏低和站场偏离区块中心的问题。

（4）污水处理及回注难度大。

一方面，超低渗透油藏非常致密，对注水和污水回注的水质要求更高；另一方面，污水矿化度高，一般为40000～80000mg/L，且富含硫酸根和钙、钡、锶等离子，对工艺设备、

管阀配件等易造成结垢及腐蚀，缩短了使用寿命，影响后续的生产运行。

（5）复杂的地面工程建设环境对设计的要求很高。

超低渗透油藏地处鄂尔多斯盆地中部的黄土高原区。地表呈沟壑纵横、梁峁交错的极其复杂的地形地貌，流水侵蚀剥离强盛，水土流失严重，滑坡、崩塌、冲沟和强湿陷性等不良地表现象分布广泛；地下水资源非常匮乏，给地面工程建设带来极大难度。地广人稀，社会资源的依托条件较差，很难满足油田大规模建设的需求。此外，复杂的外部关系给生产管理和油区综合治理等方面带来很大困难。

二、标准化设计、模块化建设、数字化管理、市场化运作

"标准化设计、模块化建设、数字化管理、市场化运作"是地面工程建设与管理的精髓。"标准化设计、模块化建设"是优质、高效、安全、超前的建设理念；"数字化管理、市场化运作"是大油田管理的新思路。

（一）意义

标准化设计的基本思路是将"统一、规范、定型、优化"的标准化理念应用于地面工程设计中，通过统一的标准化设计文件，从设计源头把各专业、部件、环节间的相互技术关系统一起来，实现各方面的合理连接、配合与协调，使地面工程建设具有简单化、系列化、通用化的特点，适应超低渗透油藏的规模化建设。

规模化建设是以标准化设计文件为基础，将设备、管阀配件等在厂内进行规模化预制，然后在现场把预制好的各模块在场站组合装配。这样既提高了建设速度，又保证了质量。

数字化管理是将井、站场所有的设备与装置进行数字化改造处理，使所有的设备达到远程控制、数据自动采集处理、井站无人值守的目的。

市场化运作是将地面工程建设的所有内容都纳入市场化公开招标中，这样运作可以进一步降低建设成本。

（二）主要内容

标准化设计就是根据地面设施的功能和流程，设计一套通用的、标准的、相对稳定的、适用的地面建设的指导性文件。主要内容可概括为以下几个方面：

（1）工艺流程通用化。通过优化工艺流程，统一建设规模和工艺过程，使井场、集油站的工艺流程和设备选型基本一致，为井场和集油站的标准化设计奠定基础。

（2）井站平面标准化。通过对井场和集油站的功能研究，在尽量减少占地和满足功能需要的基础上，对其布局进行统一规划，使每座井场和集油站的工艺装置区大小、位置统一，达到标准化设计的目的。

（3）工艺设备定型化。对井场和集油站的设备、管阀配件统一标准、统一外形尺寸、统一技术参数；同时保证质量安全可靠、运行安全、造价低廉，为规模化采购提供依据。

（4）设备材料国产化。把材料国产化作为降低成本的重要突破口之一。

（5）安装、预配模块化。把每个功能分区做成独立的、标准的小型模块，各模块之间由管网连接在一起，既相互独立又相互联系，有利于设计图纸的模块组合，也给施工预制化奠定基础。

（6）建设标准统一化。对公用配套、站场标识、安全设计、环保措施等统一建设标准，

既反映企业整体形象，又节约投资、讲求实效，达到企业与周围环境的和谐统一。

　　模块化建设是以场站的标准化设计文件为基础，以功能区模块为生产单元，在工厂内完成模块预制，最后将预制模块、设备在建设现场进行组合装配。模块化建设的主要目的是改善施工作业环境，提高建设质量和速度，利于均衡组织站场施工生产。达到"两适应、两提高、两降低、三有利"的效果。"两适应"即适应大规模建产的需要、适应滚动开发的需要；"两提高"即提高生产效率和提高建设质量；"两降低"即降低安全风险和综合成本；"三有利"即有利于均衡组织生产、有利于坚持以人为本、有利于 EPC 管理模式的推广。

　　数字化管理是在以上两项内容的基础上，将现场使用的智能化抽油机、自动化注水橇、数字化增压橇等设备采用计算机软件远程控制与数据自动采集处理，达到井站无人值守、减员增效、降低操作成本的目的。

　　市场化运作是将所有的工程项目与设备器材购置都纳入规范的市场进行招标运作，市场化运作使社会资源达到最佳配置，取得质量好、投资少的效果。市场化运作属于管理范畴，本书在此不予阐述。

第二章　标准化原理和方法

在"标准化设计、模块化建设、数字化管理、市场化运作"地面工程建设管理模式的运行实践中，标准化设计是"四化"模式的基础。因此，深入了解标准化原理和方法很重要。

第一节　标准化的基本概念

一、标准的定义

国家标准 GB/T 20000.1—2002《标准化工作指南　第 1 部分：标准化和相关活动的通用词汇》定义："为了在一定范围内获得最佳秩序，经协商一致制定并由公认机构批准，共同使用和重复使用的一种规范性文件"❶。

《世界贸易组织贸易技术壁垒协议》规定："标准是被公认机构批准的、非强制性的、为了通用或反复使用的目的，为产品或其加工或生产方法提供规则、指南或特性的文件"。

二、标准化的定义

国家标准 GB/T 20000.1—2002 定义："为在一定范围内获得最佳秩序，对现实问题或潜在问题制定共同使用和重复使用的条款的活动"❷❸。

三、标准化的作用

实践证明，标准化在社会经济发展中起着不可替代的重要作用，主要表现在以下几个方面。

（1）标准化是实现现代化大生产的必要条件。

现代化的大生产以先进的科学技术和生产的高度社会化为特征。前者表现为生产过程中速度加快、质量提高、生产的连续性和节奏性增强等科技要求；后者表现为社会分工越来越细，各部门生产之间的经济联系日益密切。这种社会化的大生产，必定要以技术上高度统一和广泛的协调为基础，而标准化正是实现这种统一与协调的手段，也是标准化的科学性和权威性的体现。

（2）标准化是实现科学管理的基础。

所谓科学管理，就是依据生产技术的发展规律和客观经济规律对企业进行管理。科学

---

❶ 标准宜以科学、技术的综合成果为基础，以促进最佳的共同效益为目的。

❷ 上述活动主要包括编制、发布和实施标准的过程。

❸ 标准化的主要作用在于为了其预期目的改进产品、过程或服务的适用性，防止贸易壁垒，并促进技术合作。

管理制度的形成，大都是以标准化为基础的，标准化在现代化管理中的地位和作用日益重要。通过制定各种技术标准和管理标准建立生产技术上的统一性，以保证企业整个管理系统功能发挥作用。尤其是通过开展管理业务标准化，可把各管理子系统的业务活动内容、相互间的业务衔接关系、各自承担的责任、工作的程序等用标准的形式加以确定，这不仅是加强管理的有效措施，而且可使管理工作经验规范化、程序化、科学化，为实现管理自动化奠定基础。

（3）标准化有利于先进技术的推广和新产品的研发，促进技术进步。

标准是人们实践经验的科学总结，也是有关科学技术的积累和结晶。一项新的科技成果或先进的工艺技术形成或初始应用阶段，往往局限在有限的范围之内，经过验证，制定成为技术标准，就能迅速得到推广和应用。因此标准化是科研、生产、使用三者之间的桥梁，也是科学技术转化为现实生产力的纽带。

（4）标准化是保证质量的基础。

提高质量和确保质量是标准化活动的目的之一。作为标准化工作的成果，所制定发布的各种标准文件是确保产品质量和工作质量、进行正常生产活动的基础。作为标准文件中的技术标准，包括产品标准、检测标准和工艺标准等，都是直接为保证产品质量服务的；而管理标准和工作标准则是工作和生产活动协调与有序地进行，保证了工程的质量，也间接保证了产品质量。

（5）标准化是提高效率、消除浪费的有效手段。

标准化对象的重要特征之一是重复性。在生产实践过程中，活劳动和物化劳动的重复支出，有的必要，有的则不必要，后者便属于浪费。在某些领域尚未开展标准化时，这种浪费常常是不可避免的（如产品设计过程中的许多重复性劳动支出）。标准化的重要功能就是对重复发生的事物尽量减少或消除不必要的重复，并且促使以往的劳动成果重复利用。标准化应用于科学研究，可以避免在研究上的重复劳动；应用于产品设计，可以缩短设计周期；应用于生产，可使生产在科学有秩序的基础上进行；应用于管理，可促进统一、协调、高效等。此外，标准化对消除浪费、降低成本也有明显效果。

（6）标准化有助于保障健康、安全和环境。

生产的发展既给人类带来利益，同时也给人类带来健康、安全和环境的新问题。例如，在工业生产中各种易燃、易爆、有毒、有害的介质，以及噪声、振动、粉尘、电磁辐射等，威胁人类的健康和安全；工业生产中排出大量废气、废液、废渣，对大气、土壤和水质造成环境污染。通过制定发布相应的环保标准、卫生标准和安全标准等，用法律、法规、标准的形式强制执行，促进对自然资源的合理利用，保障身体健康和生命安全，维护人类与自然和谐发展。

第二节　标准化的基本原理

标准化原理，就是标准化活动基本规律和本质的理论概括。标准化原理是在大量标准化活动实践的基础上，经过归纳、概括而得出的，具有普遍意义的指导作用。

（1）简化原理。简化原理就是为了经济有效地满足需要，对标准化对象的结构形式、规格等其他性能进行筛选提炼，剔除其中多余的、低效能的、可替换的环节，精炼并确定出满足全面需要所必需的高效能环节，保持整体构成精简合理，使之功效最高。

（2）统一原理。统一原理就是为了保证事物发展所必需的秩序和效率，对事物的形成、功能等其他特性，确定适合于一定时期和一定条件的一致规范，并使这种一致规范与被取代的对象在功能上达到完全等效。

（3）协调原理。协调原理就是为了使标准的整体功能达到最佳，并产生实际效果，必须通过有效的方式协调好系统内外相关因素之间的关系，确立和保持相互一致、适应和平衡关系所必须具备的条件。

（4）最优化原理。按照特定的目标，在一定的限制条件下，对标准系统的构成因素及其关系进行选择、设计或调整，使之达到最理想的效果，这样的标准化原理称为最优化原理。最优化原理强调整体最佳性，即按照系统科学观点，单体最佳的总和不等于整体最佳，要达到标准系统的整体最佳效果，各构成要素间就要密切配合，协调一致。在进行标准化设计时，不只是考虑对象自身的局部标准化效益，而是要优先考虑对象所依存主体系统的全局最佳效益。

标准化的四项基本原理从系统论角度分析认为，这些原理都不是孤立存在、孤立地起作用，它们互相之间不仅有着密切联系，而且在实际应用过程中又相互渗透、相互依存。简化和统一是最基本的标准化方法，通过协调一致，达到最优化的目的。它们相互结成一个系统的整体，综合反映了标准化活动的规律性。标准化的四项基本原理也具有明显的方法论特征，标准化活动中产生的通用化、系列化、组合化、模块化等标准化的各种形式均是综合运用标准化方法原理的体现。

第三节　标准化的形式和方法

标准化形式是标准化内容的存在方式。因此，标准化形式是由标准化内容决定的，并随着标准化内容的变化而不断发展进化。传统的标准化是从机械制造业发展起来，后又普及其他行业。标准化主要方法和形式有简化、统一化、通用化、系列化、组合化（模块化）等，共同特点是体现了社会化大生产的客观需要，为创造机械化、自动化、数字化生产的高效率和市场经济的高效益提供了科学途径。随着以信息化为代表的第三次新技术革命浪潮和以世界贸易组织（WTO）为标志的经济全球化进入，标准化跨入了崭新的时代，现代标准化以系统理论为指导，表现出系统性、国际性和科学性，特别是工业制造"大规模定制"的兴起，被称为制造业的又一次革命，是 21 世纪企业竞争的前沿，现代模块化建制具有全新的思想和巨大技术经济价值，成为大规模定制的利器，也成为现代标准化研究的核心内容。

一、简化

（一）简化的概念

简化是指在一定范围内精简对象（事物或概念）的类型数目，以合理的数目类型在既定的时间、空间范围内满足一般需要的标准化形式。简化是标准化的基本过程，每一项标准化活动都可以看做是减少物质对象或抽象事物数量的简化形式。

简化的应用领域极其广泛。就产品而言，从构成产品系列的品种、规格，原材料和零部件的品种、规格，工艺装备的种类，都可作为简化对象；在管理活动中，通过简化管理程序和方法等，可防止不必要的重复，提高管理工作效能。通过简化，可达到以下几个方面的效果：减少品种，增加批量，实现规模化生产，因而提高生产效率、降低成本；便于采用先进的工艺方法，既提高生产效率、降低材料消耗和能源消耗，又提高产品质量；简化管理，使订货、计划、生产管理、培训、维修服务和保障变得简便；减少工艺装备次数及材料品种数量，进一步简化了相关的设计、订货、检验、管理等工作，提高了工作效率，节省工时。

（二）简化的基本原则

（1）只有当多样化的发展规模超出了必要范围时，才允许简化。

（2）简化要适度，既要控制不必要的庞杂，又要避免过分压缩而形成单调。为此，简化方案必须经过比较、论证，以简化后事物的总体功能是否最佳，作为衡量简化是否合理的标准。

（3）简化应以确定的时间和空间范围为前提。

（4）简化形式的结果必须保证在既定的时间内要满足消费者的一般需要，不能限制和损害消费者的需求和利益。

（5）产品简化要形成系列，其参数组合应符合数值分级制度的基本原则和要求。

二、统一化

（一）统一化的概念

统一化是把同类事物两种以上的表现形态归并为一种或限定在一个范围内的标准化形式。统一化的实质是使对象的形式、功能（效用）或其他技术特性具有一致性，并把这种一致性通过标准确定下来。统一化的作用是消除由于不必要的多样化而造成的混乱，为正常活动建立共同遵循的秩序。统一化是人类生活、科学技术和各种生产的基础。

统一化与简化的概念是有区别的，统一化着眼于取得一致，即从个性中提炼共性；简化允许某些个性同时并存，着眼于精炼，并非简化为只有一种，而是在简化过程中保存若干合理的种类。简化侧重于事后的控制，改变目前混乱状态，也能防止未来的混乱；统一化不论事先事后的控制都适用，力求统一在事先。统一化与简化在克服事物多样化控制事物从无序走向有序这一点上，本质是一样的，因此统一化也可以说是简化的一种极限形式，统一化是高度的简化。

（二）统一化的方式

根据被统一对象的特点和统一的目标不同，统一的方式大致分为三种：

（1）选择统一，在需要统一的对象中选择并确定一个，以此来统一其余对象的方式。选择统一一般适合于那些相互独立、相互排斥的被统一对象。如交通规则、方向标准等。

（2）融合统一，在被统一对象中博采众长、取长补短，融合成一种新的更好的形式，以代替原来的不同形式的方式。一般来说，适于融合统一的对象都具有互补性。

（3）创新统一，用完全不同于被统一对象的崭新的形式来统一的方式。创新统一的对象一般在发展过程中产生了质的飞跃，如采用集成电路统一代替晶体管电路等。

（三）统一化的基本原则

（1）同质性。所谓同质性，就是实施统一化的对象必须具有相同的质或具有相同的内容，只是在量的方面或表现形式方面存在某些差异。

（2）等效性。所谓等效性，就是指被确定对象的功能包含了原先被统一对象的功能。标准化对象实施统一化后，被确定的对象与原先被统一的对象之间，在功能上必须等效。

（3）适时性。所谓适时性，就是把握好统一的时机。过早统一，有可能将尚不完善、不稳定、不成熟的类型以标准的形式固定下来，不利于技术的发展和更优异类型的出现；过迟统一，当低效能的类型大量出现并已形成习惯，这时统一的难度加大，需付出较大的经济代价。

（4）适度性。所谓适度性，就是要合理地确定统一化的范围和指标水平，总的方向是统一，但统一还需灵活，根据情况区分对待。统一化的本质是取得一致性，但由于统一化对象的复杂性和客观要求的多样性，过高要求会在执行中造成不必要的损失；过低要求不利于生产和技术水平的提高，不能更好满足市场的需求。所以要在充分调查研究的基础上，认真分析明确哪些该绝对统一，哪些该相对统一，把握好统一的尺度。

（5）先进性。所谓先进性，就是指确定的一致性（或所做的统一规定）应有利于促进生产发展和技术进步，有利于社会需求得到更好的满足。统一不能迁就落后，更不能保护落后。

三、通用化

（一）通用化的概念

通用化是指在互相独立的系统中，选择和确定具有功能互换性或尺寸互换性的子系统或功能单元作为标准化形式。通用化以互换性为前提。

（二）通用化的形式

通用化的形式主要有以下三种：

（1）借用通用化。借用通用化可以在产品和零部件层次上进行。对于一个复杂的产品系统，某些老系统中已经采用的配套设备（产品）在符合功能互接和尺寸互换的前提下或略加修改后就可以借用到新的产品系统中去。

（2）相似通用化。在同类或不同类型的产品中，很多零部件无论在结构、形状、尺寸、功能等方面都具有相似性，根据其相似的技术特征，按一定的规律对它们进行统一归类，用表格形式对它们进行分类编号，编制成通用件图册供设计人员选用。

（3）系列通用化。在对整个系列产品中的零部件进行系统分解和全面分析的基础上，经过试验和选择，凡能够通用的都使之通用，使同一系列不同型号产品中的相同零部件，彼此都可以互换通用。

（三）通用化的方法

通用化的方法主要有以下两种：

（1）集中的方法。在进行系列设计的时候就做好零部件通用化的规划，绘制通用件图册，编制独立的技术文件。

（2）积累的方法。首先，根据相似零部件在各种产品中出现的频数，来确定可以通用化的相似件；其次，从零部件的功能、结构要素和基本形状三个方面来确定相似级别。

（四）通用化的效果

通用化最大限度地扩大同一产品（包括零件、部件、组件）的使用范围，从而最大限度地减少设计和制造过程中的重复劳动。产品或零件的通用化程度越高，其市场范围越广、生产批量越大、制造成本越低、使用和维修越经济。通用化的经济效益体现在以下几点：

（1）最大限度地节省产品设计和制造中的重复劳动，缩短开发周期。

（2）使零件的品种数减少，从而扩大了每种零件的生产批量，可以极大地提高劳动生产率和产品质量，降低生产成本。

（3）简化管理。通用化后，由于零部件的品种数减少，随之设计图纸、工艺文件、工艺装置的品种和数量等也大为减少，从而简化了这些方面的管理，也便于使用和维修。

（4）由于零部件的通用性强，企业在由老产品向新产品过渡时就有较大的灵活性和机动性，从而使企业在激烈的市场竞争中具有较高的应变能力。

四、系列化

（一）系列化的概念

系列化通常指产品系列化，是对同类产品的结构形式和主要参数规格进行科学规划的一种标准化形式。系列化通过对同一类产品发展规律的分析研究和市场需求趋势的预测，结合自己的生产技术条件，通过全面的技术经济比较，将产品的主要参数、形式、尺寸等做出合理的安排与规划，建立一个结构合理、品种较少、满足需要的产品体系，从而有目的地指导今后的发展。

（二）系列化的方法

产品系列化是企业优势的延伸策略，使某一类产品系统的结构优化、功能最佳的标准化形式，是一种最为经济合理的产品开发策略。产品系列化包括制定产品参数系列标准、编制系列型谱和开展系列设计 3 个方面的内容：一是产品参数系列标准可以加速新产品的设计，以老产品为基础，利用系列产品的独有特点，开发能更好满足市场需求的派生、变型产品，保持市场的优势地位；二是编制系列型谱可合理简化品种，以最经济的产品规格数满足最广泛的市场需求，有利于提高专业化程；三是开展系列设计可缩短产品的设计与制造的时间和成本，简化管理。产品系列化过程充分体现了通用化和继承性的思想，通用化和继承性有利于简化品种、扩大批量，对产品降低成本、缩短周期、简化管理等有重要的意义。

五、组合化

（一）组合化的概念

组合化是按照标准化的原则，设计并制造出若干组通用性较强的单元，根据需要拼成不同用途物品的标准化形式。组合化是受积木式玩具的启发而发展起来的，所以也称为积术化。建筑用的砖、活字印刷都是组合化的典型例子。

组合化也可以说是多次重复使用统一化单元来构成物品的一种标准化形式。通过改变这些单元的连接方法和空间组合，使之适用于各种变化的条件和要求，创造出具有新功能的系统。组合化可以说是以少变求多变、以组合求创新的开发方法。

（二）组合化的效果

通过应用组合化的设计，能根据市场动向和顾客的要求及时改变产品性能、产品结构甚至产品品种，能够适应市场竞争，经济有效地生产各种类型产品的新型设计系统。组合化使产品的试制和生产周期显著缩短，能迅速投放市场。接受小批量订货，而无须经常改变生产流程和改造设备，这就有可能使企业取得技术上和经济上的优势，获得经营上的活力和对市场的应变能力。

组合化也有利于实现规模化生产，提高产品的生产效率，降低生产成本，简化备件管理，提高产品的维修服务能力。

六、模块化

（一）模块化的背景

模块化是以模块为基础，综合了通用化、系统化、组合化的特点，解决复杂系统类型多样化、功能多变的一种标准化形式。模块化主要是针对复杂系统（产品或工程）开展的标准化新形式，把大系统加以分割，分成若干个相对独立的部分，变复杂为简单，从而使问题易于解决。随着经济的发展和技术创新步伐的加快，模块化也就成了人们用来处理复杂问题的常用方法，例如，超大规模集成电路、船舶和舰艇、海洋平台、宇宙飞船等高度复杂的大型产品均是模块化的杰出成果。

（二）模块的概念

模块是模块化的基础，模块是指具有某种确定独立功能的半自律性子系统，它可以通过标准的界面结构与其他功能的半自律性子系统按照一定的规则相互联系而构成更加复杂的系统。

模块定义体现了如下的特征：

（1）模块是系统的构成基础。模块既可构成系统，又是系统分解的产物。模块构成了系统的单元，离开了系统就失去了实用价值。

（2）模块具有特定的、相对独立的功能单元。模块是系统的组成部分，而不是对系统任意分隔的产物，它具有明确的特定功能，这一功能不依附于其他功能而能相对独立地存在，也不受其他功能的干扰。

（3）模块具有传递功能、构成系统、系统连接的作用。模块经有机结合而构成的系统是一个有序的整体，各模块既有相对独立的功能，又互有联系。

（4）模块是一种标准化单元。模块是通过对同类产品的功能和结构的分析而分解出来的，运用了标准化中简化和统一化方法得出具有典型性的部件，这种典型性是模块具有广泛通用性的基础。

（三）模块的种类划分

由于分类标准的不同及研究的视角各异，模块及模块系统种类被划分为多种类型。从物理结构上划分，模块分为功能模块、结构模块和单元模块三种类型。

1. 功能模块

功能模块是依据价值工程功能分析方法，在对模块化产品功能进行分析的基础上确立的模块类型。每种模块都成为相应功能的载体，所有模块的集合都能满足全部功能要求的产品。

2. 结构模块

结构模块，特指具有尺寸互换性的结构部件。在大多数情况下，结构模块是不直接具备使用功能的纯粹结构部件，而只是某种功能模块的载体（如机箱、机柜）。不过也不绝对如此，如建筑物的门、窗等结构模块是具备使用功能的。为保证模块的通用、互换，结构模块的安装连接部分的几何参数必须符合规定要求。通常规定协调尺寸为标准模数的倍数和整数分割值。

3. 单元模块

单元模块，即兼具功能互换性和尺寸互换性的部件。它是由功能模块和结构模块相结合形成的单元标准化部件，是二者的综合体。

（四）模块化的概念

所谓模块化，就是为了取得最佳效果，从系统的观点出发，研究产品或系统的构成形式，用分解和组合的方法建立模块体系，并运用模块组合成产品（或系统）的全过程。

模块化的本质在于分解和集中。模块化包括模块分解化与集中化两个过程。按照青木昌彦关于模块是半自律性子系统的定义，模块化则是指子系统按照一定的规则相互联系而构成的更加复杂的系统或过程；将一个复杂的系统或过程按照一定的联系规则分解为可进行独立设计的半自律性子系统的行为，称为模块分解化；按照某种联系规则将可进行独立设计的子系统（模块）统一起来，构成更加复杂的系统或过程的行为，称为模块集中化，如图 2-1 所示。

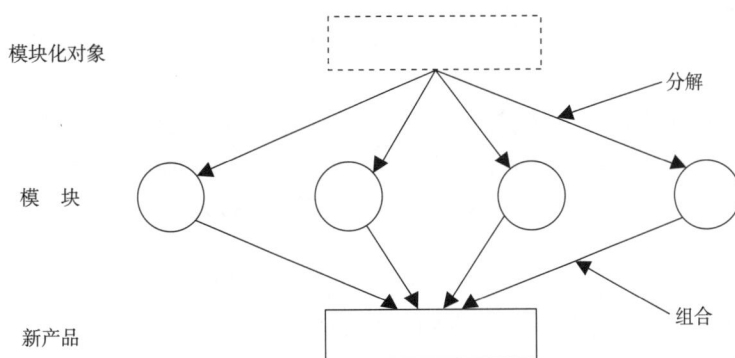

图 2-1 模块化的概念

模块化的核心为设计规则。设计规则分为可见设计规则和隐形设计规则两种。

可见设计规则又称明确规定的规则。它是由系统设计师预先规定的、起前导作用的规则，是公开的、透明的，所有参与设计的人都可见的。它影响下一步模块内部设计的决策，只有依据并遵守这个预先确定的设计规则分别进行，才能保证各模块之间的协调统一并能正确发挥作用。可见设计规则一旦确定，每个模块的设计和改进都会独立于其他模块的设计和改进，是模块化分解和集中的重要基础。这个规则有时又被称为联系规则，是因为这个规则界定了系统中模块之间如何安排和如何联系在一起的，它刻画了一个复杂系统的核心依赖关系（指出了系统隐含的所有相互依赖关系）。每个模块在独立改进创新时，只要遵守可见设计规则，便无须再同其他模块横向协调，这样既保证了系统的稳定，又为系统的拓展留下了广阔空间。

隐形设计规则是独立模块单元或半自律性子系统特殊功能需求的设计，但它不影响整个系统模块之间的协调统一。

（五）模块化的标准化属性

模块化是以模块为基础，综合了通用化、系列化、组合化的特点，解决复杂系统类型多样、功能多变的一种标准化形式。

1. 典型化是模块化的前提

典型化的目的在于模块具有典型性，使之具有概括和代表同类事物的基本特征的性质，典型化的意义在于消除模块在功能上的不必要的重复性和多样性。模块化系统的典型化工作是从系统功能的分解开始的，把相似系统中技术特征、形式、功能等相似的要素抽取出来进行统一，并把其一致性（包括兼容性）以典型模式的方式确定下来，即从个性中提炼出共性。然后将其品种及规格进行简化，形成一些具有典型性的通用单元模型，这就是统一、简化而得到的模块模型。典型化（包括统一化和简化）的过程本身亦是一个优化过程，对模块化来说，典型化是模块化过程的第一步，典型化过程的质量将直接影响到系统的质量，其典型结构及尺寸系列是否合理将影响到它的通用范围和生命力，并最终影响到经济效益。模块化是在系统级和部件级进行简化和统一化，因而它是简化和统一化的高级阶段。

2. 通用化是模块化的基本特征

通用化是模块化的又一基本特征。通用化以互换性为前提，是指在不同时间、不同地点制造出来的部件或零件，在装配时不经修整就能任意替换使用。通常讲的标准件、通用件是在零件级进行通用互换，而模块是部件级通用件，它以接口的标准化为基础，使得模块能够在不同的产品中使用，并能保证产品的功能完整和正常使用。正是部件级的通用互换才体现出模块化的优越性，或者说模块化产品具有最大的通用化系数，因而具有最大的经济效益。产品的复杂程度越高，这种优越性就体现得越充分。

3. 系列化是形成模块化系统的必要条件

系列化是使某一类产品系统的结构优化、功能最佳的标准化形式。在模块化产品系统中有两个系列化问题：一是模块化产品的系列型谱，这与一般产品的系列化相类似；二是模块系统及各个模块的系列化问题。因此模块化系统中的系列化问题远较产品系列化要复杂得多，系列化的水平高低是衡量一个模块化系统优劣和评价一个模块化系统水平的重要标志。

4. 组合化是模块化产品的构成特点

组合化是模块化的基本特征之一，模块化产品是模块化组件与模块化组件（或非模块组件）组合而成的。没有模块的组合，模块就不能结合成为具有特定功能的产品，模块化也就失去了存在的意义。

模块化是标准化原理和方法在应用上的发展，是结构典型化、部件通用化、产品系列化、组装组合化、接口标准化的综合体，是多种标准化形式在产品总体标准化上的综合应用。标准件和通用件是在零件级进行通用互换，而模块则是在部件级甚至子系统级进行通用互换，模块可以直接构成整机以至大的系统，从而在更高层次上实现简化。如此大大提高了模块的重复利用率，并以灵活多样的组装方式大大缩短了设计和生产的周期，提高了效率和质量，增强了对市场的适应能力，以全新而高效的方式实现了标准化的宗旨。因此可以说，模块化是标准化的高级形式。

（六）模块化过程

模块化过程通常包括模块化设计、模块化生产和模块化装配三个阶段。

1. 模块化设计

模块化设计方法是对一定范围内的不同功能，或相同功能不同性能、不同规格的产品在功能分析的基础上，划分并设计出一系列功能模块，通过模块的选择和组合可以构成不同的产品，以满足市场不同需求的现代设计方法。模块化的目标有两个，即形成模块系统和模块化的产品系统。建立模块系统是实施模块化设计的前提，形成模块化产品系统则是模块化的最终归宿。没有明确的模块化产品系统这一目标，则模块系统的建立是盲目的；没有形成系列的模块体系，就没有模块化产品系统，则模块化就是空谈。

模块化设计过程主要包括模块创建和模块组合两个层次。

根据新设计要求进行功能分析，合理创建出一组模块，即模块创建。模块创建是根据市场调查，对产品组织结构以及设计、制造、管理等与产品生命周期相关内容进行系统分析，确定产品以功能分解为基础，设计结构模块，形成结构模块系列，为以后的设计及产品配置建立基础，过程如图 2-2（a）所示。

根据设计要求将一组存在的特定模块合理组合成模块化产品方案，即模块组合，是单个产品的模块化设计，需要根据用户的具体要求对模块进行选择和组合，并加以必要的设计计算和校核计算，本质上是模块选择及组合过程，过程如图 2-2（b）所示。

2. 模块化生产

模块化生产指的是模块的制造。由于模块本身就是一件标准化的产品，并且构成模块的元件和分元件也基本上是标准化的，所以模块的生产制造有可能采用先进、高效的制造技术，如成组技术（GT）、计算机辅助制造技术（CAM）、柔性制造技术（FMS）和计算机集成制造技术（CIM）等，以提高模块的制造质量和生产效率。

3. 模块化装配

这是由模块组装成所需产品的过程。有些产品是在工厂里完成装配之后运送到用户；有些产品或工程由于规模过于庞大无法整体运输，可将各类模块配套之后运到现场装配，如模块化变电所、模块化居室、模块化锅炉等。目前，个人计算机的用户也常常根据自己的经济条件、爱好和实际需要，选购适当的配套设备（功能模块）组合成产品系统。这是模块化的突出特点，也是其适应时代要求得以发展的原因。

（七）模块化的技术经济意义

从方法论的角度看，模块化通过将系统论和方法论的思想与标准化原理有机结合，以系统工程理论为指导、以标准化原理为基础、以方法论为依据、以深厚的专业理论为前提，是解决各种复杂问题的有效方法，可使问题简化、条理分明、易于处理，进而取得良好的秩序、质量和效益。模块化既是标准化的一种形式，又是产品设计的科学方法。模块化理论已成为标准化理论与方法的新的前沿，对现代化产业经济结构有着深远的影响。

（1）模块化可最大限度地重复利用标准化成果，实现高效率与高质量。

（2）模块化提供了产品创新、发展的平台，是技术创新的有效途径。

（3）模块化减少了内部多样化，扩展了外部多样化，有利于企业快速适应市场需求。

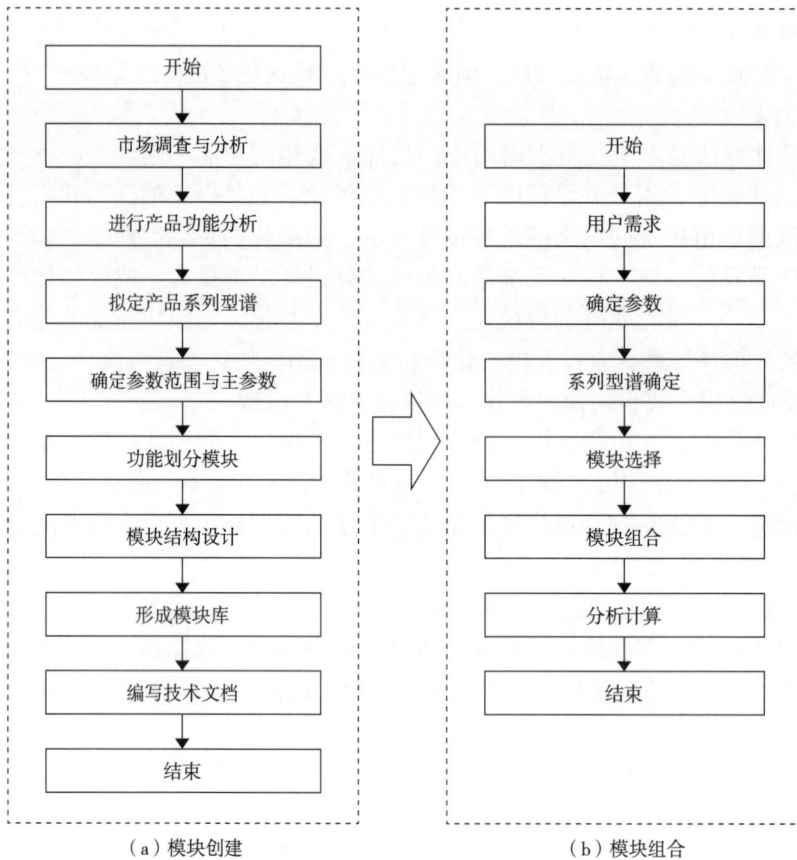

图 2-2 模块化设计过程流程示意图

第三章 地面工程建设的标准化工作

为了适应超低渗透油藏大规模滚动开发建设的新局面，破解地面工程建设的诸多难题，我们积极开展了地面工程建设的标准化工作。标准化工作的核心内容是标准化设计和模块化建设，即在优化简化基础上形成的一整套符合超低渗透油藏开发和地面建设需求的标准设计文件，统一地面工艺模式、统一站场的工艺流程和平面布局、统一设备材料选型和模块形式、统一设施配套和建设标准；站场建设可利用按照设计标准制作成品模块快速地拼接、组装、成型，减少了大量重复性工作，从而使地面工程建设按照预制、组装、复制的模式规模化运作，实现快速和低成本的扩展，以此来提高建设效率和降低投资成本。在超低渗透油藏开发建设实践中，形成了以标准化设计为基础，覆盖物资采购、施工建设、工程管理、造价预算等工程建设方面的标准化建设体系，有效提高了标准化设计工作水平，不断提升地面建设水平。

油田开发建设是一项庞大复杂的系统工程，对开发全过程来说，其范围包括油藏工程、钻采工程和地面工程，三者相对独立又紧密衔接，互相配合完成了油田生产由地下到井口、由井口到集输站场的全过程。油藏工程是研究开发油田的油藏类型，预测储量和产能，确定生产规模与开发方式；钻采工程包括钻井、完井和油气开采工程，通过钻采工程使地下油气顺畅流入井筒内并举升到地面；地面工程则是为满足油田生产和运行管理需要，在地面上建设的各项设施的总称。

油田地面工程是油田开发系统工程中的一项主体工程，与油藏、钻采等工程既相对独立又紧密联系，主要研究的是采出物的收集、矿场处理及输送，以及与之配套的水、电、路、讯等系统和生产管理方面的建设内容。

地面工程是将分散的油井产物收集起来，经过必要的处理与初加工，生产出质量合格的原油产品并对外输送。

油田地面工程不仅完成了油田地面的生产任务，也为地下的油藏工程、采油工程提供充分的技术支撑，如计量单井的产量，判识油井的工作情况，也为油藏的动态分析和调整开发方案提供了科学依据；注水系统为油藏保持了能量，提高了采收率；供电系统为采油生产提供了动力源等。

油田地面工程也是油田生产运行管理的直接对象和操作平台，是保障生产运行高效、平稳、安全的基础条件。地面工程首先要求在功能和规模上满足油田开发和生产需要，做到注采平衡、采输协调、生产平稳；其次要运行可靠，确保安全，油田生产的原油属于易燃、易爆或有毒介质，具有潜在的火灾、爆炸、中毒、环境污染等安全风险，必须具备严格的安全设计和安全预案，保证地面系统安全运行，充分体现"安全第一、环保优先、以人为本"的理念；再次要方便操作和维护。地面设施布置整齐、美观、合理、有序，方便施工建设和运行操作，除满足油田正常生产作业外，也应满足设备维修以及故障处理、应急抢险的要求；还要保证生产运行的经济高效，节能减排。

总之，地面工程隶属于油田开发工程，并服务于油田生产运行，是联系油田开发和生产之间的桥梁,地面工程建设的优劣很大程度上影响油田的整体开发效益和运行管理水平。

第一节　标准化工作的需求

一、油田地面工程的建设内容

地面工程作为油田开发建设的一个子系统,本身就是一个非常复杂的系统工程。地面工程以原油集输工程(包含矿场原油处理工程)和油田注水工程为主体,并与供配电、道路、通信与自控、供热、矿建、生产维护等和油田生产、生活密切相关的配套系统组成(图3-1)。

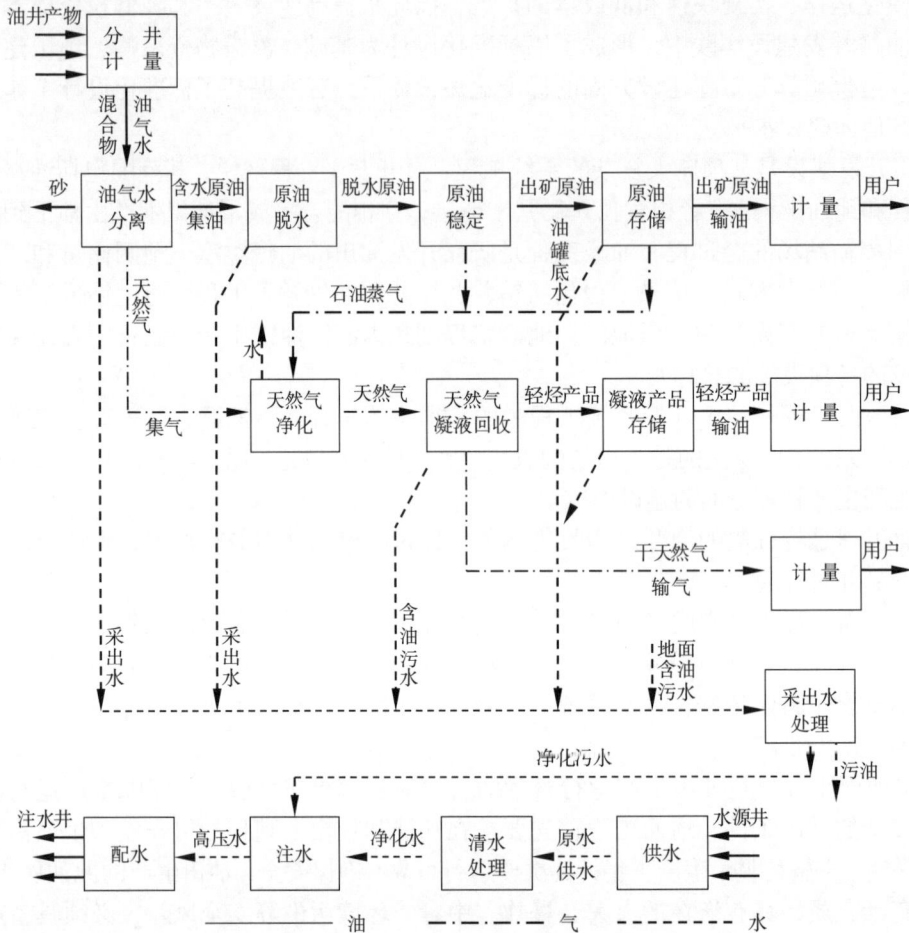

图3-1　油田地面工程建设内容及相应关系框图

(一)原油集输工程

将分散在油田各处的油井产物加以计量、收集,分离成原油、伴生天然气和采出水,并进行必要的净化、加工处理,使之形成合格的油田产品,并经存储、输送给用户的工艺全过程称为原油集输。原油集输是油田地面建设的主体工程，在油田生产中起着主导作用，使油田生产平稳，保持原油开采及产品销售之间的平衡。采用的原油集输工艺流程、确定的工程建设规模及总体布局，将对油田的可靠生产、建设水平、生产效益起关键性的作用。原油集输工程，一般由采油井场、原油站场和原油集输管线构成。原油站场包括计量站、接转站（增压站）、联合站（集中处理站）、矿场油库等类型；原油集输管线包括出油管线、集油管线、输油管线等。原油集输工程主要包括油井计量、集油、原油处理、原油储运等部分内容。

油井计量是测出单井产物中的原油、伴生气、采出水的产量值，油井计量是进行油井管理、掌握油层动态的关键资料数据。

集油是将油气水混合物汇集送到油气水分离站场，或将含水原油汇集分别送到原油脱水站场。为减小原油损耗，原油集输系统应采取全密闭流程。

原油处理是在集中处理站（或联合站）对原油进行处理，油中脱气，油中脱水，综合回收利用污油、污水和轻烃，产出原油、轻烃和可利用的水等合格产品。原油处理包括原油脱水、原油稳定、轻烃回收等处理工艺过程。

原油储运是集输系统的最后一个环节，是将符合外输标准的原油储存、计量后外输（外运）的过程。管道输送是用油泵将原油从外输站直接向外输送，具有输油成本低、密闭连续运行等优点，是最主要的原油外输方法，也可根据需要采用铁路、公路油罐运输的方法。

（二）油田注水工程

油田注水是油田地面建设的另一主体工程。通过油田注水，不断给油层补充能量，使油井平稳生产，提高油田的最终采收率。油田注水系统可分为水源系统、水处理及供水系统和注水系统三部分内容。

水源系统为油田注水提供充足、稳定、合格的水源，能够保证油田开发和生产的需要。油田注水系统的水源主要来自3个方面：一是采出水处理达标后回注，在提供稳定的注水水源的同时，避免了外排带来的环境污染，采出水要求100%进行回注；二是地下水，用以补充污水回注量的不足，目前油田上多是采用浅层的地下水，主要作为生活用水和工业上其他用水；三是地表水，在地下水资源匮乏区域，这些水经过处理合格后也可以作为注入地下的水源。

采出水和清水在注入地下前必须经过处理，经化验合格后方能注入地下。水处理及供水系统的目的是使注入油层的水质达到要求标准，并将处理达标的采出水或清水输送到注水泵站。

注水系统是将处理后的达标的水注入油田开发目的层，补充地层能量。在油田开发中，注水站的作用就是将进站的合格水经高压注水泵加压，达到满足油田地下注水压力后经过计量分输到各配水间（或配水阀组），然后由配水间（或配水阀组）调控并分配到各注水井，通过注水井注入油层。

（三）油田地面配套工程

在油田地面工程中，除了像原油集输工程、油田注水工程等主要的油水生产系统外，还有许多配套地面工程，如供水工程、供电工程、道路工程、排水工程、通信工程、供热工程等，道路工程、桥梁工程、矿建工程、机械修理加工系统等，均是保障油田正常生产运行和人员生活的重要组成部分。

二、油田地面工程建设需遵循严格的基础建设程序

工程项目建设程序是指工程项目从策划、评估、决策、设计、施工到竣工验收、投入生产或交付使用的整个建设过程，各项工作必须遵循的先后工作次序。工程项目建设程序是工程建设过程客观规律的反映，是建设工程项目科学决策和顺利实现目标的重要保证。

油田地面工程建设是一项巨大的系统工程，从投资决策到建成后投产和使用，要经过许多阶段和环节，需要规划计划、工程设计、工程施工、物资采购、造价、项目管理等多个部门合作完成，在很多方面密切协作和配合，各个阶段和环节工作内容是前后衔接的，有些是互相交叉的，有些则是同步进行的。按照建设程序，所有工作都必须纳入统一的轨道，遵照统一的步调和次序来进行，才能有条不紊，按预订计划完成地面建设任务，并迅速形成生产能力取得效益。

同时油田地面工程建设是纳入国家发展改革委员会（简称国家发改委）、建设部管理的基建项目，必须严格遵守国家法定的基础建设程序，可以根据工程特点进行合理的优化和交叉，但不能任意颠倒。

油气田地面工程建设的程序一般包括概念设计、方案设计、初步设计、施工图设计、工程开工、施工建设、投产试运、竣工验收、后评价等内容（图 3-2）。根据工作内容和重点，基本建设程序可分为项目决策、工程设计和工程建设三个主要阶段。

（一）前期决策阶段

油田地面工程建设前期工作，是项目的决策阶段。油田地面工程项目作为油田开发工程子系统，不同于一般的工程建设项目需要进行单独的经济评价，而是与油藏工程、钻采工程等一起进行整体的油田开发工程经济评价，整体立项。

前期工作内容包括总体开发方案的概念设计（项目建议书）、总体开发方案的方案设计（可行性研究）等。

概念设计的主要作用是对拟建项目的框架性的总体设想，论述其建设的必要性、建设条件的可行性和获得效益的可能性。

方案设计是在概念设计批准后着手进行的。方案设计是项目前期工作最重要的内容，通过项目在技术上是否可行和经济上是否合理进行科学的分析和论证，从项目建设和生产经营的全过程考察分析项目的可行性，为投资者的最终决策提供直接依据。方案设计经批准，项目正式立项，可根据实际需要组成建设单位或建设项目组，开展设计招标和建设准备等工作。

（二）工程设计阶段

设计是对拟建工程的实施在技术上和经济上所进行的全面而详尽的安排，是基本建设计划的具体化，同时是组织施工的依据。设计阶段内容包括初步设计和施工图设计。

初步设计必须按照批准的方案设计进行，并进一步优化建设方案。满足《石油天然气工程初步设计内容规范》的要求。初步设计的深度应能满足编制施工组织设计、主要材料及设备的订货、土地征用和平整场地等施工准备工作的要求，并能以此编制工程预算。

施工图设计是对初步设计进一步深化，是进行工程施工、编制施工图预算和施工组织设计的依据，也是进行技术管理的重要技术文件。施工图设计深度应能满足建设材料的安排、非标准设备的制作、施工图预算的编制和建设安装工程施工的需要。施工图预算应由设计

单位来编制，或设计单位委托有关单位进行编制。

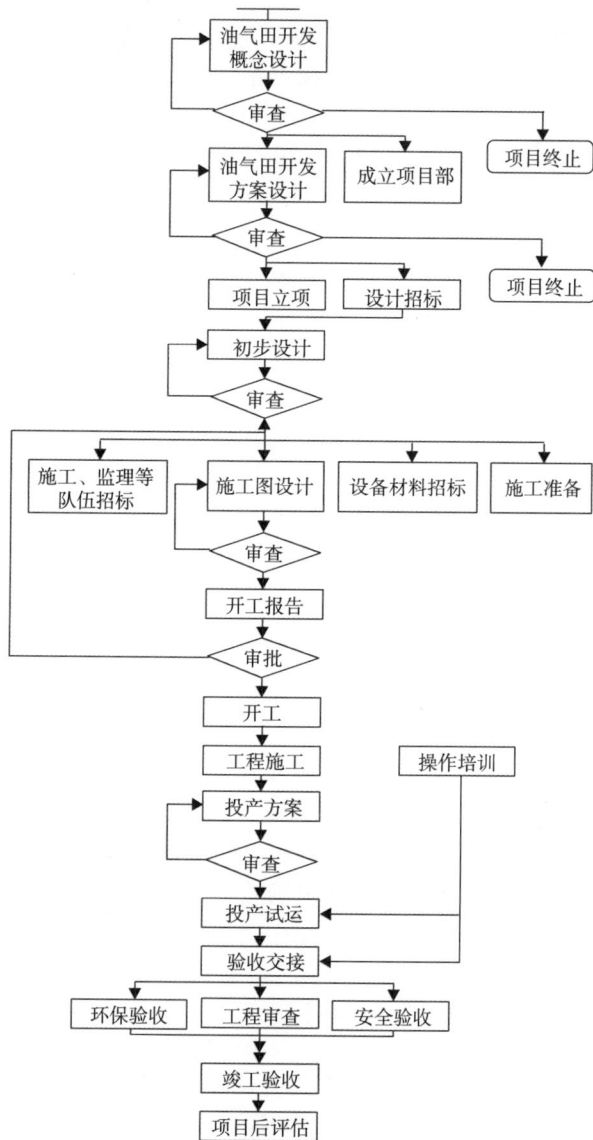

图 3-2　油田地面工程建设程序

根据油田地面工程的实际情况，一般大、中型的油田地面工程项目，多采用二段设计（即初步设计和施工图设计）。对一些小型的、工艺简单的急用工程，或定型的通用工程，经过主管部门批准，也可以简化初步设计或直接编制施工图设计。

（三）工程建设阶段

建设阶段包括建设准备、施工建设和竣工三个阶段。

初步设计经批准后进入建设准备阶段，做好施工前的各项准备工作。主要内容包括：征地、拆迁和场地平整；完成施工用水、电、路等工程；组织设备、材料订货；准备必要的施工图纸；组织施工招标，择优选定施工建设单位。油田地面工程建设的设计、施工、监理、检测单位选择及物资采购等，除某些不适宜招标的特殊项目外，均需实行招标。招标活动要严格按照国家有关规定执行，体现公开、公平、公正和择优、诚信的原则。

油气田地面工程建设具备开工条件后，建设单位即可填写开工报告，并报上级主管部门批准，进入正式施工建设阶段。这个阶段是油田地面建设工程的重要实施阶段，是工程的关键。要做到计划、设计、施工三个环节互相衔接，投资、工程内容、施工图纸、设备材料和施工力量五个方面的落实，重点抓好质量、进度、安全、投资四方面管理工作，以保证建设计划的全面完成。

项目按批准的设计内容建成后进入竣工阶段，包括生产准备、投产试运和竣工验收三个过程。项目竣工验收合格后正式投产，交付生产使用。

第二节　标准化建设体系的构建

从地面建设的内容和程序中可以看出，地面工程建设是一个非常复杂的系统工程：一是地面工程建设涉及的内容非常广，包括油、水、电、信、路、矿等各个系统工程；二是地面工程建设和油田开发、地面环境、生产运行紧密相关，受各方面条件的制约；三是地面工程建设需要多部门协作，一个地面工程建设的项目无论大小，均是由工程设计、工程施工、物资采购、造价、计划、项目管理等的多部门合作完成的；四是有严格的地面工程建设程序和投资管理制度，不能逾越。

例如，超低渗透油藏开发建设的典型特点是点多面广、规模大、速度快、变化多，为了保证建设投资效益，鄂尔多斯盆地的各油田结合储层分布、地表环境、生产运行、管理方式等，推行"36911"建设节点控制目标（3月底以前完成工程建设的方案设计等前期工作；6月底60%的油气田场站投运；9月底油气田场站累计投运达到90%；11月底所有的地面建设工程全面建成投产），对油田地面工程建设进度提出了总体控制要求。

一、传统地面建设方式的适应性分析

通常的工程设计和建设方式是一种订单式设计和串行的建设方式，这种建设方式势必成为制约超低渗透油藏大规模开发建设的瓶颈问题。

（1）设计能力和建设能力受到制约。超低渗透油藏大规模的开发建设，使地面设计工作量翻番，设计能力和建设能力紧张。由于设计工作量大，大量的人力资源消耗在图纸设计阶段，而在设计方案优化和技术进步等方面投入精力不足。随着建设工程量的增加，原有的现场施工力量也严重不足，需引进其他施工队伍，但引进队伍技术装备和施工水平参差不齐，使得建设进度和水平难以保证，同时也加大了组织管理难度。

（2）设计内容和深度受到制约。按照超低渗透油藏开发的节奏，难以保证充裕的工程设计时间，往往简化初步设计为初步设计方案，方案审查通过后直接开展施工图设计。首先，由于缺少了正式初步设计的环节，在施工图设计阶段需要进一步深化和优化的内容很多，施工组织、主要设备及材料的订货、土地征用及平整场地等施工准备工作很难及时到位，

建设工期难以保证。其次，设计产品的个性化、多样化设计也使得建设过程呈现多样化的特点，不易实现规模化运作，效率较低。一般的地面工程设计，以符合现行标准和规范的要求为主要约束条件，而对工程设计的具体内容没有强制性要求，由于每个人的设计思想、设计风格和设计习惯不同，同一类设计产品存在风格不统一、因人而异、因时而异的现象。这样不仅设计速度慢，而且不利于规模化地开展物资采购和施工组织，不利于后期生产的高效管理与运行。

（3）设计过程和物资采购、施工建设结合不充分。通常油田地面工程设计是主要面向开发部署的，而较少考虑后期的建设过程，包括施工准备、物资采购、工程建设和项目管理等方面。设计过程和物资采购不能形成有效的联动机制，到货产品的规格、型号、接口、尺寸和设计存在不一致的现象时有发生，需现场变更调整，影响现场工程的效率、进度和质量。另外，传统设计配管安装的精细度和准确性难以直接支撑施工预配，施工下料时需二次设计，增大了施工难度。

（4）串行施工建设方式，制约施工进度。传统的施工过程是先由土建专业进行土建施工，然后移交给专业安装单位进行钢结构、设备、工艺管道等的安装。待钢构件、设备、工艺管道等基本安装到位后，再移交给土建专业进行二次作业，如二次浇筑、砌筑、抹水泥粉刷、二次地面等。当条件具备后，进行电气仪表等精密设备的安装及电缆敷设，最后整个系统调试完成后投入运行。传统串行建设方式主要是现场施工、排队施工，交叉作业、并行作业范围有限，资源分配不合理，施工进展缓慢。

（5）订单式物资采购，不能开展规模化采购。常规的物资采购计划一般由建设单位依据施工图设计的材料表汇总，上报物资采购部门进行招标采购。由于施工图分厂、分批地发放，采购计划也是分散随时上报，往往形不成规模，造成分散零星采购，相应制造方也难以实现规模、批量化生产，造成供货不及时，对施工建设进度影响很大，采购成本高。

（6）超低渗透油藏开发特点的客观影响。油田地面工程建设除了少量联合站、倒班点等大型建设项目外，主要是一些中小型场站建设和站间中小口径的管道施工，单位工程量相对较小而数量庞大，离散型的施工建设导致整体效率不高。

滚动调整变化、复杂的土地征借手续使得地面建设的战线拉长，呈现前松后紧的特点。为了保证其开发效益，地面建设都是当年施工当年投产，且大都集中在下半年，使作业的连续性和生产的均衡性受到很大影响，这就在客观上导致了地面工程建设施工工期紧张。

二、标准化建设体系的产生

超低渗透油藏地面工程大规模建设的核心问题是成本和时间问题，即建设成本高、建设周期长。成本问题可通过地面工艺的优化简化来解决。如果有效控制了工程进度，则有利于减少现场作业成本，也有利于实现工程建设投资控制。分析其建设周期长的原因，除去客观因素的影响，在传统的管理模式下，采用串行的生产组织方式，各个环节互相制约，只能依序进行，在没有形成适应快速建设的管理机制情况下，使得大量的时间浪费在一些冗余的信息周转环节和不得已的等待上。

超低渗透油藏大规模建设，使重复性的建设工作越来越多，同类事项大量存在，为开展标准化工作奠定了有利的条件。为加快建设节奏，超低渗透油藏开发地面建设开展了以标准化设计和模块化建设为核心内容的标准化体系建设。标准化设计为招标采购、施工建设、工程管理、生产运行、维护改造等各个建设和生产环节提供了一个规范标准的平台。从系统工程的角度看待地面工程建设，地面工程的整个过程，结合"全方位整体优化、全要素经济评价、全过程系统控制"的精细管理理念，将"统一、简化、协调、最优化"的标准化思想进一步深化，以标准化设计为前导，探求与之相适应的物资采购、施工建设、工程管理、造价预算等工程建设方面的工作标准、工作方法与运行模式，不断深化工作内容，健全配套措施，扩大覆盖范围，以形成一套完整的、覆盖整个油田地面建设的标准化建设管理体系，促进标准化设计工作水平和地面建设水平的快速提升。

通过开展"标准化设计、模块化建设"的设计和施工方法研究，完善建设管理制度，构建了一整套标准化建设的工作体系，如图3-3所示。通过标准化建设体系的应用，可以提高设计和建设效率及能力，形成系列化、模块化、标准化的设计图库和定型的设计模板，通过先进的设计方法和施工手段，解放生产力；通过标准化体系的建设，可以优化建设组织管理，优化与标准化设计相配套的建设管理流程，形成配套机制，统一协调各个建设环节，加快建设节奏，做到超前规划设计、超前材料上报、超前工厂预制、超前队伍准备，保证地面工程建设的高度统一行动和高效率运行；通过标准体系的建设，可以实现快速响应，形成应对滚动调整变化的快速设计和快速建设的方法，做到超前准备、及时跟踪、适时调整、主动适应滚动开发建设对各路工作的新要求；通过标准化体系的建设，可提高建设速度，并通过有效的机制确保工程建设安全、质量、工期全面受控，同时实现了投资有效控制。因此，标准化体系建设是提高应对油田产能建设滚动调整和大规模建设的有效手段，能够实现对超低渗透油藏地面工程建设的有效支撑。

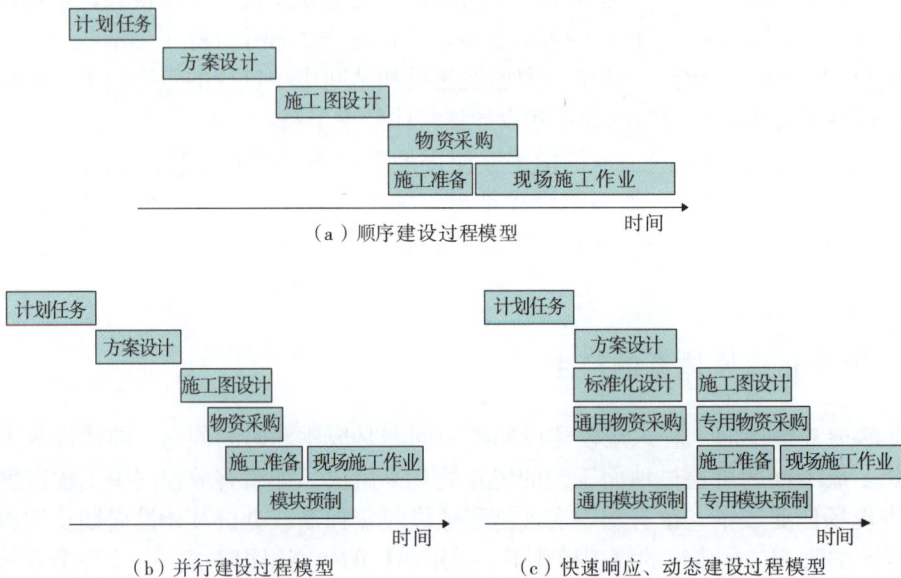

（a）顺序建设过程模型

（b）并行建设过程模型　　（c）快速响应、动态建设过程模型

图3-3　标准化建设的工作体系

第三节 标准化建设体系的主要内容

标准化建设体系涵盖油田地面建设工程的全过程,按照"围绕结果而不是工序进行组织,注重整体流程最优的系统思想,将信息处理纳入产生这些信息的实际工作中,将各地分散的资源视为一体,将并行工作联系起来,而不只是联系它们的产出,使决策点位于工作执行的地方,在业务流程中建立控制程序"的原则和方法,以作业过程为中心,摆脱传统组织分工理论的束缚,提倡顾客导向、组织变通、员工授权以及正确地运用信息技术,达到适应快速变化环境的目的。该理论的核心是过程观点和再造观点。按照以上理论,对地面建设流程业务重组,在标准化设计的基础上,开展与之相适应的物资采购、施工建设、工程管理、造价预算等方面标准化的工作,逐步总结完善形成一整套标准化建设体系,主要由相关的技术标准、管理标准和工作标准构成,范围涉及工程项目的建设管理、标准化设计、模块化建设、规模化采购、标准化造价等内容(图 3-4)。

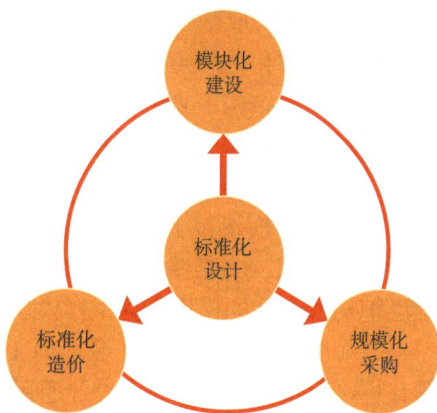

图 3-4 标准化设计

一、标准化设计

超低渗透油藏产能建设地面工程是一个复杂的系统工程,也是一个动态的、不断调整和不断优化建设目标的工程项目。在大规模产能建设中,要实现高速度、高质量的地面建设要求,则标准化、统一化、通用化的工作显得十分突出。因此如何解决好多样化、不确定性与通用化、统一化之间的矛盾,成为超低渗透油藏标准化设计中急需解决的问题。地面工程设计必须适应站场种类、形式多样性问题,必须适应设备工艺参数选择变化问题,必须适应地貌条件下平面布局调整问题,必须提高储层变化调整下的设计应变能力,同时也必须适应地面工艺不断进步的要求。

(一)设计方式选择

通过对油田已建站场设计成果分析研究可以看出,在油田同类站场系列化设计中,共性的或相似的内容占了 70% 以上,只有少部分属于经常变化的内容;在相同站场的平面布局中,工艺流程、工艺模块基本定型,仅仅是总图管网和模块的工艺配管因布置位置不同而需要调整;新的集成设备即不同模块进行有机组合,其余部分仍然变化不大或者基本不变。因此,采用模块化的设计架构非常适应超低渗透油藏地面建设标准化的需要。

模块化设计是在对一定范围内的不同功能或相同功能不同性能、不同规格的产品进行功能分析的基础上,把相同或相似的功能单元或要素分离出来,用标准化原理进行统一、归并和简化,以通用模块的形式独立存在,然后通过模块的选择和组合构成不同功能,或功能相同性能不同、规格不同的产品，以满足市场不同需求。模块化设计把产品的多变性与零部件的标准化有机地结合起来，有效地解决了多种类、小批量生产方式与生产效率的统一，能够用最小的要素组合出最多的产品，最大限度地降低不必要的重复工作，又能最大限度地利用标准化成果（标准模块、标准元件）。例如，单座站场是多样化、小批量的，但作为构成站场的许多通用的工艺安装模块、构建模块可相互成组、成批制造，取得规模化的效益。

（二）模块划分方法

由于模块既可构成系统，又是系统分解的产物。用模块可以组成新系统或复杂的大系统，模块是系统的构成基础。模块具有特定的、相对独立的功能，具有通用性、互换性、层次性、相似性和系列化的特点，具有构成系统的接口，是一种标准化单元。模块的分类方法多种多样，从物理结构上划分，模块分为功能模块、结构模块和单元模块三种类型；按使用功能和频度可将模块分为通用模块、标准模块、专用模块和特制模块；依据产品或系统的结构和功能层次，与其相对应的模块划分为产品级模块、部件级模块、单元级模块等；在企业里也有的把模块按上述顺序分为1级、2级和3级的；按其在系列化过程中所处的地位和所起的作用，将某些模块分成基型模块、派生模块、变型模块；按模块在产品中的重要程度把构成产品的模块分为主体模块和非主体模块（辅助模块、附加模块）等。

如前所述，超低渗透油藏地面工程是一个复杂系统工程，站场种类、规格多样，为了简化标准化设计工作，提高设计通用性、互换性，以应对滚动调整及超前准备工作的要求，标准化设计中引入模块化设计方法和采用模块化的设计体系结构。模块化的优点在于模块分解的独立性、模块组合的系统性和模块接口的标准化，这正是应对规模化和多样性的最佳选择。

对于油田大型站场，如联合站或多站合建站场，以类似复杂站场（系统）作为研究对象，应用系统分解的方法，构建了一个自上而下的、多层级的模块化划分体系，形成如图3-5所示的模块层级。

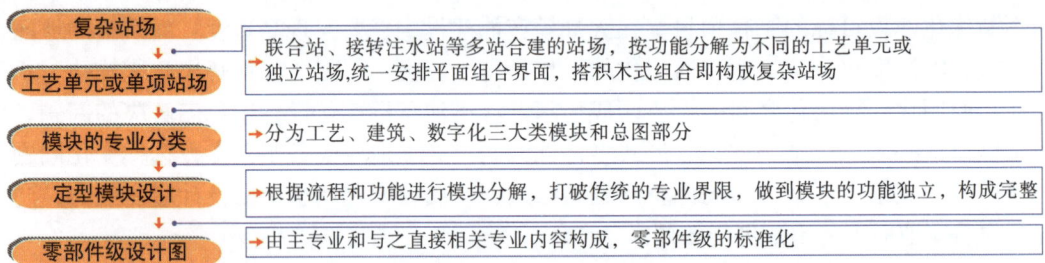

复杂站场	
工艺单元或单项站场	联合站、接转注水站等多站合建的站场，按功能分解为不同的工艺单元或独立站场，统一安排平面组合界面，搭积木式组合即构成复杂站场
模块的专业分类	分为工艺、建筑、数字化三大类模块和总图部分
定型模块设计	根据流程和功能进行模块分解，打破传统的专业界限，做到模块的功能独立，构成完整
零部件级设计图	由主专业和与之直接相关专业内容构成，零部件级的标准化

图3-5 模块层级示意图

第一层次：联合站、合建站场或复杂站场。

第二层次：独立站场或联合站工艺单元，以组合化的形式构成复杂站场，可视为复杂站场的一个模块。

第三层次：模块，具有独立功能的标准化单元，通过模块的组合可构成完整站场。模块分为通用模块和专用模块。通用模块成系设计，形成标准化模块系列；专用模块是为标准化站场专门设置的，一般为标准化站场的总图及配套部分。

第四层次：元件或零部件，是模块的进一步划分，是构成模块的基础。元件不具备模块的独立功能，一般包括工艺设备和管阀配件等，为保证模块的标准化，元件需要开展定型化设计。

（三）设计体系构成

模块化的基础是模块，因此超低渗透油藏地面模块化研究的重点是独立站场的标准化，形成了系统的设计体系，主要由标准化站场设计图集、标准化模块单体图集和配套技术标准三部分内容组成。其中标准化站场设计图集包括站场平面图、流程图、综合管网图、模块构成和选用的明细说明等；标准化模块单体图集包括各类标准化模块，主要有工艺模块、建筑模块和数字化管理模块三种类型；配套技术标准包括统一技术规定、定型设备库、配套数据库、技术规格书、计算书等。标准化设计体系内容见表3-1。

表3-1　标准化设计体系构成表

	组　成	内　容	所含专业	备　注
标准化设计文件	站场设计图集	平面图、流程图 综合管网图 模块构成 选用说明		
	模块单体图集	工艺模块	集输专业 注水专业 给排水专业 热工专业	每一个模块直接包括相关设备、配管、基础、仪表、防腐等专业
		建筑模块	建筑专业 暖通专业 建筑照明	
		数字化管理模块	站控系统 通信系统 视频监控系统 电气配套等	
	配套技术标准	统一技术规定 定型设备库 配管数据库 技术规格书 设计计算书		

在开展具体工程设计时，根据站场功能和参数确定需要的模块单体，然后从模块图集库中选用，以标准化的站场平面为母板，以插件形式拼接组合，从而快速组合成型为各类标准化站场。对于复杂站场，由于平面布局较为复杂，受工艺因素、地形环境影响大，具有较多的变化，完全实现标准化设计不切实际。因此主要对其中独立站场（主要工艺单元）进行标准化设计，再通过定型站场（或工艺单元）的组合化设计或积木式拼接，形成联合站场。为方便和规范复杂站场设计，一般套用已经规定好的通用总图模板，局部调整。当外部环境制约需要重新设计时，可以尽量利用现有模块，有针对性地开展总图平面、综合管网等的设计。

二、模块化建设

（一）建设方式确定

油田传统的施工方法是在工程施工图设计完成后，按照设计文件设备材料清单开展物资采购，然后将施工建设需要的施工机具和设备材料运往建设现场，施工人员进驻后，按照专业施工顺序开展现场作业。由于受到自然条件和气候条件的限制，有效施工工期短，作业连续性不强，生产组织均衡性差，在客观上导致了地面工程建设有效施工工期非常紧张。结合油田地面建设的自身特点，在超低渗透油藏开发标准化设计的基础上，尝试将模块化建设技术运用于油田场站施工，探索一条适合油田场站建设特点的模块化建设技术，改善员工劳动条件，减小野外施工对工程建设的影响，减小现场施工对周边环境的污染，确保建设进度和质量。

（二）模块化建设概述

模块化建设是在标准化设计的基础上，通过对油气站场各个工艺环节的划分，对不同的单体设备、不同规模的设计模块进一步地分解，绘制单元图，通过管道下料、坡口加工、分段组对、分片组装、组件成模、现场拼装等程序，完成场站施工建设的一种方法。模块化建设是将复杂的工作分解为多个简单的工作，作业人员只进行简单的工作重复，有利于提高作业技能，从而提高工作效率和工作质量。模块化建设大量引入平行作业，依靠先进技术，将土建、安装、调试等工序进行深度交叉，达到缩短建造工期、提高施工质量的目标。模块化建设采用预制化、组装化、橇装化相结合的方式开展模块工厂制造、模块整体拉运、模块现场组装，大大减少了现场施工作业时间。模块化标准件互换性强，适合规模化生产，可通过规模采购、批量预制，确保建设成本得到有效控制。模块化施工技术示意图见图3-6。

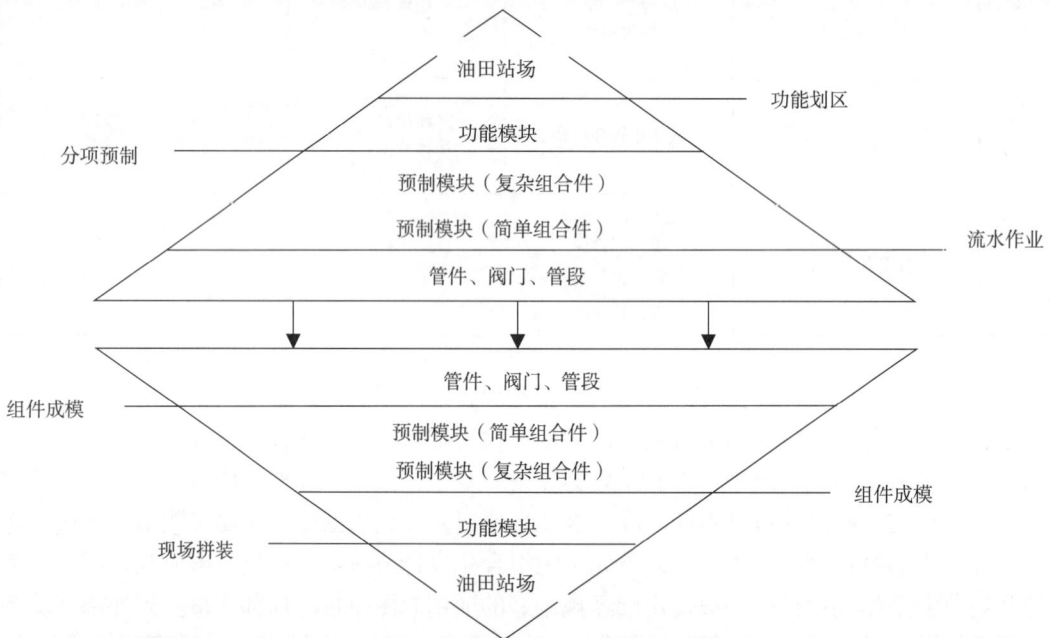

图3-6　模块化施工技术示意图

（三）配套的保障措施

开展模块化建设的主要保障措施是建设配套的模块预制厂，预制厂的选点应根据油田建设区域，本着"靠近油区、运输方便、便于依托"的原则确定。在模块预制厂内，除了考虑场地的设置要求外，重点按照工序先后，对材料检验、下料、坡口加工、组合件组对、组合件焊接、复杂组合件组装，形成科学的流水作业程序，实现预制模块的流水化加工。因此，需要合理设置施工区域，按照原材料区、喷砂除锈防腐区、坡口加工区、工件组对区、深度预制区、焊接作业区、成品检验区和成品存放区等进行设置。在加工设施配备上，需要配置现代化加工设备，如短管焊接站、等离子切割机等，优化资源配置，实现自动化和机械化工厂作业，为提高产品质量提供保障。在管理方面，健全组织机构，实行专人专岗。制定切实可行的作业指导书，有效指导现场作业。编制过程控制文件，确保流程顺畅、职责明晰、操作规范。整合管理系统，统一数据模型，确保信息共享，实现加工和施工过程数据的可追溯性。

三、规模化采购

规模化采购是标准化设计的必然结果。标准化设计本身以模块设计为基础，而工艺设备和标准化的配管是模块的核心构建，即定型设备＋标准化配管＝标准化模块，在标准化设计中要求所需的设备和配管材料必须统一订货标准、统一外形尺寸、统一技术参数、统一接口标准、统一配管用料。例如，鄂尔多斯盆地大约每年将新建油田产能 $500 \times 10^4 t$（其中超低渗透油藏约占 50%），年钻井近 8000 口，年新建各类场站 150 座、井场 1000 座以上。大规模建设需要采购类型相似的、数量巨大的地面工程设备，因此，在标准化设计的基础上，合并汇总所需的设备材料，形成规模化的物资采购清单，开展规模化采购是实现超低渗透油藏快速经济有效开发的重要措施之一。

四、标准化造价

标准化造价是在各油田公司范围内，对油田地面建设工程重复使用的油田场站制定统一的造价管理标准，从而获得最佳的建设秩序。其过程是根据油田公司审定发布的标准化设计文件，通过计算工程量，套取预算定额基价，计算各项费用，包括直接费、间接费、计划利润、营业税等，通过编制单位和相关造价管理部门审查后，形成的相对稳定的单项（单位）工程和相应模块的定额计价取费指标。标准化造价指标是工程项目总概算的编制和审核、合同价款签订、制定标底、工程结算的最高限价和重要依据，也是核定计划投资的重要依据。油田地面建设工程标准化造价指标应每年 3 月份组织测算、编制和发布，在执行过程中根据工艺、装备、环境、市场变化等情况，可适时进行调整、增补和完善。

标准化造价的全面推广和应用，统一了造价标准，简化了造价流程，提高造价工作效率，为合理确定工程造价、规范地面建设市场秩序、有效进行投资控制提供了科学的计价依据，为投资估算、工程招投标、签订工程合同和工程结算等建设环节高效顺畅运行奠定了工作基础，对规范投资控制发挥了作用，是市场化工作全面推进的重要支撑。

五、标准化建设管理

标准化建设体系是一个整体，标准化设计是开展模块化建设、规模化采购、标准化造价的基础，而开展标准化设计需要建立在设备材料定型的基础上，设备材料的采购又受到技术参数、使用性能和工程造价的制约。因此，必须建立健全标准化建设管理的制度体系，规范整个地面工程建设全过程，统一和协调设计、采购、施工、造价、管理等各个环节，使地面工程建设能够按照"平稳、有序、协调、受控"的工作方针有序进行，达到优化组织管理、提高建设效率的目的，实现工程项目的进度、质量和效益的有机统一。标准化建设管理体系如图 3-7 所示。

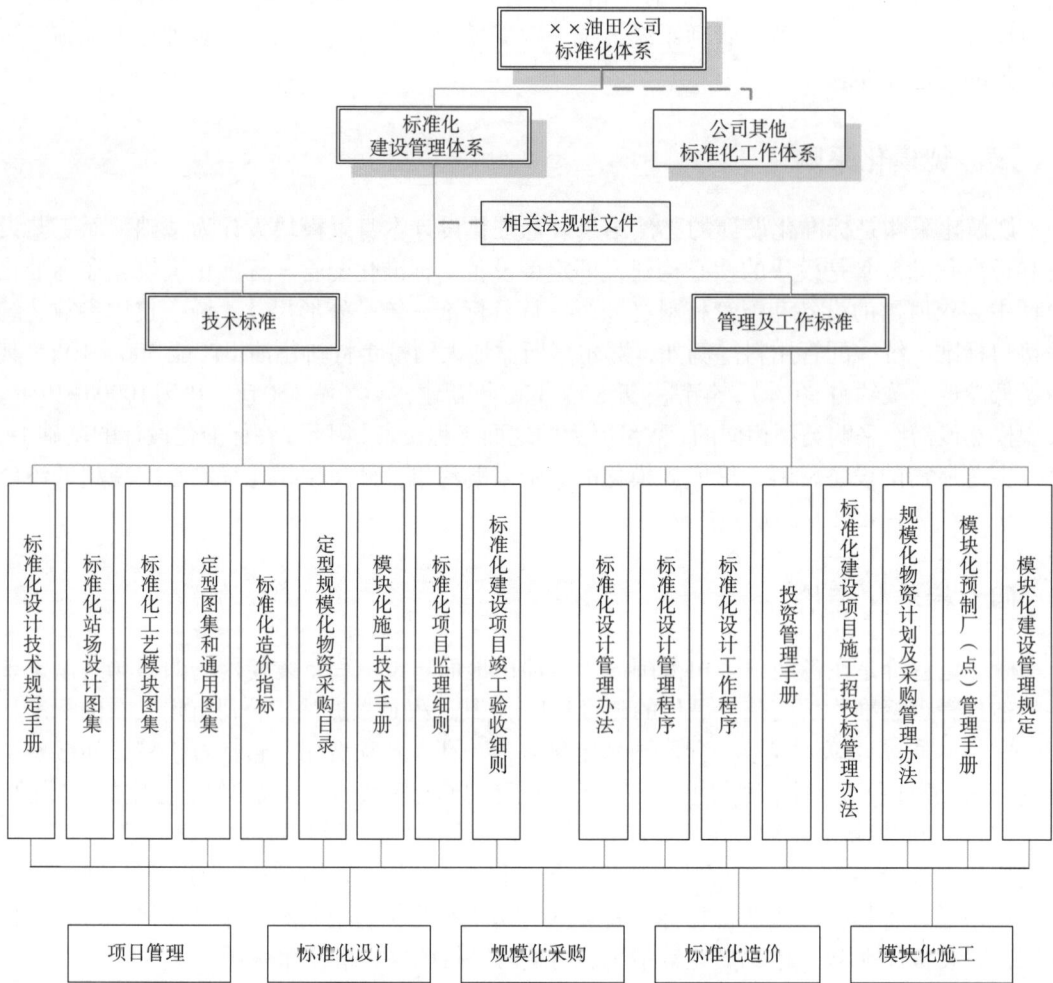

图 3-7　标准化建设管理体系图

（一）制定管理办法

结合超低渗透油藏开发地面工程建设的实际，依据现有的建设管理程序和时间节点控制要求，按照前后逻辑关系绘制出标准化建设进程控制图，通过分析地面工程建设的全过程，针对每一个薄弱环节制定出适用的管理规定和管理手册，统一协调和规范地面工程建设。

（二）运行保障措施

为了保证超低渗透油藏地面建设工程的顺利实施，在工程项目实施过程中，以建立的制度体系为依据，还需要采取与制度相适应的保障措施，确保标准化建设体系的顺利运行。标准化建设进程控制如图 3-8 所示。

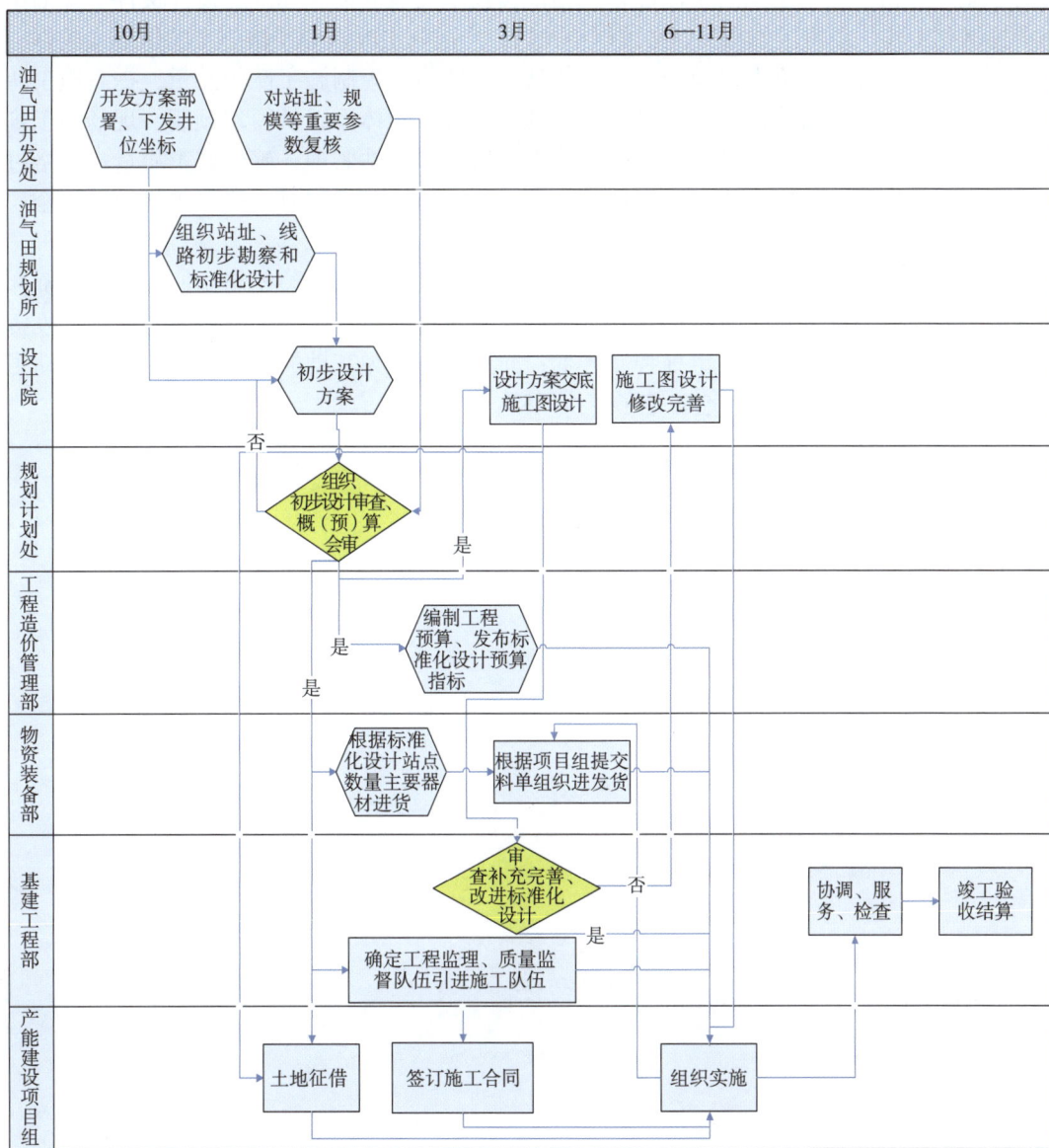

图 3-8 标准化建设进程控制图

例如，鄂尔多斯盆地各油田在进度控制方面，采取了超前施工准备、及时跟踪调整、及时组织验收的措施，满足"36911"进度目标要求。超前施工准备即通过超前材料组织、超前工厂预制、超前队伍准备、超前征借土地，确保工程按期开工；及时跟踪调整即跟踪钻试动态、站址变化、外协进展，及时调整设计，确保标准化设计与具体站场的衔接、调整适应滚动建产；及时组织验收即工程完工后，及时组织工程验收，完工一项验收一项，确保工程尽快投入使用，保证超前注水周期，提高新井时率。

　　在质量控制方面,采取了"严把设计质量、严把队伍准入、严格施工监管、严格过程检查"的措施,保证工程建设质量达标。严把设计质量关即在设计阶段,按照统一管理、分级负责的原则,严格落实施工图会审制度,严格落实技术交底制度。标准化设计文件一经油田公司标准化工作小组审定发布后,必须严格执行;严把队伍准入即严格施工队伍准入条件,实行项目组和基建工程部两级审查准入,优选施工队伍,控制施工队伍总量,提高施工队伍质量;严格施工监管即落实以监理为重点的全过程监管体系,从模块预制、现场施工到工程验收,明确岗位,责任到人,关键环节重点监控、旁站监理,确保施工质量;严格过程检查即采取定期、不定期进行现场巡检,及时协调解决现场问题,确保工程建设安全、质量、工期全面受控。

　　在费用控制方面,开展标准化造价管理,突出工程计价源头预控制功能,实现投资和成本的有效控制。标准化造价指标年初下发,严格执行,执行过程中不得随意变动,投资控制方式从过去的事后算账向事前控制转变;建立以单井为基础的控制指标,充分调动了基层建设单位的积极性,有效地防范了经济风险。

第四章　地面工艺定型化

总结鄂尔多斯盆地油藏开发经验，地面工程先后创立了马岭、安塞、靖安、西峰、姬塬等建设模式，有效地控制了地面建设投资，确保了长庆超低渗透油田的成功开发，提高了油田开发建设管理的水平，适应了油田大规模上产和滚动开发的需要，达到了提高生产效率、提高建设质量、降低安全风险、降低综合成本的目的。

第一节　低渗透油藏地面工艺模式发展历程

鄂尔多斯盆地低渗透油藏开发历史悠久，从《梦溪笔谈》到 21 世纪现代化科技发展，为油藏开发不断注入新的动力。特别是近 30 多年的不断发展、完善，研究出了一整套能够适应黄土高原等恶劣、复杂地形条件下低渗透油田经济有效开发的地面工艺技术，先后创立了马岭、安塞、靖安、西峰、姬塬五种地面工程建设模式，将三级布站逐步优化为二级布站方式和一级半布站方式，延长了集输半径，简化了集油流程，降低了工程投资，提高了自控水平，降低了员工劳动强度。

一、低渗透油藏地面工程建设模式

（一）马岭模式

20 世纪 70 年代，中低渗透油藏马岭油田单井单管不加热密闭集输工艺（图 4－1）及投球清蜡、端点加药、管道破乳、大罐沉降脱水等配套技术的成功应用，为该地区地面工程建设技术发展和低渗透油藏高效开发奠定了基础。

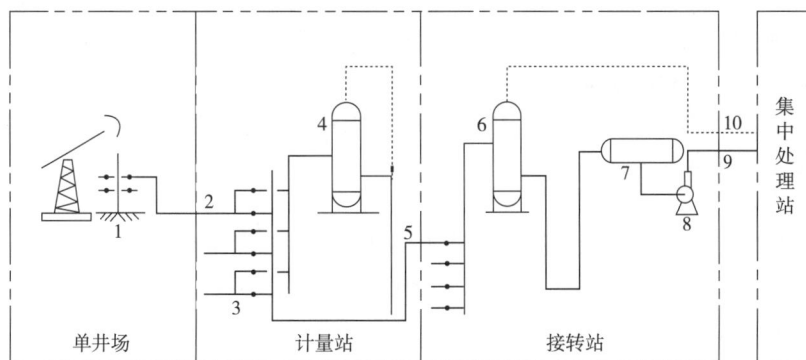

图 4－1　马岭油田：单管不加热集输原理流程图

1—采油井；2—出油管线；3—阀组；4—双容积计量分离器；5—集油管线；

6—生产分离器；7—卧式缓冲罐；8—输油泵；9—输油管线；10—输气管线

（二）安塞模式

安塞油田地面工程建设经过技术创新，形成了以丛式井阀组不加热二级布站集输工艺和单干管小支线活动洗井注水工艺为主要内容，以"单、短、简、小、串"为特色的特低渗透油田地面配套技术（图4-2）。

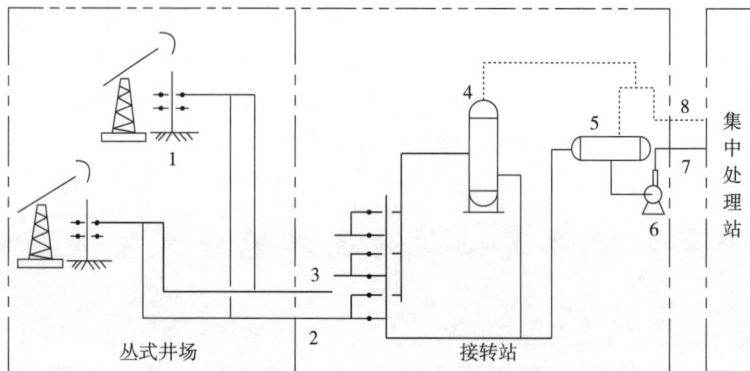

图4-2　安塞油田：双管不加热集输原理流程图

1—采油井；2—集油管线；3—单井计量管线；4—双容积计量分离器；

5—分离缓冲罐；6—输油泵；7—输油管线；8—输气管线

1. 创立阀组

为适应安塞油田王三计量站周边部署调整，创立了阀组，替代了当时生产过程中的计量站，将三级布站方式改为二级布站方式。

2. 改进接转站密闭输油技术

（1）不设事故罐的双缓冲罐密闭输送流程。

（2）分离缓冲罐上、下液面采用双浮漂和电子设备自动控制系统：具有控制系统灵活可靠、输油泵节能等优点，同时避免频繁出现间歇输油现象。

（3）分离缓冲罐的改进：将分离缓冲罐的立式分离结构改为卧式结构，提高了分离效果，也减小了体积。同时将原来的上、下液面用单浮漂连杆控制机构改为上、下液面用双浮漂电控机构，适应了间歇输油的需要。

（4）不加热密闭集输半径确定：根据井口回压要求，结合安塞油田地形情况，确定丛式井双管不加热集输半径约2.5km。

（三）靖安模式

靖安油田以丛式井双管不加热密闭集输为主要流程；以优化布站、井组增压、区域转油、油气混输、环网注水为主要技术；以井口（增压点）—接转站—联合站为主要布站方式，形成了闻名全国的靖安模式。

1. 井组增压

根据现场生产实际情况，设计确定油井低于站场50m以下设置增压装置，主要利用油井试油和临时试采时留下来的临时储油方箱，配套小型输油泵、小型水套加热炉等设备，为开式流程生产。增压装置如图4-3所示。

2. 井口（增压点）—接转站—联合站布站方式

在靖安油田的地面建设中，结合地形、地貌特点，优化总体布局，减少接转站的设置，采用了多井计量增压流程。不仅成功地解决了冬季部分油井回压高的问题，而且扩大了集输半径，如图4-4所示。

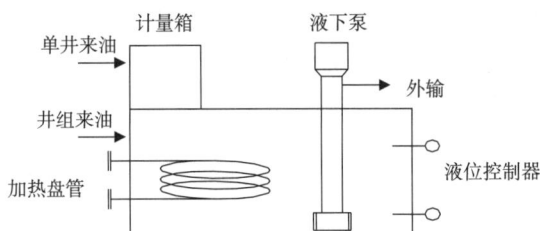

图4-3　多功能计量增压装置原理图　　　　图4-4　靖安油田集输布站流程示意图

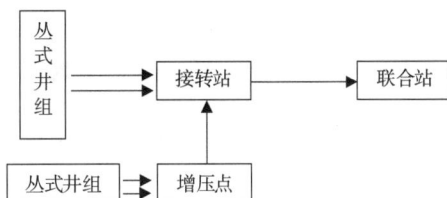

3. 串管输油工艺

在接转站输油中采用了串管插入输油工艺技术，取得了较好的效果。一条输油管线，多座站插入串联输送，节省管线，节约资金，方便施工。

（四）西峰模式

西峰油田地面工程建设遵循创新、优化、简化、效益的原则，形成了以丛式井单管不加热密闭集输为主要流程；以井口功图计量、原油三相分离、油气密闭集输、气体综合利用、稳流阀组配注、系统综合优化为主要技术；以井口（增压点）—接转站—联合站为主要布站方式的西峰油田地面工程建设模式。

西峰油田利用功图计量、稳流配水等技术，实现了集输流程由丛式井双管向丛式井单管的转变，取消了计量间和配水间。同时，推广应用定压集气、油气混输、三相分离等新技术，实现了集输流程的全密闭，使伴生气资源得到充分回收利用。此外，脱水流程由开式改为密闭，形成了以井口功图计量、井丛单管集油、稳流阀组配水等为主的六项特色技术。丛式井单管不加热密闭集输布站流程如图4-5所示。

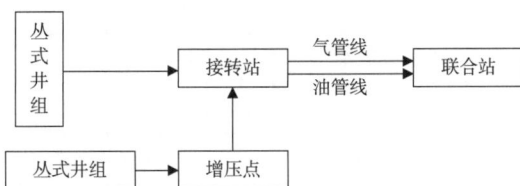

图4-5　丛式井单管不加热密闭集输布站流程示意图

（五）姬塬模式

姬塬油田地面工程建设全面吸收安塞、靖安、西峰模式的成功经验和技术，并立足姬塬油田地形复杂、区块分散、多油层复合滚动开发等实际情况，采用了分层集输、分层处理和合层集输、除垢防堵相结合的布局工艺，以大井组、双流程、防除垢为特色，并采用了注入水预处理工艺、健康饮水技术、无线宽带通信、大站视频安防等新工艺、新技术，实现了全过程的油气密闭集输和伴生气的综合利用、全方位的生产监控和多媒体通信。复合开发分层集输如图4-6所示。

至马坊热泵站

$\phi273mm\times6mm\times33km$　　$\phi159mm\times5mm\times28km$

姬塘输油站
（侏罗系）

$\phi133mm\times5mm\times7.8km$　　姬七转
（长4+5）

马家山脱水站
（长4+5）

姬一联合站
（长2）

$\phi114mm\times4mm\times5.2km$

$\phi114mm\times4mm\times9.5km$　　姬九转
（长4+5）

$\phi89mm\times4mm\times3.0km$

姬二转
（长2）

$\phi159mm\times5mm\times20.4km$

$\phi89mm\times4mm\times10.2km$　　姬五转
（长4+5）
（长1）

姬三转
（长4+5）

$\phi114mm\times4mm\times5.0km$

$\phi114mm\times4mm\times10.2km$

姬二联合站
（长4+5）
（长1和长2）

姬二联扩建

$\phi114mm\times4mm\times10.0km$

姬四转
（长4+5）

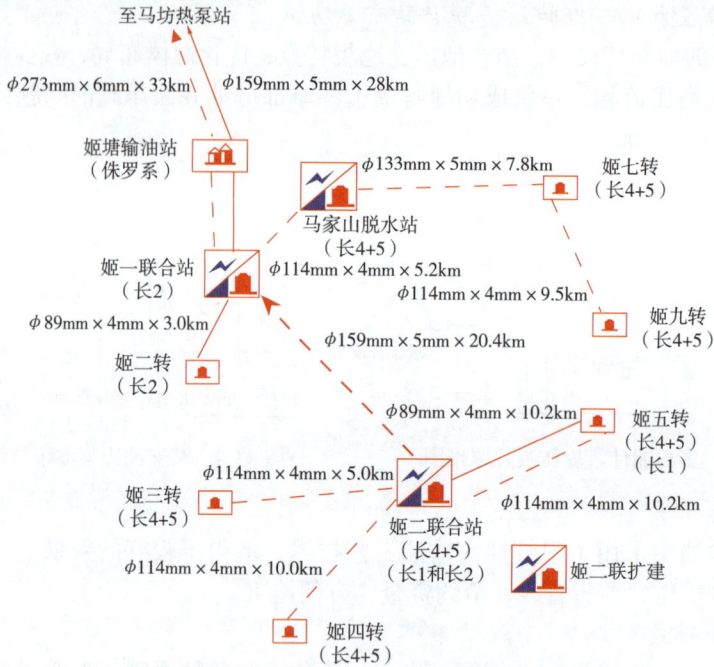

图4-6　姬塬油田多层系复合开发分层集输示意图

（六）地面集输工艺对比

地面集输工艺对比见表4-1。

表4-1　低渗透油田原油集输流程发展进程一览表

开发油田	马岭油田	安塞油田	靖安油田	西峰油田	姬塬油田
开发时间	1970—1985年	1988—1998年	1996—2003年	2003年—	2005年—
集油工艺	掺水伴热单井单管不加热	丛式井组双管不加热	丛式井双管不加热	丛式井单管不加热	大井组单管不加热
布站方式	三级布站	二级布站	二级半布站		
计量方式	双容积计量	双容积、翻斗	无线功图计量		
密闭程度	开式生产	站场密闭	井场至联合站全程密闭，气体综合利用		
脱水方式	大罐低温沉降一段脱水		油气水三相分离一段脱水		
注水方式	双干管	单干管，活动洗井	环网注水	稳流阀组配注，污水处理达标回注	
自控程度	低	联合站DCS控制	从井口到联合站全面数据采集监控		
通信方式	有线话音	无线集群话音	无线宽带＋光纤通信，多媒体通信		

二、超低渗透油藏地面建设工艺发展趋势

超低渗透油藏是指渗透率小于1mD、单井产量较低、在以往技术经济条件下难以开发

的致密油藏。与已规模开发的低渗透、特低渗透油藏相比，其万吨产建的油水井数大幅增长，开发建设成本相对较高。针对超低渗透油藏产量更低、渗透性更差的特点，迫使我们创新思维，从地面工程设计理念更新入手，反复实践、逐步确立了简短、实用、经济、快速、标准的建设原则，优化系统布局、简化集输工艺、降低工程投资、提高建设速度，满足了超低渗透油藏高效经济开发的需要。

对我国低渗透油藏地面建设情况类比分析，不难发现，工艺流程简化、密闭化、标准化、数字化、橇装化是超低渗透油藏地面建设技术发展的最新趋势。

（一）优化、简化

主要通过油井产量功图法计量、树状电加热集油、投球清蜡、油气混输等技术简化油气收集的基本工艺，扩大集输半径，减少布站级数和个数，提升总体效益。

（二）标准化

地面建设工艺的标准化，是实现集输工艺模块化、设备定型化、施工组装化的基础。全面统一的油田产建地面工程的工艺流程、建设模式和建设标准，显著地提高了油田站场的设计、采购、施工的水平，大大缩短了场站的建设周期，保障了超低渗透油藏开发高效、快速发展的需要。

（三）数字化

数字化油田是原油生产业务与当代先进信息技术相融合的产物，数字化油田建设极大地促进了油田生产管理体制、机制的深刻变革，全面提升油田生产效益和管理水平。

数字化油田能够将生产一线的生产数据和现场视频图像通过网络实时采集、汇总、处理、上传，具有自动控制管理功能。用户可以不受地点限制，实时了解现场生产情况，并对生产现场工艺设备进行远程操控；对生产数据进行系统分析以优化工艺参数；对生产异常情况自动做出响应处理，提高生产安全性。

（四）橇装化

针对鄂尔多斯盆地超低渗透油藏地形条件复杂，低产、低渗透、滚动开发、快速建产的现状，地面工程建设具有规模小、建设速度快、不确定性大等因素。因此，采用小型橇装化集输站场设计具有不可比拟的优势。目前主要开发使用的橇装化设备有数字化橇装增压集成装置、智能移动注水装置及油气分离集成装置等，正在进一步开发的有小型橇装联合站、橇装接转站等，橇装化为超低渗透油藏的经济有效开发提供了强有力的技术支撑。

第二节　原油集输系统总体布局

油田地面工程的适用期一般为 5 ~ 10 年，根据油田开发区规定的逐年产油量、油气比、含水率的变化，按 10 年中最大产液量、产油量确定建设规模。原油集输系统各类站场布局按输油的用户方向确定集输方向，尽力避免原油走回头路。出油、集油管线沿地形方向由高到低敷设，增压点、联合站处于低处，充分利用地形高差能量，避免因地形起伏而产生油气滑脱，增加摩阻损失。各类原油站场与其他设施的相对位置应避开主导风向，且在较开阔易于使油气扩散的地方，符合防火规范的要求。

超低渗透油藏产能建设不同于以往之处，是规模大、井数多，产量低、建产速度快，优化系统布局是控制地面投资的关键所在。其具有以下特点：

（1）丛式井平台分散，产量低。

（2）地形沟壑交织，不连续，起伏大。

（3）滚动开发，随钻井动态调整。

（4）超前注水，注水系统超前建设。

由于多数区块没有完全探明，落实了基本控制储量即投入开发，特别是一些由单个出油井点滚动、逐步连片形成的区块，基本属于边滚动边建产，采用常规布局的方法很难适应。主要存在以下问题：

（1）建设风险大。根据现场实施情况，每一轮钻井结束（2～3月），需要进行地质分析，确定下一步的钻探方向，超低渗透油藏调整节奏和钻机安排的轮次紧密相关，没有一个相对准确、指导性强的总体规划，建大站规模难确定，风险大。

（2）建设时机难把握。建大站周期长，看不准时难以做决定，基本明了时却延误了建站的有利时机，超前注水和新井进流程都可能被延误，导致临时投产费用上升。

（3）在大井组开发的条件下，井场的分散度进一步增大，相应集中的难度也增加了，削弱了骨架站的作用。

一、集输系统总体布局的特点

通过优化布局、标准化设计，形成了以大井组—增压点—联合站为主的二级布站模式，较好地适应了超低渗透油藏滚动开发的需要。总体布局遵循下列原则。

（一）结合油藏特点和开发方式

鄂尔多斯盆地超低渗透油藏预计最终可探明储量 $10 \times 10^8 t$ 以上，资源丰富，开发潜力巨大。主力开发层位为三叠系长 4+5、长 6 及长 8 油藏，现阶段主要开发的对象是渗透率 0.5～1.0mD、埋深 2200m 左右、平均单井日产油在 2t 以上的油藏。

超低渗透油藏实行滚动开发，随着对地下认识的逐步加深，开发部署也在进行针对性的调整，尤其在油区边部，这种调整变化非常之多。为了适应这种调整，从分年度开发部署情况分析，总体布局既要满足分年建产需要，又要减少相互干扰。骨架站场设置在油藏厚度大、地层物性好的油区中部主体带上，油区边部设置简易、小型站点（如增压点），当发生调整变化时，仅需对小型站点进行调整，把对整个骨架输油系统的影响降至最小。

（二）结合地形地貌特征

鄂尔多斯盆地中部的黄土高原，地面海拔一般为 1300～1900m。区内地貌属于黄土高原丘陵沟壑地形，沟壑纵横，梁峁起伏，地面支离破碎，流水侵蚀剥离强盛，水土流失严重，滑坡、崩塌、冲沟和强湿陷性等不良地质条件随处可见，梁塬顶部和沟谷间相对高差一般在 300m 左右。

1. 黄土塬区

黄土塬由于受冲刷的影响较小，地形较平坦，地势开阔，地层相对较稳定，交通、工程地质条件较好，施工极为便利。

2. 黄土梁峁沟壑区

黄土梁与峁相间出现，黄土梁几何形态呈长条状，宽几十米至数十米，黄土梁峁平面上呈圆形和椭圆形，立体上呈穿状，峁与峁之间由嵝岘相接，由于沟头侵蚀和坡面冲刷变得很窄，嵝岘梁峁顶坡较为平缓，梁峁顶坡以下坡折明显，面蚀、细沟、浅沟侵蚀相当强烈，梁峁边缘以下的冲沟、干沟、河沟深切，冲沟呈 V 形，滑坡、崩塌、洪水等不良地质灾害随处可见，工程地质条件差，施工难度较大，缺乏适合的站址，不利于建站。

根据地形特点，站外井场除个别位于山坡和沟底，一般均位于黄土塬和黄土梁峁上，因此骨架站场一般位于黄土塬的中心地带或和黄土梁峁的交汇处，交通便利，有利于周边油井连接进站，可减少大量的穿跨越和水工保护工程；站址选择应充分利用地形高差的自然势能，尽量选在地势较低且交通便利的地方；部分位于山坡和沟底的地势低的井组及偏远井组采用增压点增压输送，以降低井口回压，增加输送距离。

（三）结合工艺流程要求

集油流程采用不加热密闭集输工艺，集输半径 1.5 ~ 2.5km，结合油藏形态，骨架接转站沿油藏主砂体带方向布置，基本可以满足油区油井进站需要，个别边部的偏远井可采用增压点增压输送。

井组出油管线为油气水三相混输管路，随油气比和地形的不同，流态复杂多变。根据混输管路一般规律，管线沿地形起伏时，管路的压降除克服摩阻外，还包括上坡段举升流体所消耗的，而在下坡段不能完全回收的静压损失。当管线 U 形通过沟谷和爬坡时，附加压降均很大，从而大大缩短了集输距离，同时也增大了通球清管的难度。因此结合地形和井场分布情况，油区内各条沟谷一般可以作为骨架站场分区的天然边界线。

二、站址、线路走廊带选择原则

（一）联合站站址选择

联合站作为油田的核心站场，应尽量处于油区中心位置，利于周围井、站进站，同时大大缩短集输管线、污水回注管线的距离；站址选择应位于骨干道路附近，交通便利，方便管理；站址选择应满足建站所需的场地面积，并留有必要的发展和扩建用地的位置。联合站同时也作为该区原油外输的首站，选址应和总体外输流向相一致，尽量减少和避免原油输送走回头路的可能。

（二）接转站、增压点站址选择

油区所处黄土高原，受水流切割影响，沟壑纵横，梁峁交错，地形支离破碎。接转站选址根据实际情况不同，可选在塬顶和川道内。塬上地势平坦，站场尽量位于油区中部且交通便利的地方，以便于周围井场油井进站；川道内的站址选择应充分利用地形高差的自然势能，尽量选在地势较低且交通便利的地方。地势低和偏远井组采用增压点增压输送，以降低井口回压，增加输送距离。增压点一般建于井场，减少征地，节省工程投资，同时方便生产管理。

（三）线路走廊带选择

（1）线路走向与总体布局和总体流向密切相关。线路力求顺直、平缓，并使起点、终点或控制点间的距离最短，尽量减少同天然或人工障碍的交叉。

（2）输油管线尽量与注水管路、供水管路、通信光缆等同沟敷设，与道路、电力线路等形成线路走廊带。

（3）所选站场尽量靠近国道、省道或地方乡镇路，方便修建进站道路。

（4）油、水管道力求顺直，并尽量沿道路敷设，利于管道的施工和管理。

（5）结合线路总体走向，线路尽量选在较平坦的河谷阶地、平缓斜坡敷设。管道通过15°以上纵坡和横坡的地方以及易受地面径流冲刷地段，须加强水工保护和管道稳定措施，保证管道安全。

（6）线路要避开滑坡、崩塌、沉陷、泥石流等不良地质区，若管道必须通过此区时，选择合适位置，尽可能减少穿跨越距离，并采取相应的工程保护措施。

（7）线路选择要注意环境保护、生态平衡及节约土地。

第三节　原油集输工艺

一、油井计量技术

（一）功图计量

功图计量技术是把油井有杆抽油系统视为一个复杂的振动系统（包括抽油杆、油管和井筒液体3个振动子系统），在一定的边界条件和一定的初始条件下，对外部激励产生响应，通过建立油井有杆泵抽油系统的力学、数学模型，计算出给定系统在不同井口示功图激励下的泵功图响应，然后对此泵功图进行定量分析，确定泵的有效冲程，进而求出地面折算有效排量（图4-7）。

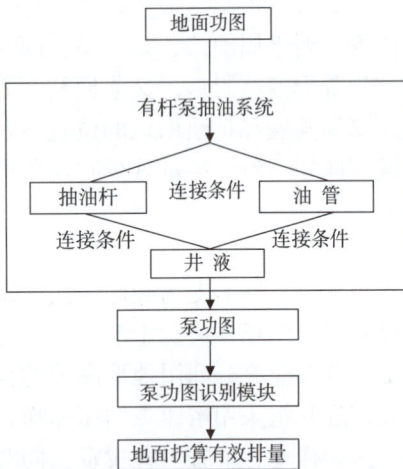

图4-7　功图计量技术原理

技术特点：

（1）功图法无线传输系统能够实现全天数据采集和处理，可动态监视油井工作情况。

（2）计量软件能够分析油井工况及产液量，具有故障诊断分析功能。

（3）自动化程度高，为油田生产自动化和信息化管理提供了新的手段。

（4）与传统的双容积计量工艺相比，不存在计量的延时误差。

（5）无须人工进行井口切换流程，操作方便。

（6）系统具有扩展性，通过增加控制模块，即可实现抽油机工况的远程监测、启停控制、空抽控制和故障保护等功能，有利于提高控制、管理水平。

（7）油管漏失无法判断，连喷带抽油井产量无法判断。

（8）标定工作量大，对人员素质要求高，低产及大斜距井计量误差较大。

采用井口功图在线监测井况、无线传输、软件分析计产，实现了丛式井单管集输，简化了地面工艺，降低了工程建设投资。

（二）双容积计量分离器计量

计量原理：双容积式流量测量又称排量流量测量（positive displacement measurement），它利用量油室把原油连续不断地分割成单个已知的体积部分，根据量油室逐次、反复地充满和排放该体积部分原油的次数来测量原油体积总量，如图4-8所示。

（三）翻斗流量计计量

翻斗流量计主要由罐体、分离器、翻斗、称重传感器、液位计、加热盘管等部分组成。装置密闭容器内安装有对称的两个翻斗，翻斗轴安装有霍尔传感器，传感器与电子计数器连接。装置工作时，单井来油从进口进入容器上室，然后溢流至下室翻斗，油量达到翻斗标定质量时，翻斗翻转卸油，同时另一个翻斗开始进油，两个料斗循环工作，倒出的油在分离器上部气体的压力下流入输油管线。

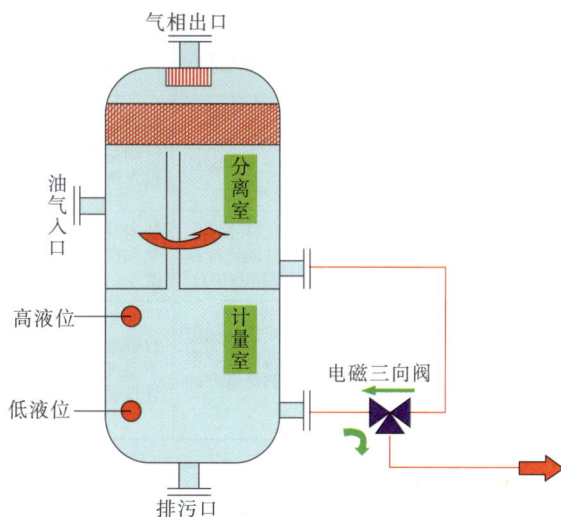

图4-8　双容积计量原理示意图

该装置能够在井口实现单井产量连续计量，能有效监控油井出油情况，简化流程，实现丛式井组井口至集油站单管密闭连续输油计量，具有自动化程度高、测试精度高、搬运灵活、安装方便、结构紧凑、安全可靠、操作简便等优点，适用于油田边远单井、试油井、进站管线长、回压高的低产、低压井地面工艺流程配套。

（四）多相流量计计量

在油气混合输送管线中，油井产出的原油、伴生天然气和矿化水形成了一种相态和流型复杂多变的多相流，是一个多变量的随机过程。由于多相流流型复杂多变，不同的流型形成不同体积分数的相分布，各相间存在的相对速度形成不均匀的速度分布，计量难度较大，有待于进一步研究。

目前国内应用的多相流量计以GLCC旋流式气液两相相分离计量结构为主，该系统由柱状旋流分离器、自力式气液分离控制器、液气水单相计量仪表等部分构成。通过GLCC实现气液两相多级高效分离。分离后的气、液分别通过气流量计、质量流量计实现气量、液量、油量、水量的准确计量。

（五）几种油井计量方式对比分析

油井计量方式对比分析见表4-2。

表 4 – 2　油井计量工艺方案比较表

计量方式	在线功图	双容积计量	翻斗计量	多相计量
应用区块	西峰、姬塬	靖安、安塞	吴420、铁边城	现场实验阶段
计量特点	软件计产 结合井况监测	容积式计量	称重计量	多相在线计量
计量精度	–15% ~ 15%	–5% ~ 5%	–5% ~ 5%	–3% ~ 3%
每套辖井口	50（在线）/100（移动）	30	30	8~12
投资，万元	数据处理点费用14.4万元，数据采集点费用0.84万元/个，合计48万元。平均单井投入费用1.2万元	计量管线160.8万元；设备及控制系统19.7万元；平均单井投入费用6.01万元	计量管线160.8万元；设备及控制系统6.7万元；平均单井投入费用5.58万元	设备及控制系统40万元；平均单井投入费用4.0万元
优点	单管集油，投资低，易简化；实时监控井况，自动化程度高，管理方便，系统易扩充	技术成熟、可靠，可计量产油量和产气量，现场使用经验丰富	技术较为成熟，设备投资较双容积低，体积小，无需卸油泵	计量精度高，单管集油，油气水三相在线计量
缺点	误差较大，有局限性，标定工作量大，要求高；人员素质要求较高，只能计量产油量	双管集油，投资高，站外工艺不易简化，计量周期长，两次计量间油井工况无法监控	双管集油，投资高，站外工艺不易简化，计量周期长，两次计量间油井工况无法监控	一次性投资高、计量周期长

根据超低渗透油藏开发和油气集输工艺特点，计量工艺采取如下简化原则：

（1）计量精度反映出产量变化趋势即可，按10％进行设计，特殊情况可增大至20％；

（2）采用丛式井单管集油工艺，力求将计量环节在井场完成。

为此，超低渗透油藏单井计量大力推行油井功图计量，既降低投资，又提高自控水平。此外，针对目前油气混输及伴生气回收工艺的推广，在功图计量的基础上，将多相计量与增压点分离缓冲工艺相结合，采用站内集中设置多组计量的方式，在线检测生产总量以反映生产动态，同时监测混输泵运行工况，提高运行管理精度。

二、集输工艺

为满足超低渗透油藏开发需求，油田地面工程建设需要进一步优化、简化地面集输工艺，采用经济、适用、高效的地面工艺流程和建设模式。主要集输工艺范围包括井场集油、站场原油外输、原油脱水、伴生气回收等内容。

（一）丛式井不加热单管集油技术

不加热集油技术是经济、高效开发超低渗透油藏的基础。根据鄂尔多斯盆地原油物性特点、井场布置和油井计量工艺，目前全面推广丛式井单管不加热集输工艺。其工艺流程如图4-9所示。

丛式井单管不加热集油工艺充分利用抽油机的压力和井口剩余温度，将管线埋设在土壤冰冻线以下200 ~ 300mm，一般为1.2 ~ 1.5m。设计井口回压夏季控制在1.5MPa，冬季控制在2.5MPa，不加热半径2.5 ~ 3km。取消了井口加热和伴热保温，进站温度一般为地温。该方法具有工艺简单、建设投资省、热耗低、管理方便等优点，但也存在一些不足：

（1）井口回压高，目前一般控制在2.5MPa以内；（2）不加热集输半径短，受外部环境影响大；（3）必须定期进行较频繁的投球清蜡，以保障冬季生产安全平稳运行。

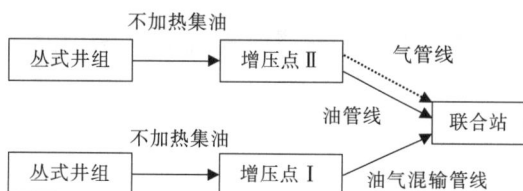

图4-9　丛式井单管不加热密闭集输布站流程图

因此，自主研发自动投球装置，实现了自动定时投球。该工艺无须人工停井、倒流程、放空，简化了投球清蜡的工作程序，实现了安全、环保操作，有效降低了劳动强度，提高了工作效率。

（二）伴生气回收利用

随着油田推进节约发展、清洁发展，伴生气回收综合利用，消灭火炬已成为节能降耗发展的主题。目前伴生气回收利用主要有三种方式：（1）井场、站场加热，即用伴生气燃烧加热回水清除油管中的结蜡，给井场设备和井场工作生活区供暖防冻；（2）井组燃气发电、燃气发电站；（3）定压阀回收、伴生气密闭输送，即丛式井场定压阀回收，站点利用油气混输、油气分输等工艺对伴生气进行输送，联合站进行轻烃回收，形成了以井组—增压点—联合站为主的二级回收模式。油井伴生气平均组成见表4-3。

表4-3　X油田油井伴生气平均组成表

项目	C_1	C_2	C_3	iC_4	nC_4	iC_5	nC_5	C_{6+}	N_2	CO_2	合计
含量，%（摩尔分数）	66.58	11.18	8.20	0.89	2.02	0.41	0.44	0.60	4.98	4.68	99.98

1. 井场、站场加热

三叠系原油属于含蜡原油，对地形条件较差、偏远的井场，冬季井口回压较高，采用井组安装水套加热炉或加温罐的方式，提高输油温度，防止管线结蜡，降低回压。此外，井场、集输站场、食宿点等设备保温、原油加热、生活采暖均采用燃气加热，代替原油、煤加热，取得了良好的环保效益与经济效益。

2. 伴生气发电

由于油区地形复杂，部分地区油田电网难以满足生产需要，农用电网因线路长、线径小、负荷重等原因，供电可靠性差；燃气发电机组则较好地弥补了上述不足。同时，在电力设施薄弱的边远井场采用燃气发电机作为主供或备用电源，可保障油区在电网故障、检修、限电等停电情况下的供电问题。燃气发电机组装机情况如图4-10所示。

例如，鄂尔多斯盆地利用全油田燃气发电机组约47台，总装机功率12410kW，发电量约10.2×10^4kW·h/d，按电费0.62元/（kW·h）计算，年产生经济效益2307万元。

3. 定压阀回收、油气密闭输送

通过井口套管定压集气、增压点油气混输、油气分输等工艺对伴生气进行输送，联合站内三相分离密闭脱水、大罐抽气、微正压闪蒸稳定等工艺，实现了井口—联合站集输流程的全过程密闭,最大限度地降低了油气损耗。集中的伴生气除满足集输站场原油外输升温、站内用热负荷外,剩余伴生气输往轻烃处理厂进行集中处理。

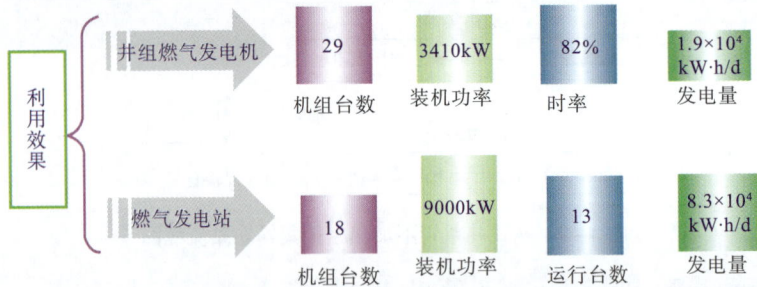

图 4-10　燃气发电机组装机情况

随着环保及节能意识的进一步增强,对资源利用和环境保护的要求会越来越高,伴生气回收利用无疑将是油田生产中的一项重要工作。此外,伴生气回收利用也是一项具有多重效益的油气综合利用措施,对经济高效开发超低渗透油藏具有重要的现实意义。

（三）集油管网形式

集油管网的形式主要分为辐射状（*）、树枝状（T）、环状（O）、阀组（Y）等几种形式,如图 4-11 和图 4-12 所示。管网形式的选择需根据地形条件、输送液量、输送距离及事故时可能停输的波及面来综合确定。结合超低渗透油藏开发特点及黄土高原地形复杂的实际,目前站外集油管线以辐射状为主,对于存在多条管线并行敷设的情况,采用树枝状串接或设置集油阀组进一步简化管网。

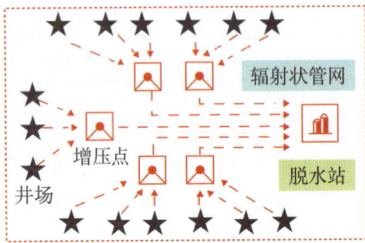

图 4-11　辐射状管网示意图　　　　图 4-12　树枝状串接管网示意图

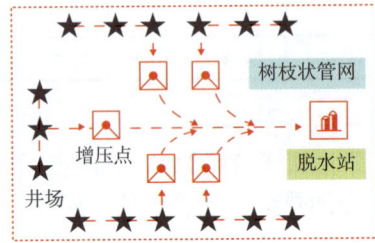

不加热集输管网由放射状管网优化为树枝状管网,保证总管热流量,减缓沿程温降,利于不加热输送,同时采用了串接、挂接等形式,适应复杂黄土塬沟壑梁峁地形条件,减少管线并行敷设和走回头路,降低建设投资,出油管线长度平均由 0.4 ~ 0.5km/ 井降至 0.25 ~ 0.3km/ 井,可节约长度 40% 左右。由于采用是机械采油方式,且产量较低,现场试验中尚未发现明显的由于串接引起的高回压而影响产量的现象,目前运行情况良好。

对于树枝状管网,因其投球清蜡存在一定障碍,且管线发生故障时波及面较大,小清管球在大管线中易产生滞留,需用大球推动。因此设置中需遵循以下原则:（1）长支线用阀组,短支线用串接;（2）长距离用阀组,短距离用串接;（3）异径管线分支用阀组,同径管线分支用串接;（4）高产量用阀组,低产量用串接。针对超低渗透油藏分散度高,滚动开发,地面系统难以形成规模,集油阀组也可与加热、加压等多种工艺方式进行灵活组合,以适应不同的环境需求。通过优化简化,串接和阀组集油主要管网形式如图4-13所示。

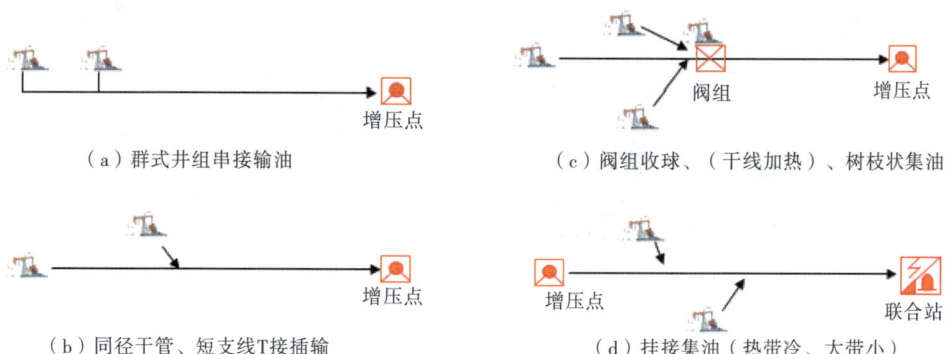

图4-13 树枝状串接和阀组集油管网布置示意图

(四)密闭输油技术

1. 密闭输油技术特点

原油从油井中产出,经过收集、中转、分离、脱水、原油稳定、储存,直到外输计量的各个过程都是与大气隔绝的集输流程即为密闭集输流程。目前主要采用井口套管气定压回收(井组增压)→(增压点油气密闭混输)接转站油气分输→联合站油气水三相分离→原油稳定、轻烃回收等系列技术,达到了油气密闭集输、伴生气综合利用的目的。

密闭输油技术相对开式流程具有以下优点:(1)原油在集输过程中损耗低,产品质量高,减少了对大气的污染;(2)减少了加热炉和锅炉的热负荷,提高了整个油气集输系统的热效率;(3)有利于提高自动化程度,提高管理水平;(4)工艺流程简单、紧凑,投资少。

密闭输油技术具有下列难点:(1)针对油田地形起伏大和树枝状集油管网的特点,要求具备较高的增压能力;(2)出于超低渗透油藏滚动开发的需要,要求输油泵具有较好的流量调节能力(调速性能),在低频下运行时输出压力要适应高背压工况;(3)针对油井来油不均衡、段塞流比较普遍的现状,采用段塞流抑制和保护技术,实现输油泵在段塞来液条件下的平稳运行。

2. 密闭输油工艺流程

采用混输泵、一条外输管线,实现油气水混合输送,管内流态为多相流动。油气分输采用技术成熟的高效离心泵输送油和水,通过站内密闭容器的自身压力实现气体单独输送,需敷设两条外输管线,两者技术原理不同,各有优劣。经过技术经济评价研究,目前油田小型站场外输工艺采用两种工艺并存的方式,增压点采用油气混输,接转站采用油气分输。油气集输密闭输油系统流程如图4-14所示。

1)增压点油气混输工艺

增压点属于小型站点,一般位于黄土高原边缘地貌油区,规模较小,主要针对复杂、起伏、多变的地形。对于偏远、地势较低和沿线高差起伏变化大的井组采用增压点增压输送,以降低井口回压,增加输送距离。通过对增压点混输和分输方案比较,增压点油气混输具有投资低、控制水平高、流程简单、管理方便、适应范围广等优点,是适用于超低渗透油藏增压点的输送工艺。增压点流程如图4-15所示。

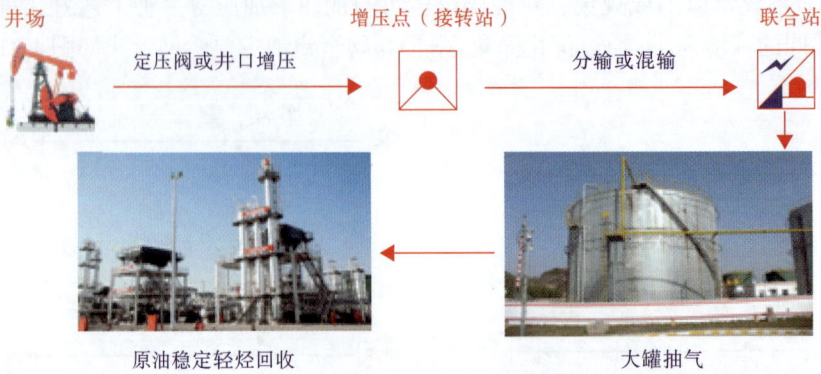

图 4-14　油气集输密闭输油系统流程图

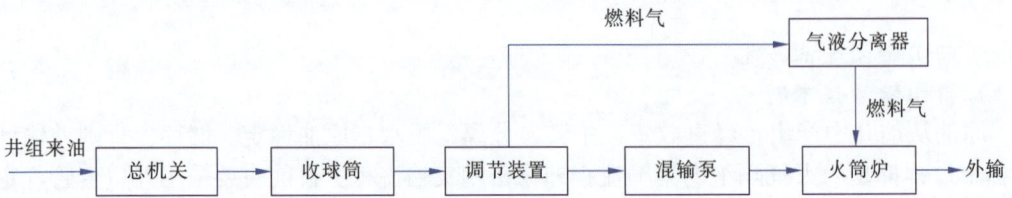

图 4-15　增压点补液调节油气混输增压流程

2）接转站油气分输工艺

接转站作为输油骨架站，油气量大，输送距离长，油气混输虽然投资稍低，但能耗高，系统扩容能力较差，采用油气分输方案比混输来得更加经济。此外，伴生气输送以低压集气工艺为主，伴生气管线与输油管线同沟敷设，可有效改善输送工况，减少建设投资。接转站流程如图 4-16 所示。

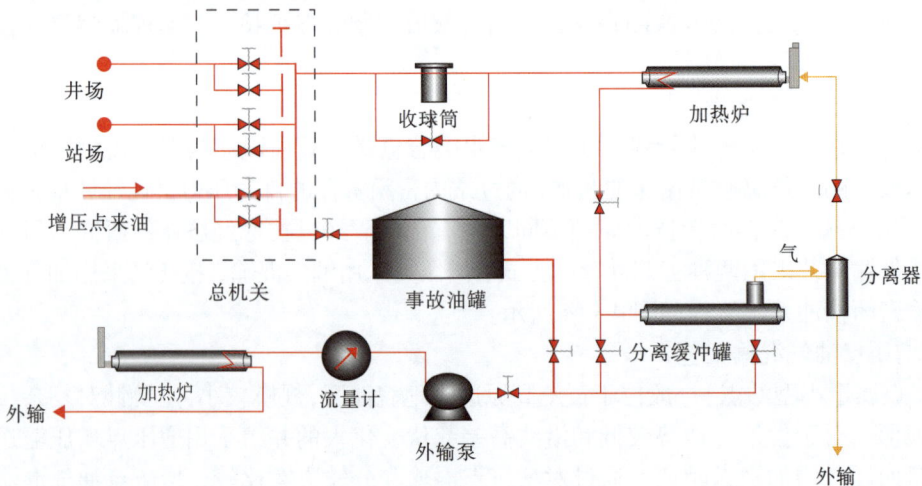

图 4-16　接转站流程示意图

3. 配套技术

1）大股段塞流油气混输保护技术

针对油田地形起伏大，且油井产量低、出液不均衡，易诱发剧烈的段塞流的情况，自主研发了油气混输装置（图4－17），该装置具有段塞捕集和补液调节功能，采用变频闭环控制输量和补液量技术，并设置完整的温度、压力、电气的监测、调节和超限保护，实现混输泵在段塞来液下的自动、连续、平稳输油，减少对下游的冲击，方便管理操作。

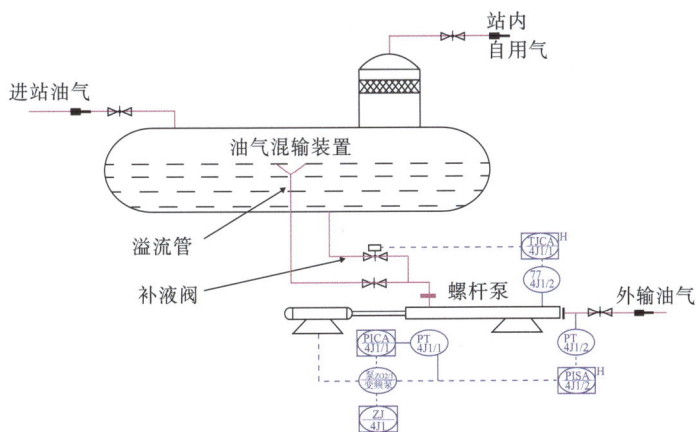

图4－17　油气混输装置结构示意图

2）气液分离集成装置

超低渗透油藏一般采用滚动开发投产的建设方式，为加快地面建设速度、降低地面工程投资、减少站场占地面积，研制了气液分离集成装置，满足了油田开发对地面工程建设的需要。该装置具有如下优点：（1）简化流程布局，减少设备阀门数量；（2）简化凝液排放工序，减少凝液与外界接触；（3）减少输气管线在低点凝液的产生。气液分离集成装置现场安装如图4－18所示。

图4－18　气液分离集成装置现场安装图

3）接转站自动启停输油泵间歇密闭输油技术

通过简化接转站工艺技术的研究，采用高扬程小排量的高效FDYD离心泵，以及采用新型保温材料对输油管道进行保温、降低传热系数，实现了分离缓冲罐高低液位自动启停输油泵间歇密闭输油。该项技术的实施，既满足了生产需要，又简化了流程，提高了系统密闭率，减少了占地，节省了投资。

4）大罐抽气技术

为使油罐密闭运行，减少原油损耗，设计试验成功大罐抽气装置。该装置主要由抽气压缩机和油罐压力控制装置两部分组成，油罐内压力控制为 $0\sim80$mm H_2O ❶，当低于 80mm H_2O 时，由补气管线补气，或采用抽气压缩机间歇运行补气。

（五）多层系复合开发集输工艺

为了充分开采地下资源、提高原油采收率、节约用地，多层系复合开发已成为原油开采的必然趋势。鄂尔多斯盆地目前主要开发层系为三叠系长1、长2、长4+5、长6、长8及侏罗系延9、延10，以多层系开发为主要特色。即不同区块不同油层采油，不同油层在同一井场分井采油，甚至同一油井同时开采不同层位的情况。

1. 多层系复合开发特点

由于不同油层采出水的性质差异大，各层位采出水配伍性差，混合后导致结垢，造成井筒堵塞、管线通径减小、加热炉盘管堵死、阀门失灵等，给地面集输工艺造成极大困扰。

（1）配伍性差，结垢严重（图4-19）。

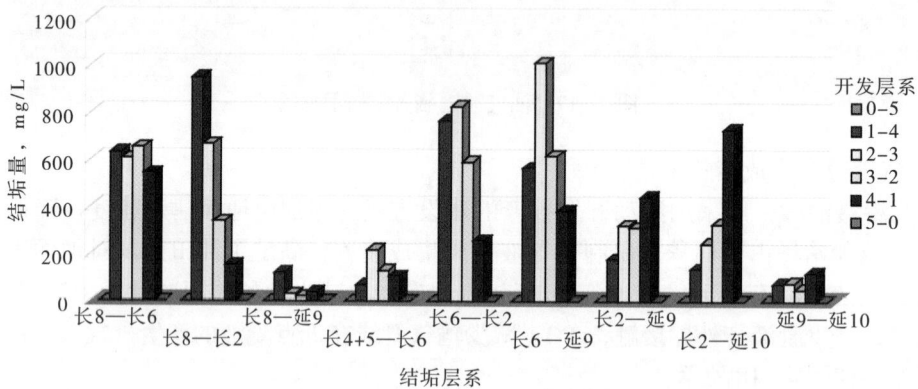

图4-19 GY油田采出水配伍性能

（2）结垢诱导期短，井筒结垢严重：与其他油田相比，鄂尔多斯盆地各油田油层采出水具有明显的结垢诱导期短、结垢量大的特点，其中以 GY 油田较为突出，如图4-20所示。

（3）结垢点多面广，防治难度大：集输系统结垢影响因素多，输送距离长，混合比例、温度、流速、管道表面条件等均对结垢产生重要影响。集输过程中条件变化会导致垢不断析出，从而给结垢防治带来较大困难。井筒、集输管线、总机关、加热炉盘管、三相分离器、水处理设备、注水管线等都为主要结垢点，如图4-21所示。

（4）水处理难度大、投资高。采出水成垢离子浓度大，且不同层位离子浓度差异较大，水处理系统投资高、占地大、效果差。结垢导致管道腐蚀（垢下腐蚀）、穿孔，阻塞过滤微孔，造成反洗频繁及处理水质不达标等诸多问题。

❶1mmH_2O=9.80665Pa。

图 4-20 GY 油田井筒结垢情况

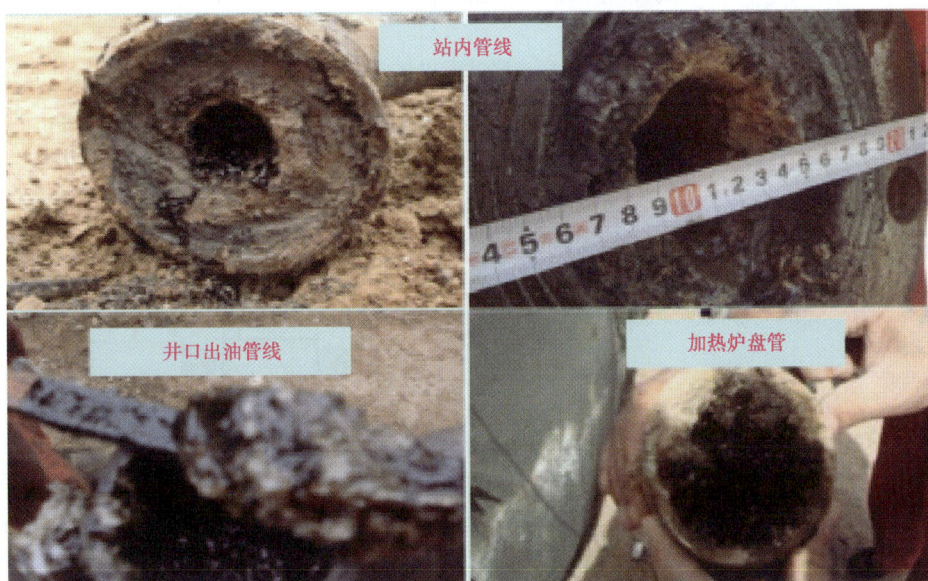

图 4-21 集输系统结垢照片

（5）注入层系不配伍，降低地层渗透率。油田采出水矿化度高、配伍性差，注入地层后结垢导致油层渗透率降低，影响原油生产。此外，油区内水源井深 850 ~ 980m，开采难度大，产量低，矿化度高达 5000mg/L，且与注入层系地层水不配伍，注入地层后结垢堵塞地层。采用污水同层回注，有利于提高注水效果。

2. 分层集输、分层处理、分层回注工艺

在多层系复合开发区块站内系统布置中，根据产油层系情况，站内采用"分层脱水、分层处理、分层回注、合理布局、预留能力、设施共用"的工艺设计，减少加热炉、储油罐、值班室、污油箱等公用设施，优化平面布局及工艺流程，在提高建设速度、降低建设成本方面成效显著。联合站和增压点工艺流程如图 4-22 和图 4-23 所示。

此外，根据站场布局情况，增压点可采用多层系分层输油模式，以防止输油管线结垢，如图 4-24 所示。

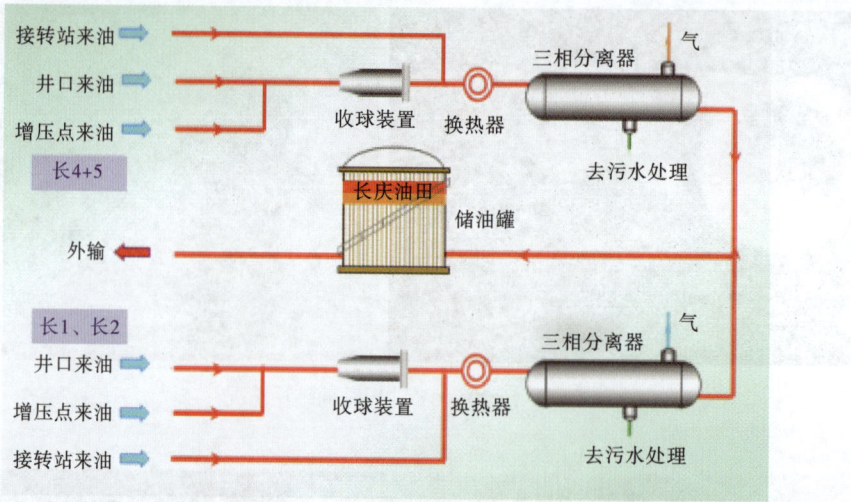

图 4-22　姬二联站内工艺流程示意图

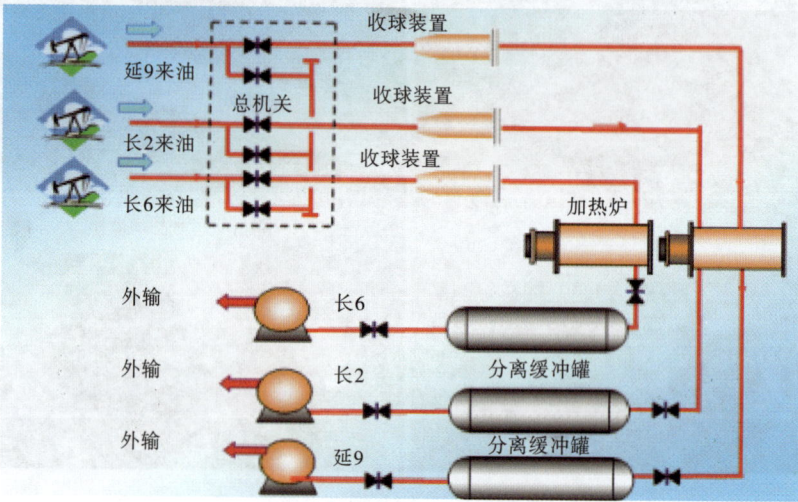

图 4-23　多层系增压点工艺流程示意图

　　输油方式上采用分层输送、小站串接，液量不足时可间歇输送；集油形式上将传统单管不加热密闭集油工艺优化为多管分层不加热密闭集油流程，通过热洗及自动投球清蜡实现低温、低输量集油。

　　3. 配套技术

　　1）电磁、超声波防垢

　　电磁防垢：在高频电磁场的作用下，水体中的极性水分子受到交变电场的作用，水分子中正负电荷重心周期性地靠近和远离，产生电荷间振动，由于电场梯度和极性水分子常常不在同一直线上，进而产生偶极矩，并随电场的变化发生周期性偏移，产生分子振荡，当分子运动加剧到一定程度即可形成活性水，影响成垢盐类析出、结晶及聚合，成垢物质形不成坚硬的针状结晶体，而是呈细小松软的粒状沉淀，以微晶态悬浮于液体中，从而达到防垢的目的（图 4-25）。

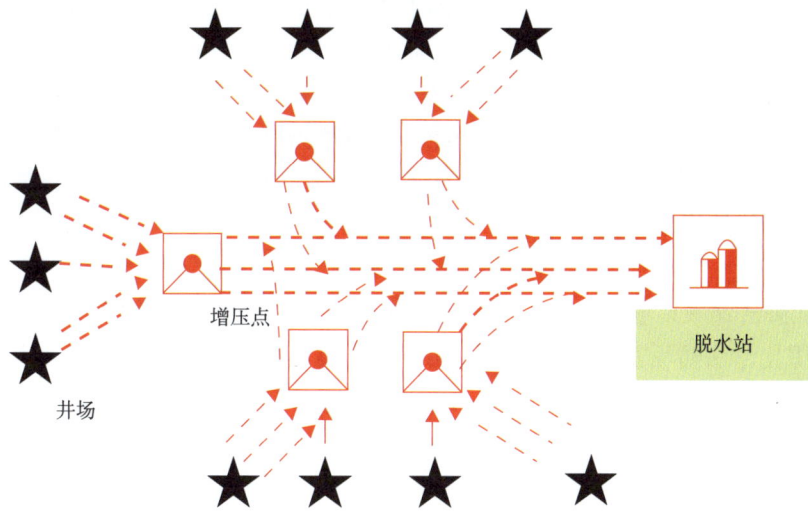

图 4-24　多层系复合开发分层输油管网示意图

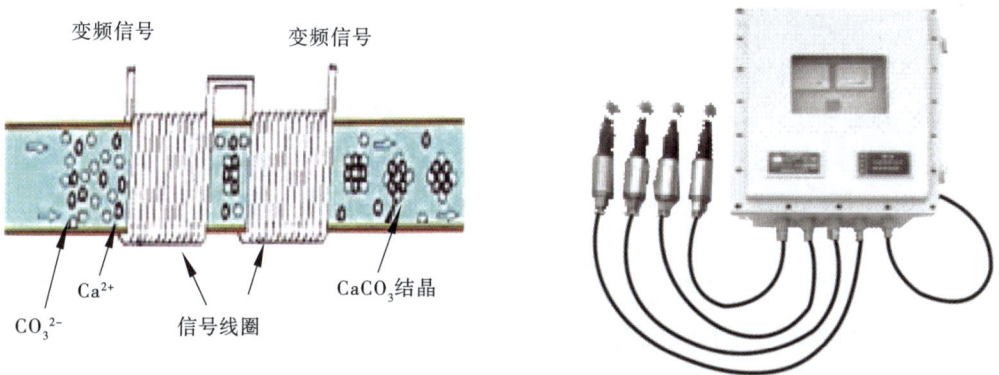

图 4-25　电磁防垢原理示意图

超声波防垢：理论研究认为超声波防垢技术是利用强声场处理流体，使流体中成垢物质在超声场的作用下，其物理形态和化学性能发生一系列变化，使之分散、粉碎、松散、松脱而不易附着管壁形成积垢。

2）物理除垢

物理除垢器主要由壳体、填料、液体进口接管、液体出口接管及排污管线等部分构成。液体进入除垢器经过除垢填料，液体中的垢晶被除垢填料吸附而截留，当填料上吸附的垢堵塞流体通道而影响流体通行时，将填料同吸附的垢取出，更换新的填料，以达到将流体中垢永久除去的目的。

3）清管器除垢

清垢原理：在水泥车注入高压清水推动下，清管器在管道内运行，水流自尾翼压入清管器内振系，在管壁形成爆破性射流，击打前方管壁结垢，使其强度降低甚至破碎。

同时由于清垢器存在一定的过盈量，在摩擦力作用下，在前进过程中将附着在管内壁上的污垢除下。

清管器清垢具有操作简单、清垢彻底、速度快、安全可靠等特点，对于距离较长，热洗、酸洗方法无法达到预期效果的输油管道和注水管道清垢具有一定的优势。此外，清垢施工对管道要求较低，满足正常生产投球的管线均能进行清管施工，且不影响正常原油生产，避免频繁更换管线造成损失。

4）加药工艺

根据超低渗透油藏集输系统结垢现状及特点，按照"先清后防、清防结合、以防为主"的原则，采用化学法防垢及物理法清垢两项工艺开展集输系统清防垢治理，建立了油田地面系统清防垢体系。防垢剂的作用机理如下：（1）增加结晶表面自由能；（2）延长诱导期；（3）降低反应速率；（4）清除吸附作用。

针对多层系复合开发，通过优选化学药剂预防地层结垢，按照配伍标准进行合理分层集输和处理，采用新技术、新工艺防治井筒和地面系统结垢三个方面的努力，以达到标本兼治的目的。

（六）原油脱水工艺

目前，各油田原油脱水工艺根据所产原油性质的不同采用不同的工艺，主要脱水工艺有三相分离脱水、热化学沉降脱水、电脱水等方式。鄂尔多斯盆地超低渗透油藏依其自身原油性质，目前主要采用三相分离脱水，基本可以达到外输交接原油含水低于0.5%的要求。对于脱水不达标或者三相分离器事故状态时，采用沉降罐热化学沉降脱水。此外，采用端点加药、管道破乳的方式对进站含水原油进行预处理，强化脱水效果。

1. 三相分离脱水

油气水三相分离器是依靠油气水之间的互不相溶及各相间存在的密度差进行分离的装置，通过优化设备内部结构、流场和聚结材料使油气水达到高效分离。三相分离器采用来液旋流预分离技术，实现对气液的初步分离，采用静态混合器活性水洗破乳技术，强化了药液混合和乳状液破乳，改善分离的水力条件，加快油水分离速度，采用强化聚结材料增加油水两相液滴碰撞聚结概率，采用污水抑制装置，将分离后的含油污水进行二次处理，提高分离后的污水质量，采用变油水界面控制为油水界面的平衡控制，使含水含气原油经一次净化处理，达到优质净化原油标准。该设备具有处理能力大、分离效率高（99%以上）、分离效果好（来液含水50%~70%，出口原油含水小于0.5%）、自动化程度高等优点。三相分离器结构原理如图4-26所示。

2. 立式溢流沉降罐

立式溢流沉降罐多以常压拱顶钢制储罐为基础，进而安装一些脱水所需的辅助设备及附件而构成，主要由进液、集油、溢流水封装置三大部分组成，具有结构简单、进液分配均匀、沉降面积利用系数高、安装操作方便、脱水效果好、综合能耗远低于电脱水设备等优点。脱出的净化油含水不超过0.5%，污水含油约为50mg/L，该设备已在油田原油脱水中普遍应用。

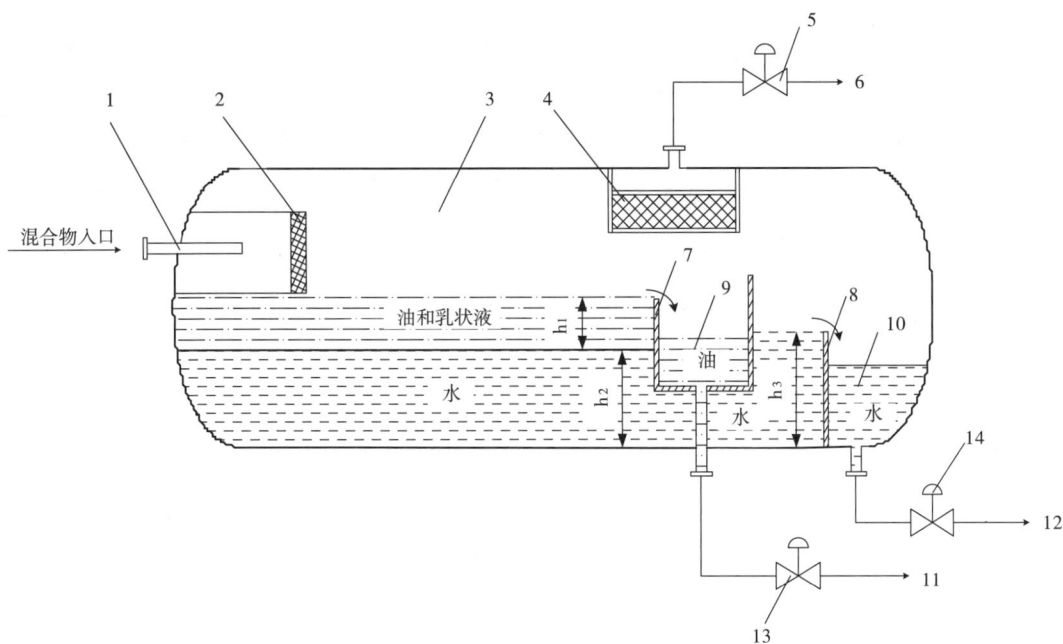

图 4 - 26　三相分离器结构原理图

1—油气混合物入口；2—进口分流器；3—重力沉降区；4—除雾器；
5—压力控制阀；6—气体出口；7—油堰板；8—水堰板；9—油池；
10—水室；11—油出口；12—水出口；13—油面控制阀；14—水面控制阀

第四节　原油稳定与轻烃回收

一、原油稳定

（一）概述

鄂尔多斯盆地原油相对密度较小，20℃时密度为 839.8~855.2kg/m³，原油中 C_1—C_4 含量较高。因此，在原油集输过程中，挥发损失较大，约为 2%。以 XF 油田为例，原油色谱分析数据见表 4 - 4。

表 4 - 4　XF 油田原油色谱分析数据表

碳原子数	C_2	C_3	C_4	C_5	C_6	C_7	C_8	C_9	C_{10}
含量，%（摩尔分数）	0.29	2.84	4.37	4.27	3.64	3.30	3.14	2.47	2.69
碳原子数	C_{11}	C_{12}	C_{13}	C_{14}	C_{15}	C_{16}	C_{17}	C_{18}	C_{19}
含量，%（摩尔分数）	2.95	3.23	3.39	3.80	4.41	3.83	3.89	3.92	4.86

碳原子数	C_{20}	C_{21}	C_{22}	C_{23}	C_{24}	C_{25}	C_{26}	C_{27}	C_{28}
含量，%（摩尔分数）	4.40	4.25	3.64	3.60	3.18	3.49	2.98	3.04	2.49
碳原子数	C_{29}	C_{30}	C_{31}	C_{32}	C_{32+}	—	—	—	—
含量，%（摩尔分数）	2.64	2.11	1.19	0.94	0.78	—	—	—	—

从表 4 - 4 可以看出，XF 油田 C_2—C_4 含量为 7.5%。为了降低油气集输过程中的原油蒸发损耗，使原油的蒸气压在集输温度下低于当地大气压是最有效的原油稳定方法。

（二）原油稳定工艺

原油稳定工艺由于稳定深度、原油组分和采用工艺不同，原油稳定的工艺参数、设备选型、流程安排又各有不同，主要有负蒸稳定、正蒸稳定和分馏稳定三种方法。近年来，鄂尔多斯盆地新建联合站集输流程设计均由三相分离器脱水，针对这种脱水流程可直接采用负压闪蒸稳定工艺。对仍采用大罐沉降脱水工艺的站场，采用油罐烃蒸气回收的稳定工艺。

1. 负压闪蒸

脱水后的原油经节流减压后，呈气液两相进入稳定塔。进料温度一般为脱水温度，约为 50 ～ 70℃。塔顶与压缩机入口相连，进口节流和压缩机的抽汲，使塔的操作压力为 0.05 ～ 0.07MPa，易于形成负压。原油在塔内闪蒸，易挥发组分在负压下析出进入气相，并从塔顶流出。气体经增压、冷却至 20 ～ 40℃，在三相分离器内分出不凝气和凝液。不凝气和凝液可送至凝液回收装置进一步处理。

2. 烃蒸气回收工艺

油罐烃蒸气回收，是采用压缩机将油罐中的挥发气抽出并增压至适宜压力输送到下游加工装置进行回收处理的一种工艺。无论油罐中的挥发气量如何变化，压缩机都始终能够将挥发气有效抽出，并且被抽吸油罐压力始终保持在常压状态。经过持续工艺完善和设备改进，现已研制出橇装化产品，并实现了模块化。现场安装如图 4 - 27 所示。

图 4 - 27　油罐烃蒸气回收现场安装

二、凝液回收

结合油田实际，凝液回收工艺以中压浅冷法和改进的冷油吸收法为主。中压浅冷法工艺简单，投资较低；改进的冷油吸收法采用预饱和措施，具有吸收剂循环量少、C_3 收率高、干气中 C_5 以上含量低等优点。目前，凝液回收的主要做法是：轻烃回收设计规模小于 $3 \times 10^4 m^3$ 时采用中压浅冷工艺，可节约投资，降低投资风险；设计规模大于 $3 \times 10^4 m^3$ 时采用改进的冷油吸收工艺，可提高 C_3 收率。两种工艺除了脱乙烷塔和液化气塔外，均可实现橇装设计。

（一）中压浅冷工艺

设计的轻烃回收装置采用以丙烷为制冷剂的中压浅冷工艺。工艺流程如图 4 - 28 所示。

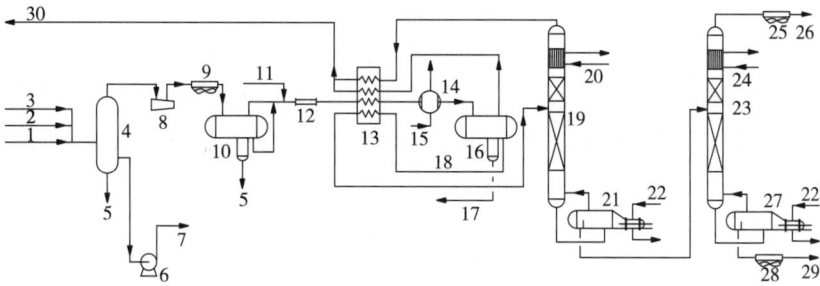

图 4-28 中压浅冷法轻烃回收工艺流程图

1—分离器来气；2—原油稳定气；3—大罐气；4—分液罐；5—水；6—液烃泵；7—液烃；8—原料气压缩机；9—空冷器；
10—三相分离器；11—乙二醇；12—静态混合器；13—贫富气换热器；14—丙烷蒸发器；15—丙烷；16—低温三相分离器；
17—乙二醇水溶液；18—液烃；19—脱乙烷塔；20—丙烷；21—重沸器；22—导热油；23—脱丁烷塔；24—循环水；25—空冷器；
26—液化气；27—重沸器；28—空冷器；29—稳定轻油；30—干气

该流程的特点是在脱乙烷塔顶增加了部分冷凝器，用丙烷作冷却介质，可以提高浅冷流程中 C_3 收率。该装置天然气采用乙二醇为脱水剂。

（二）改进的冷油吸收法工艺流程

以 XF 油田第二轻烃厂为例，改进的冷油吸收工艺流程如图 4-29 所示。

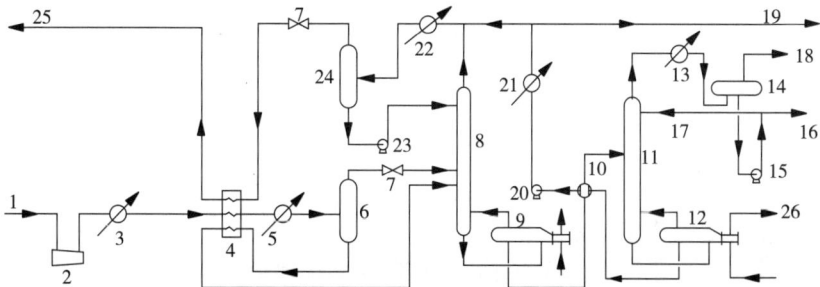

图 4-29 改进的冷油吸收工艺流程

1—原料气；2—压缩机；3—冷却器；；4—贫富气换热器；5—丙烷蒸发器；6—低温分液罐；7—节流阀；8—脱乙烷塔；
9—脱乙烷塔底重沸器；10—换热器；11—脱丁烷塔；12—脱丁烷塔底重沸器；13—冷却器；14—回流罐；15—回流泵；
16—液化气；17—回流；18—不凝气；19—稳定轻油；20—稳定轻油泵；21—冷却器；22—丙烷蒸发器；23—吸收剂泵；
24—分液罐；25—干气；26—导热油

该流程的特点是将吸收塔与脱乙烷塔合并，上部为吸收段，下部为脱吸段。同时，采用预饱和措施，吸收剂循环量比没有预饱和时的循环量减少 16.7%。干气中 C_5 以上含量明显降低。

第五节　采出水处理工艺

鄂尔多斯盆地属典型的低产、低渗透、低丰度油藏，油层物性差，渗透率低。其中，延安组油层平均渗透率为 10 ~ 100mD，延长组油层平均渗透率为 3mD。经过数十年的开发，老油田逐渐步入中高含水阶段，原油含水率呈逐年上升趋势，综合含水由开发初期的 10%

上升至 50% 左右，个别区块达到 70% 以上。

　　油田采出水处理因油区分散、开采油层多，站场采出水处理规模相应较小（水量一般介于 100 ~ 2000m³/d），大部分就地脱水、处理、回注。如何更经济、高效地处理油田采出水，合理利用资源、减少排放、保护环境是超低渗透油藏面临的重大技术问题。

一、采出水处理发展历程

（一）油田采出水处理控制指标

　　20 世纪 90 年代中后期，研究制定了适合油田地层的控制标准《污水回注指标控制标准》，并于 2005 年和 2008 年对该标准进行了完善和修订，使其更加符合长庆油田低压、低渗透、低丰度油藏的注入水水质要求。水质标准见表 4 - 5。

表 4 - 5　油田采出水回注技术推荐指标（2008 年）

注入层平均空气渗透率，mD		< 1.0	1.0 ~ 10.0	10.0 ~ 100.0	> 100.0
控制指标	悬浮物浓度，mg/L	< 5	< 10	< 10	< 15
	悬浮物粒径，μm	< 3	< 3	< 3	< 5
	含油量，mg/L	< 10	< 15	< 20	< 30
	平均腐蚀速率，mm/a	< 0.076			
	SRB 菌，个 /mL	< 10			
	TGB 菌，个 /mL	< 100			

（二）采出水处理工艺发展历程

　　经过数十年的潜心研究，形成了适合鄂尔多斯盆地低渗透油田采出水处理的工艺技术，并在不断的试验研究中改进、完善，使油田采出水的资源效益、环境效益和油田开发效益得到有效提升。截至 2009 年底，油田建采出水处理系统 160 套，年采出水量 1130.44 × 10⁴m³（平均每天污水量 3.0 × 10⁴m³ 左右），采出水回注率 100%，实现了零排放。

　　20 世纪 70 年代至 80 年代中期的油田开发初期，油田采出水处理工艺采用自然沉降、混凝沉降、压力过滤流程，这一流程先后在马岭、红井子等油田的采出水处理工程中被广泛应用，工艺流程如图 4 - 30 所示。

　　20 世纪 80 年代中后期，采用絮凝沉降、粗粒化除油、石英砂过滤、沉降罐杀菌等技术，采出水处理合格后回注地层，工艺流程如图 4 - 31 所示。

　　20 世纪 90 年代中后期，随着国家环保法规的实施，同时为适应新建区块的开发以及解决油田开发注入水水源缺乏等问题，按照短流程、低投资的水处理要求，逐步形成一级粗粒化斜管除油、核桃壳 + 改性纤维球过滤工艺，工艺流程如图 4 - 32 所示。

　　近年来，结合油田地面工程滚动建设的实际，在原有工艺的基础上不断加大采出水处理的研究与实践，把提高采出水的预处理能力和适应性作为攻关方向，以采出水达标回注为目标，主要形成了下列集成工艺技术。

　　（1）工艺一：两级沉降除油 + 过滤工艺。

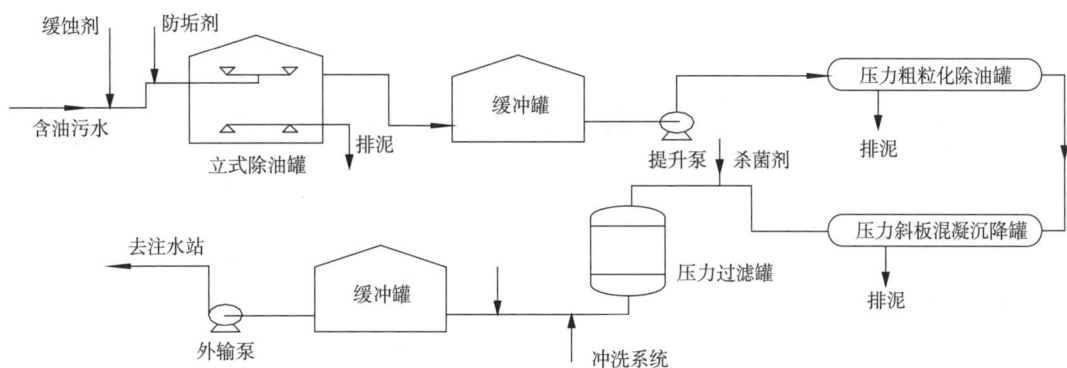

图 4-30　采出水处理工艺流程（一）

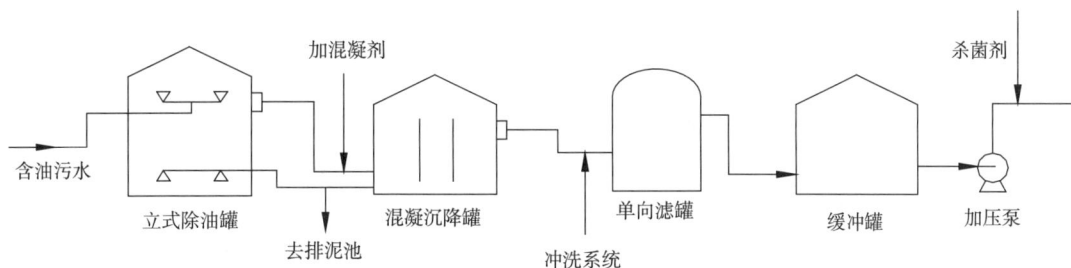

图 4-31　采出水处理工艺流程（二）

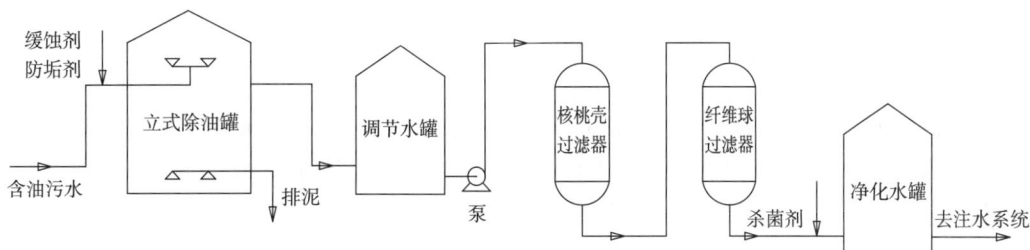

图 4-32　一级除油+过滤工艺简图

本工艺是在常规工艺的基础上强化预处理，提高对上游来液水量、水质的适应性。主要是针对污水中存在不同形态的油粒、不同稳定性，分别采用物理和化学的两级除油方法。

（2）工艺二：自然沉降除油+气浮除油+过滤工艺。

该工艺以溶气式气浮代替了混凝除油罐。气浮设备具有体积小、效率高的特点。该工艺使用效果良好。气浮结构如图 4-33 所示。

（3）工艺三：生物处理工艺。

目前污泥的减量化、无害化、资源化处理是困扰油田开发的一大难题。采用生物法则具有投加药剂少、污泥产量少的优点，生物处理工艺主要通过微生物的作用完成有机物的分解，将有机污染物转变成 CO_2、水以及生物污泥，多余的生物活性污泥经沉淀池固液分离，从净化后的污水中除去。

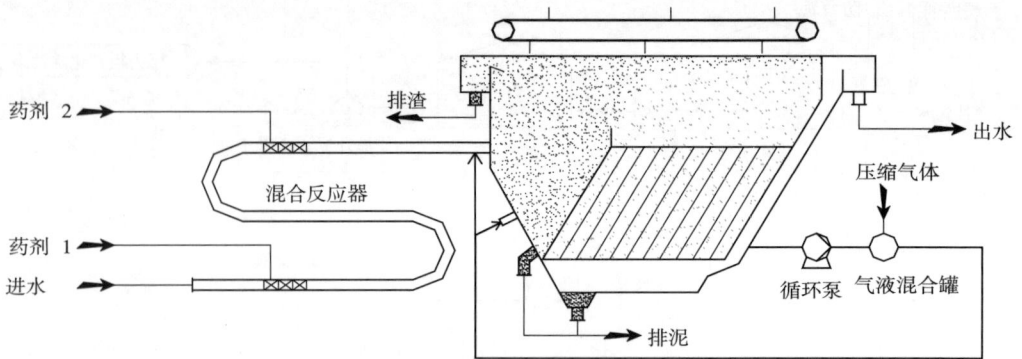

图 4-33 气浮结构示意图

二、采出水处理工艺优化简化

目前油田采出水已经能够做到就地处理、就地回注，主要采用物理化学法和微生物法处理工艺。主要工艺有：（1）两级沉降除油＋过滤工艺；（2）自然沉降除油＋气浮除油＋过滤工艺；（3）微生物除油工艺。

其中以"两级除油、一级过滤"处理工艺应用最为广泛，即原油脱水系统脱出的含油污水，经过自然除油罐、反应罐及混凝除油罐处理，再经过滤器过滤，过滤后净化水回注。

针对油田采出水矿化度高、易结垢、腐蚀性强的特点，以"强化前端预处理、简化中间环节、研制集成设备"为原则，在"二级沉降除油＋压力过滤"工艺的基础上，通过优化前端除油沉降工艺、简化过滤、集成辅助流程而形成的"一级沉降除油、一级混凝除油、一级过滤"的污水处理工艺，主要由二级沉降、重力连续过滤、污油污水预处理、一体化橇装污泥浓缩脱水等工艺技术组成，具有沉降时间长、流程短、设备精简、集成度高的特点，可节省建设投资 27%，减少占地面积 50%。采出水处理工艺优化简化如图 4-34 所示。

采出水处理工艺优化简化后，与之前工艺相比，具有下列特点。

（1）三个优化：

①沉降调储罐内部采用浮动收油，同原来的固定堰收油相比能较好地适应油水密度变化，收油效率高，并且具有调节水量的功能，将除油罐和调节罐合二为一。

②混凝除油罐改为斜管沉降罐，内部结构增加斜管沉降，除油和悬浮物效率高，优化了内部结构，提高了沉降效果。

③压力过滤器改为流砂过滤器，边过滤边反洗，过滤效果稳定，反冲洗水量少，装机功率小。

（2）两个简化：

①通过优化设备结构，简化掉了二级调节罐。

②通过设计非标准罐体，采用小阻力的流砂过滤器，将原来的二级提升简化为一级提升。

（3）四个加强：

①加强加药管理，优选药剂，优化加药点。

②加强反洗水、污油的预处理，减小对主流程冲击。

③加强防腐措施。

④加强自动化控制和管理，实现智能诊断、自动控制。

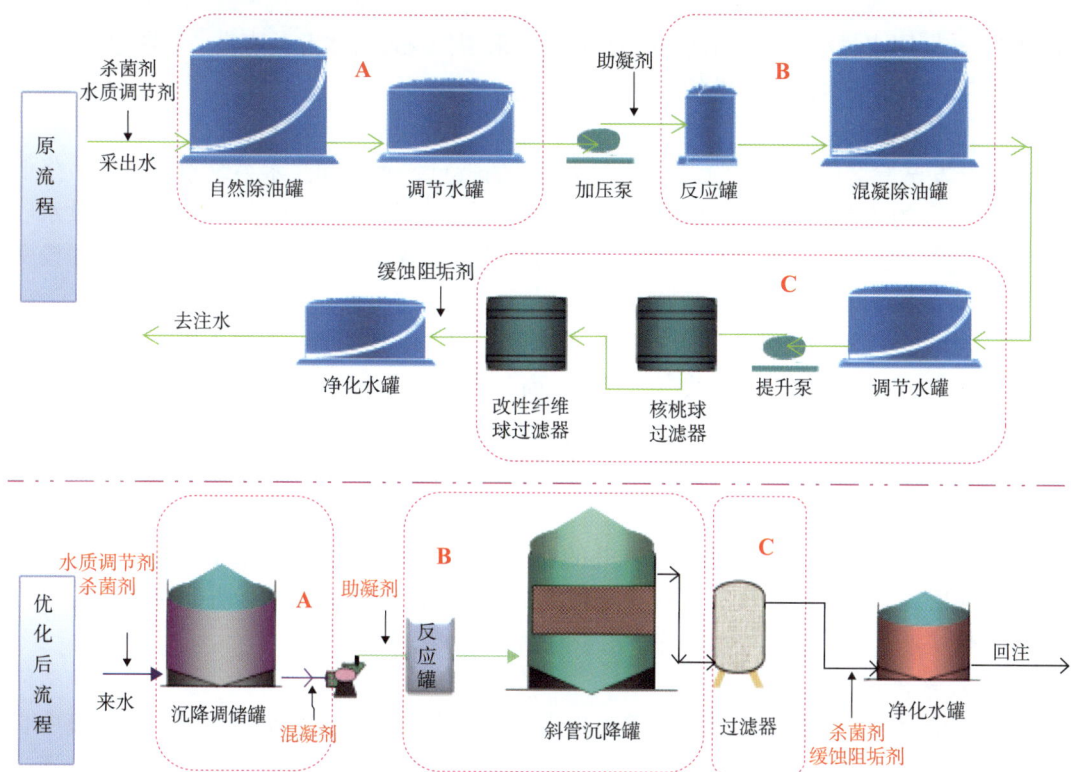

图4-34 采出水处理工艺优化简化示意图

（流程图中A、B、C三段分别表示一级沉降、二级沉降和过滤单元）

第六节 供注水工艺

鄂尔多斯盆地经过40年的不断优化创新，注水工艺从油田开发初期马岭模式的"双干管多井配水、注水站供水洗井洗井工艺"到安塞油田的"单干管小支线多井配水、活动洗井工艺"，再到西峰油田的"树枝状干管智能稳流阀组配注、活动洗井工艺"的技术进步，注水系统的二级布站流程简化为一级布站流程，形成了以"单干管小支线智能稳流阀组配水、环网注水、活动洗井"工艺为代表的油田注水地面工艺技术，满足了低渗透、特低渗透油田高效开发的要求。

一、供水工艺

（一）水源建设模式

油田水源地面建设已经定型化、规范化。根据产建部署及水源井部署情况，结合现场具体情况采用分散与集中相结合的方式建设。主要有以下三种模式：

（1）用水量小的站场，采用就地打井直供方式解决生产用水的模式；

（2）用水量较大、较集中的站场，采用建供水站、集中布井、统一供水的模式；

（3）初期用水量小、终期用水量大的站场，采用先就地打水源井直供，后期建供水站、集中布井统一供水与水源井直供相结合的模式。

（二）水源直供

根据开发试验区的应用经验，针对小注水量的特点，水源和注水系统整体优化，降低供水系统投资的关键是尽量增加低压管网长度，减少高压管网长度，可采用低压供水、小站加压注水工艺，或水源直供、小站加压的工艺，可提高注水系统效率5%，节约投资10%～15%，系统运行良好。主要特点如下：

（1）水源井和增压站联合建设，拉近了水源井和注水井距离，缩短供水距离和注水半径（≤3km），供水、注水系统效率均有效提高，降低了系统整体能耗；

（2）减少了供注水管网，特别是减少了大口径高压注水管网的建设，有效节省投资；

（3）站场橇装化设计，建设速度快，布站更为灵活，既满足了超前注水的要求，也适应了产建调整变化的要求；

（4）降低水源井密度，提高了水源井的补给面积，水源产水量有保证。

由于油田大多地处黄土高原，属于水资源缺乏地区，集中供水水源井密度大，容易导致地下水位快速下降，会导致水源井产水量急剧下降。

（三）集中供水

对用水量较大、较集中的站场，采用供水站集中供水的模式供水，在供水站建设中贯彻安全、适用、经济、先进的设计理念，采用成熟、先进、可靠的新工艺、新设备，通过优化简化，大力推进数字化，实现设计标准化、设备定型化、工艺模块化、施工组装化。

供水站功能单一，主要目的是将水源井来水进行二次增压送往用水单位，功能为水的储存、调节及加压输送。

二、注水工艺

（一）低渗透油田注水工艺发展历程

1.马岭油田

马岭油田开发初期采用了双干管多井配水、注水站供水洗井工艺流程，如图4-35所示。即注水站设专用洗井泵，从注水站到配水间设两条干管，一条干管用于正常注水或输送洗井水；另一条干管用于输送洗井水或洗井废水回收，也可作为井下作业供水管线。

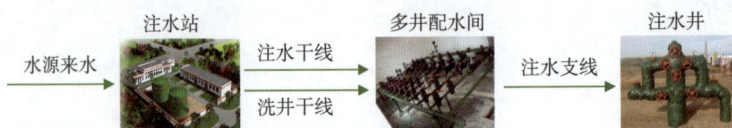

图4-35 双干管多井配水、注水站供水洗井流程示意图

　　该流程的特点是：当一条用于输送注入水，另一条用于输送洗井水时，井间不受洗井干扰，注水压力、流量非常稳定，有利于操作和管理。在不洗井时，洗井干管还可用于注指示剂和增注剂，或给酸化、压裂等井下作业供水。当一条用于输送注入水、洗井水，另一条用于洗井水回收时，可大大减少油田的污水排放，有利于环境保护。但该流程的缺点是建设投资高，运行费用高。

　　2. 安塞油田

　　针对安塞特低渗透油田井区分散、丛式井组注水井数量多、单井注水量小、压力高、洗井水量小、次数频繁的特点，采用单干管小支线多井配水活动洗井工艺流程，将传统的注水、洗井流程分开，注水站内取消专用洗井泵，洗井水由活动洗井车加压循环使用。流程如图 4-36 所示。

图 4-36　单干管小支线多井配水、活动洗井流程示意图

　　3. 靖安油田

　　靖安油田注水工艺在安塞油田单干管小支线多井配水工艺流程的基础上，将相邻的注水站通过注水干线进行了环网连通，实现了注水站间水量的相互调节，有效地减少了站场的回流量，加大了调配水量的灵活性，又保证了生产运行的安全性，提高了站场的利用率，节能效果非常显著。流程如图 4-37 所示。

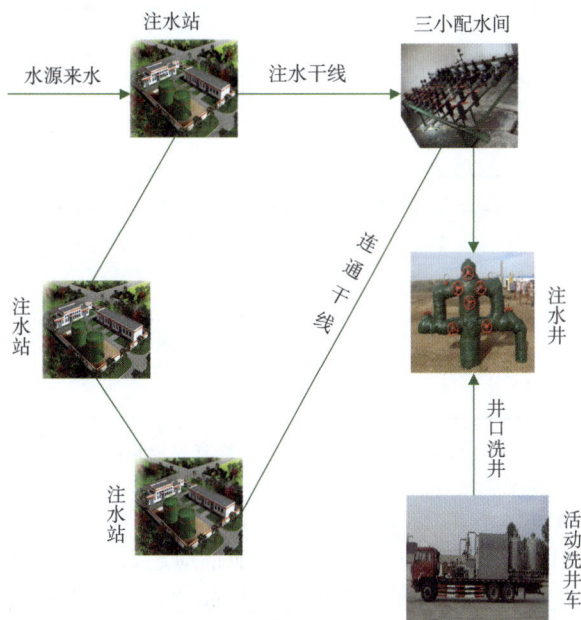

图 4-37　环网注水工艺流程示意图

4. 西峰油田

西峰油田整装开发后，结合丛式井组注水井数量较多的特点，采用了树枝状单干管智能稳流阀组配水、活动洗井工艺流程，该流程是注水工艺流程的一次技术革新，使注水工艺流程简化为注水站至注水井一级布站流程，是对单干管小支线多井配水流程的发展和完善，对油田注水地面工程建设具有重要的意义。流程如图4-38所示。

图4-38 树枝状单干管智能稳流阀组配水、活动洗井流程示意图

稳流配水技术是利用恒流调节阀的稳压恒流原理，在注水干线压力波动情况下（允许波动范围1.0～6.0MPa），通过稳流配水阀组对单井配注量进行自动调节，从而使单井配注量始终保持恒定。

5. 姬塬油田

在继承西峰油田注水工艺的基础上，姬塬油田注水工艺的主体流程为树枝状单干管智能稳流阀组配水工艺。结合油田注水不同时期存在的清污水量的平衡问题，进一步优化工艺流程，改进原有单一注入介质的工艺流程，采用清污水分注流程。与以往采用的纯清水注水流程或污水回注流程相比，清污分注双流程具有适应性强、便于油田清污水量平衡、节省投资等特点。流程如图4-39所示。

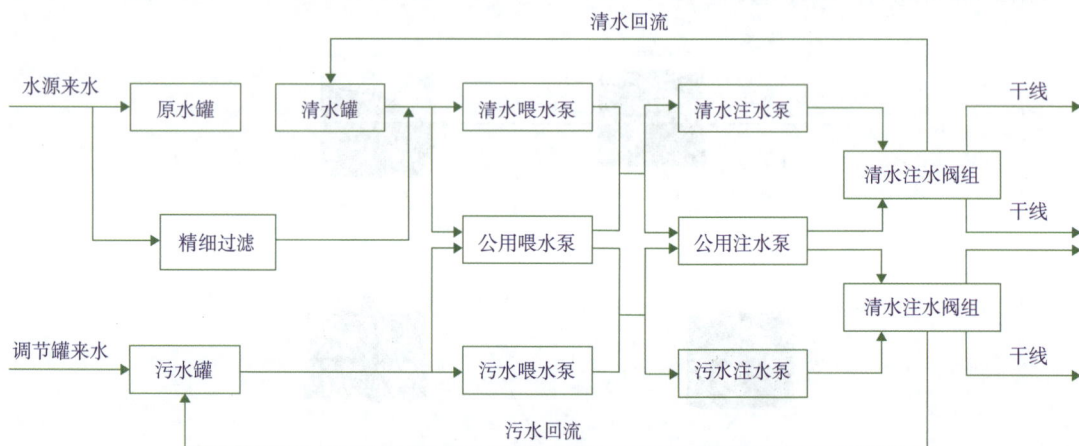

图4-39 清污水分注工艺流程示意图

（二）超低渗透油藏注水工艺技术

随着超低渗透油藏的大规模开发，为了更好地适应超低渗透油藏单井注水量小、注水井数量更多的需求，需进一步对注水工艺进行优化简化，以实现超低渗透油藏的经济有效开发。目前采用的注水工艺流程存在以下问题。

（1）建设投资高。集中供水、集中注水流程中管网建设量大，特别是高压管线管径大，敷设距离长，投资相对高，难以满足超低渗透油藏低成本开发的需要。

（2）输送距离长，压力损失大，系统效率低。管辖半径 5 ~ 10km，管线末端压力损失过大使系统效率偏低，系统能耗高，注水效率低。

（3）超前注水要求供注水系统快速建设。集中供水、注水系统建设工程量大，建设周期长，无法满足超前注水。

（三）超低渗透油藏小站注水工艺

针对超低渗透油藏开发建设特点并结合油田水文情况，采用水源直供方式供水，水源井一般设在大丛式井场上。整体优化水源和注水系统，应用低压供水、小站加压注水工艺，或水源直供、小站加压的工艺，提高注水系统效率5％，节约投资10％~5％。流程如图4－40所示。

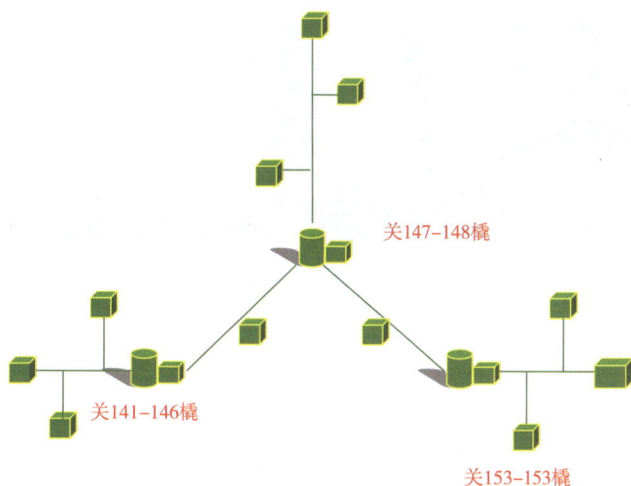

图 4－40　BB 油田白 155 井区管网示意图

该流程实现了供注水系统一体化，充分利用大井组的集中优势，水源和注水系统整体优化，以降低注水系统的综合建设投资。该流程主要具有以下特点：

（1）水源井和增压站联合建设，拉近了水源井和注水井距离，缩短供水距离和注水半径（≤3km），供水、注水系统效率均有效提高，降低了系统整体能耗；

（2）减少了供注水管网，特别是减少了大口径高压注水管网的建设，有效节省了投资；

（3）站场橇装化设计，建设速度快，布站更为灵活，既满足了超前注水的要求，也适应了产建调整变化的要求；

（4）降低水源井密度，提高了水源井的补给面积，水源井产水量有保证。

超低渗透油藏开发兼有大规模建设和滚动开发的特点，供注水系统布局主要采用中心集中、外围分散的布局模式，即依据总体规划确定的联合站的规模，建设中心污水回注站，初期清污分注、后期注污水，外围采用具有水源直供、简易处理、橇装增压、环网注水特色的分散供水、分散注水的工艺流程。中心集中注水站与外围小站相结合，使得注水系统的布局更为灵活，既满足了超前注水的要求，也适应了产建调整变化的要求，符合油田总体规划的需要。

（四）配套技术

1. 智能稳流配水阀组

经过反复优化研究，针对丛式井组注水井数量多（1～4口）的特点，研制了智能稳流配水阀组，取消配水间，将注水系统的二级布站流程优化为一级布站流程，减少了单井注水管线，达到了降低投资、优化简化工艺的目的。智能稳流配水阀组如图4-41所示。

图4-41　智能稳流配水阀组

2. 一体化智能橇装注水装置

智能橇装注水装置依托井场露天布置，主要由水箱、注水泵、成套水处理装置、控制系统、阀门管线、计量仪表及橇座等组成，集水源来水、过滤、加药、升压、计量、回流一体化设计。水源来水经喂水泵喂水、精细过滤水处理后，通过注水泵升压，由注水干线计量、调节，将达标注入水输送至站外注水管网进行配注。该装置是为超低渗透油藏注水开发研制的关键设备，突显了超低渗透油藏注水工艺短流程、易快捷搬迁的功能优势。工艺流程和装置如图4-42和图4-43所示。

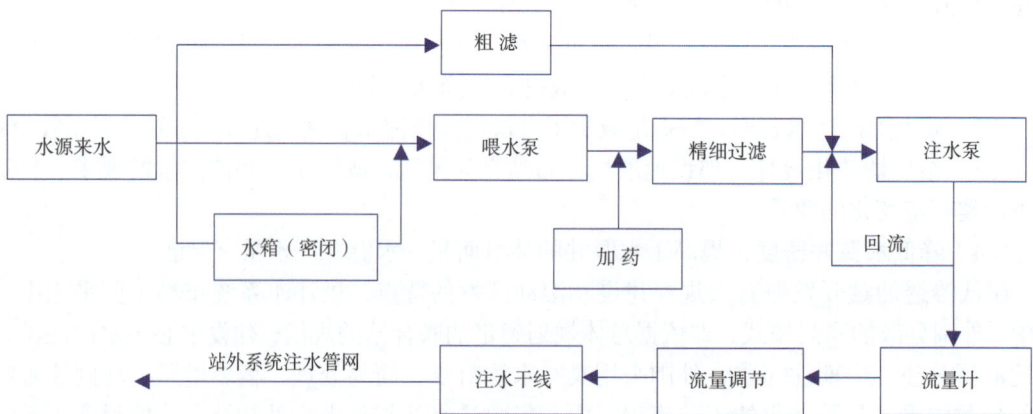

图4-42　智能橇装注水装置工艺流程示意图

变频仪表柜　　注水泵　　注水干线　　过滤装置　　水箱

图 4-43　智能橇装注水装置

主要特点：

（1）该装置供水、注水一体化，操作简便，节省投资；

（2）满足油田前期开发需要，同时可大大缩短生产安装周期；

（3）依托井场露天布置，无需厂房；

（4）采用隔氧装置使整个注水流程密闭；

（5）管理数字化、操作智能化，通过装置所配的 RTU 远程控制系统，具有注水装置实时数据采集、远程启停、危害预警等功能，可对装置及水源井生产情况进行实时监测和日常管理；

（6）通过远程控制系统，使装置达到供水、注水一体化操作，实现了注水泵、喂水泵、水源井深井泵远程启停及运行状态监测；

（7）大大减少了站场占地面积，有效降低了工程投资，满足了低成本开发战略要求。

第五章 站场的标准化设计

第一节 标准化设计方法选择

一、超低渗透油藏地面建设的新要求

超低渗透油藏产能建设是一个复杂的系统工程，也是一个动态的、不断调整和优化建设目标的过程。在其大规模、快速建设中，要求能够加快设计和建设速度，批量化地进行物资采购和施工建设，统一化、标准化、通用化的需求则十分突出。因此如何解决好多样化、不确定性与通用化、统一化之间的矛盾，成为超低渗透油田标准化设计中急需解决的关键问题。

（一）适应站场种类、形式多样性问题

多站合一、井站合建是超低渗透油藏地面站场建设的主要形式。通过集输、注水、供水、矿建等不同系统联合建设，可有效提高站场的集中度，充分利用公用配套设施，减少管理点和定员，但这样组合反而使得站场种类更加复杂多样。如增压点就有和井场、小型注水站、小型生产保障点合建，以及增压点与井场、小型注水站、小型保障点联合建设等多种形式，大大增加了系统的复杂性。

（二）适应工艺参数选择变化

复杂地形对地面工艺影响大，增大了井站分散度、输送阻力和输送高差，使得站场规模和关键设备的工艺参数选择幅度变化较大。如输油泵的扬程范围为100~600m，范围很宽。因此，选择站场的设计工艺参数必须和实际生产情况做到基本匹配，这是保证高效生产运行的关键。

（三）适应平面布局调整

黄土沟壑地形站址选择难度大，平面布局为适应地形限制条件，很多时候需要变形调整；多站场联合建设平面布局的不确定性增大。

（四）提高设计对滚动调整变化的应变能力

滚动开发是个伴随对地质认识不断深化的过程，很难做到开发部署方案一次成型、一次到位，势必要随钻井动态进行调整，这对地面工程的总体布局、站场选址和规模确定造成了很大困难。前期完成的设计由于地质的不确定性而难以得到有效实施，往往延缓了整体建设进程。

（五）适应地面工艺的不断进步

超低渗透油藏开发建设是与大力推行优化简化技术和数字化管理技术同步进行的，地面工艺发生了非常大的变化。一是地面地下一体化，地面工艺和井筒工艺相结合；二是地面工艺和数字化相融合，自动控制水平极大提高，生产数据采集和设备运行控制突出表现

为智能化、远程化、自动化、可视化；三是通过集成创新，油气水高效集成处理设备大量研发和应用，进一步简化了流程。可以说，目前的超低渗透油藏地面工艺技术仍然处于不断优化和完善中，标准化设计需要具有较好的灵活性加以适应。各油田地面工艺衍化见表 5-1。

表 5-1 各油田地面工艺衍化表

开发油田	马岭油田	安塞油田	西峰油田	姬塬油田	超低渗透油藏（华庆、白豹）
开发时间	20 世纪 70—80 年代	20 世纪 90 年代	2003—2006 年	2006—2008 年	2008—
集油工艺	掺水伴热单井单管不加热	丛式井阀组双管不加热 丛式井双管不加热	丛式井单管不加热	大丛式井组单管不加热	大丛式井组单管不加热 串接、油气混输
布站方式	三级布站	二级布站	二级布站	二级/二级半布站分层集输，系统公用	二级/一级半布站 井站合一
计量方式	双容积计量		功图计量		
密闭程度	开式生产	站场密闭	井场至联合站全过程密闭，气体综合利用		
脱水方式	大罐低温沉降一段脱水		油气水三相分离一段脱水		
水处理工艺	多级沉降，简易处理	旋流+沉降二级除油，组合式多级过滤，污水回注	沉降+核桃壳二级除油、二级纤维球过滤，污水回注		一级沉降、一级混凝、一级精细过滤，污水回注
注水方式	双干管	单干管小支线 活动洗井	稳流阀组配注，环网注水		供注水一体化、集中注水与分散注水相结合
自控程度	低	联合站 DCS 控制	从井口到联合站全面数据采集监控		数字化管理，电子巡井，人工巡站
通信方式	有线话音	无线集群话音	无线宽带+光纤通信，多媒体通信		

二、标准化设计方法的选择

实践证明，油田地面建设模块化的设计架构，能够适应超低渗透油藏滚动开发中地面建设规模大、建设速度快和标准化超前设计对批量化、统一化、标准化、通用化的需要。

模块化设计是近年来国外普遍采用的一种先进的设计方法。目前已经扩展到许多行业，并与制造和装配技术（DFMA）、并行工程（CE）、成组技术（GT）、柔性制造（FMS）、大规模定制（MC）等先进制造技术密切联系起来，大量应用到工业产品的设计与制造之中。模块化设计这一新的设计理论和方法是将模块化思想引入产品设计和制造中，有效地解决了产品品种、规格多样化与设计制造周期、成本之间的矛盾，在超低渗透油藏地面建设领域成功应用尚属首例。

对产品来说，模块化是结构典型化、部件通用化、产品系列化、组装组合化、接口标准化的综合体，模块化是标准化原理的综合运用，是标准化的高级形式。模块化的产品结构模式可用下述简明的公式表示：

新产品（系统）= 通用模块（不变部分）+ 专用模块（变动部分）

在这种产品构成模式中，以通用模块为主加少量专用模块就能及时而灵活地组装出多样化的新产品。模块是部件级甚至子系统级的通用件，由模块可以直接构成整个站场以至更大的复杂站场系统，从而在更高层次上实现了简化。

第二节　工艺流程通用化

通过优化简化工艺流程，采用先进技术，统一系统布局和生产工艺，使同类站场工艺流程达到通用或基本一致，为地面标准化设计奠定基础。主要做法：一是进行工艺定型化，二是实现流程通用化，三是实现设计规模系列化。

一、工艺定型化

先进合理的工艺技术是优化简化的核心内容，也是高水平标准化设计的前提和基础。在标准化设计工作中，努力实现标准化研究成果向标准化设计转化。

通过工艺技术的优化简化，筛选并确定一批实用、有效、节能、经济、相对成熟、流程简短的工艺，实现了工艺流程的通用化，较好地体现了地面工艺"短、小、简、优"的特点。

（1）生产流程。

油气集输系统——大丛式井组布局、单管不加热集输、投球清蜡、功图自动计量、油气混输、二级布站、三相分离一段脱水的油气集输工艺。

供注水系统——集中与分散相结合的供水方式，精细过滤、密闭隔氧、集中增压为主，小站增压为补充，单干管小支线、干线环网智能稳流配水、活动洗井。

采出水处理系统——一级沉降、一级混凝、一级过滤工艺，辅助工艺采用污油污水预处理回收和污泥浓缩脱水工艺。

（2）管理流程。

流程化管理：以站场及其所辖井组作为一个基本生产单元，实现站为中心、辐射到井的流程管理，达到井场保生产、站场保安全的效果。

数字化管理：集成运用自控技术、通信技术、视频和数据智能分析技术等，实现基本生产单元的多级监控、流程管理、同一平台、数据共享、智能分析、实时预警、精确定位、协同动作功能。

扁平化管理：取消井区和精干作业区，联合站与作业区合建，实行扁平化管理，形成厂、区、站三级管理模式。

超低渗透油藏地面工艺是在与常规油藏地面工艺融合的基础上发展而来的。该工艺以《油气田开发地面建设模式分类导则》为指导，依据油田地质条件、开发方式、原油物性、地形条件等进行细分和评价。超低渗透油藏与常规产能建设具有下列共同特点。

（1）地质条件：超低渗透储层，单井产量平均 2~4t/d，目前 95% 的新建产能为三叠系油藏，侏罗系油藏多与三叠系油藏叠合。

（2）原油物性：侏罗系、三叠系均属轻质含蜡原油，凝点20℃左右，富含伴生气，具有较好的流变特性，采出水矿化度极高。

（3）开发方式：丛式井开发、滚动建产、有杆泵采油和注水开发。

（4）地形条件：典型的黄土高原地貌，沟壑纵横。

（5）从产能部署看，常规产能逐步与超低渗透产能趋于一致，二者的差异不大，且交错分布，两种产建方式的地面工艺模式统一是大势所趋；从技术角度看，超低渗透油藏地面工艺是在继承常规产能建设工艺技术基础上的进一步创新发展；从现场实施效果看，超低渗透油藏优化简化地面工艺逐渐在常规产能中推广应用，已成为油田地面建设的主体工艺。

二、流程通用化

井场和站场工艺流程的通用一致，要求设备选型通用一致、数字化检测点和检测要求一致，最终为井场和站场的标准化设计奠定基础。

（一）丛式井场

全面推行大井组建设模式和数字化管理模式，井区内相对集中住宿，井场无人值守，分班组轮回巡检。偏远孤立的单井或探井井场设易于搬迁的车厢式活动房，后期纳入系统配套。

1. 工艺流程

井场工艺流程主要分为油气集输和配、注水两部分。井场集输工艺流程图如图5-1所示。

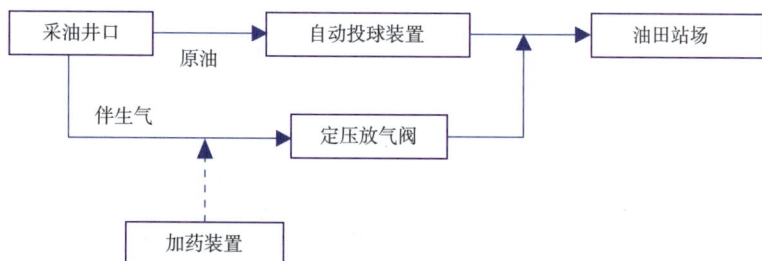

图5-1 井场集输工艺流程图

原油被抽油机采出井口后，进入井口管线，多个井口的管线依次串接，汇集后进入自动投球装置，自动投球装置定时投放清管球，油流推动清管球进入井组出油管线，并输往下游站场。

井口套管气依次串接，汇进套管气收集管线，当套管压力与井口回压的压差大于设定值时，定压阀开启，套管气流出定压阀，汇入井组出油管线，和原油一起输往下游站场。

井口根据生产需要可确定是否在套管气出口管路上设置简易加药设施，按生产要求向井筒内添加防蜡、防垢等药剂。

配、注水流程：注水站高压来水进入井场的稳流配水阀组，通过稳流配水阀组进行分配，并对各分配管路进行计量、控制、调节，按照设定的配注量均匀输往注水井，并注入地层。

2. 数字化建设

按照数字化管理的要求，井场采取无人值守、电子化巡井的管理方式，即通过对标准化井场的工艺流程进行优化，实现关键生产数据和井场视频图像的采集、传输和远程监控，形成以站场为基本管理单元的扁平化管理模式。

（1）抽油机运行参数采集及控制。

（2）井场压力检测。

（3）井场稳流配水阀组参数采集。

（4）井场视频监视。

（5）井场通信。

（6）夜间照明。

（7）自动投球器。

（8）水源井管理。

（二）增压点（接转站）

增压点承担汇集井组来油并增压转输至联合站的任务，配合出油管线不加热集输工艺，但增压点同时应具备加热功能。目前增压点均采用模块化设计。

1. 工艺流程通用化

优化设置了油气分输、油气混输和泵到泵油气混输 3 种通用工艺。主要区别在于外输泵的选配：分输增压点外输泵选择两台单螺杆输油泵；混输增压点选择一台单螺杆输油泵和一台混输泵配备，以混输流程为主，分输流程备用；泵到泵油气混输（地形平坦油区）配备两台混输泵，不安装密闭分离装置。通用工艺流程如图 5-2 所示。

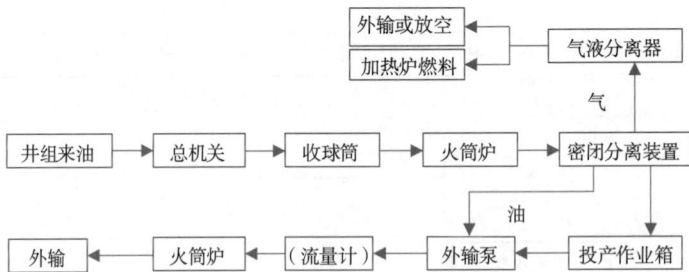

图 5-2　增压点工艺流程图

2. 数字化建设

增压点数字化突出站内生产管理和站外所辖井场的电子巡护两大基本功能。主要完成增压点站内工艺设施、所辖井场生产过程数据的自动采集和集中监控，并与上位管理系统进行数据传送，上传本站的重要生产运行数据，接收上位系统的调度指令。

（1）自动收球装置温度及压力检测及控制。

（2）密闭分离装置模块监测连续液位。

（3）外输泵入口、出口压力监测及变频控制。

（4）投产作业箱（事故吹扫罐）监测连续液位。

（5）外输原油温度、压力监测、外输计量（分输时）。

（6）可燃气体泄漏浓度超限监测。

（7）站内视频监视。

（8）所辖站外井场生产数据检测及远程启停抽油机，远程设定配注量。

（9）所辖井场视频监视、闯入报警、图像抓拍和语音示警等。

（三）注水站

标准注水站，多应用于规模化区块、集中注水或联合站污水回注场所，一般规模较大，水处理系统完备，注水系统压力高。小型注水站（500m³/d 规模以下）多采用组合式设计，已逐步被智能化移动注水装置替代。

1. 工艺流程

参照标准化设计规范，结合近年产建设计及实际施工状况，清水注水站设计规模为 500m³/d、（1000m³/d）、1500m³/d、（2000m³/d）和 2500m³/d，污水注水站规模应视污水量而定，压力系统为（16MPa）、20MPa 和 25MPa（括号内为推荐指标）。

标准化注水站流程如图 5-3 所示。

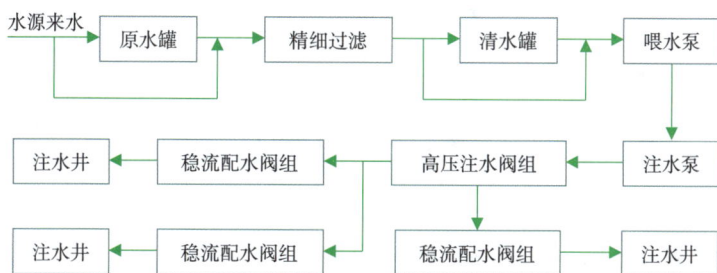

图 5-3　标准化注水站流程示意图

标准化注水站站内注水流程密闭，储罐采用饼式气囊隔氧装置密闭，注入水通过精细过滤处理，注入水水质执行油田颁布的水质指标标准。依据来水水源水质情况，分两种水处理工艺模式。

（1）I 型（附带预处理）：水源井水质较差（悬浮物含量较高）的区块，采用预处理加精细过滤器过滤的工艺模式。

水源来水→高效纤维球过滤器→ PE 烧结管过滤器→注水系统。

纤维球过滤器的反冲洗水要求回收利用，设置反冲洗水罐，静置沉淀后重新进入处理流程。

（2）II 型（不附带预处理）：水源井水质较好的区块，采用精细过滤器过滤的工艺模式。

2. 数字化建设

与增压点相仿，注水站数字化建设为站内生产管理和站外所辖注水井的电子巡护两大基本功能。主要完成注水站站内工艺设施、所辖注水井生产过程数据的自动采集和集中监控，并与上位管理系统进行数据传送，上传本站的重要生产运行数据，接收上位系统的调度指令，实现各注水井注水量的远程设置。

（1）所属各水罐（如清水罐、原水罐、反冲洗水罐等）的连续液位监测，高、低限液位报警。

（2）水处理系统生产运行参数监控（PE 烧结管过滤器出口流量监测、储气罐压力监测、加药装置液位监测）。

（3）喂水泵出口压力及工作状态监测。

（4）注水泵的启停工作状态及控制（其中 1# 和 2# 注水泵变频启动，另外两台注水泵软启动）。

（5）各注水干线的压力、流量监测。

（6）污水池连续液位监测及高、低限液位报警。

（7）站内视频监视。

（8）所辖稳流配水阀组各注水井的注水压力、注水量和汇管压力监测，实现注水量远程设定操作。

（四）供水站

1.工艺流程标准化

流程标准化如图5-4所示。

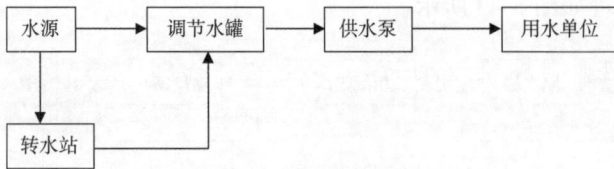

图5-4 流程标准化

2.数字化管理

供水站设置站场监控系统，自动采集站内重要生产运行参数、视频图像和所辖水源井生产数据，对站内以及所属各水源井的生产运行状况进行集中监控。

（1）供水站供水压力监测。

（2）供水流量，监测出站供水瞬时、累计流量。

（3）调节水罐设连续液位监测。

（4）视频监视。

水源井运行管理：水源井压力监测，供水流量监测、积算，水源井潜水泵的运行监视和远程启停控制。

（五）联合站

联合站是集输系统的中心站场，规模大、功能多、工艺复杂，具有单井收球、来油计量、原油加热、原油脱水、原油外输、事故储存、污水处理及回注、大罐抽气、轻烃回收等功能，根据实际需要有些联合站还需合建35kV变电所和作业区区部。

1.集输工艺

根据来油层位数量的不同，联合站可按单层系和双层系设置工艺流程。联合站脱水系统采用三相分离器脱水为主、溢流沉降脱水罐脱水为辅的流程设置。

2.单层系联合站工艺流程

丛式井组来油（设计温度3℃）和增压点来油（设计温度25℃）进入总机关，混合油进入收球筒收球后，与计量后接转站来油（设计温度25℃）混合，进入加热炉，加热至55℃后，原油进入三相分离器进行油气水分离；分离出的净化油进入净化油罐，经增压、计量、加热后外输；分离出的伴生气进入气液分离器进行二次分离，一部分作为加热炉燃料，富余伴生气进入轻烃回收系统或者外输；脱离出的水进入污水处理系统。

联合站内设有加药设施，可通过管道添加破乳剂和其他辅助药剂（如阻垢剂等）。工艺流程示意图如图5-5所示。

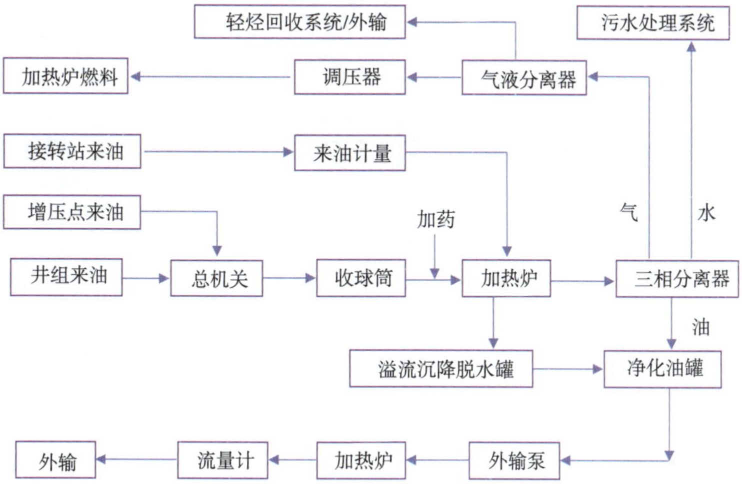

图5-5 联合站工艺流程

3. 双层系联合站分层处理工艺

各层系丛式井组来油（设计温度3℃）和增压点来油（设计温度25℃）进入总机关，混合油进入收球筒收球后，与计量后接转站来油（设计温度25℃）分别混合，进入加热炉，加热至55℃后原油分别进入各层的三相分离器进行油气水分离。分离出的净化油进入净化油罐后混合、增压、计量、加热后外输；各层分离出的伴生气进入气液分离器后混合，进行二次分离，一部分作为加热炉燃料，富余伴生气进入轻烃回收系统或者外输；脱离出的水分别进入各自的污水处理系统。联合站内设置一套溢流沉降脱水罐作为上述各层原油脱水的备用流程。

联合站内设有加药设施，分别对各层添加破乳剂和其他辅助药剂（如阻垢剂等）。工艺流程示意图如图5-6所示。

4. 采出水处理流程

采出水处理的目的主要是去除水中悬浮物和油粒以保证回注通道的通畅，避免堵塞地层孔隙。采出水处理采用一级除油＋一级混凝＋一级过滤工艺，过滤工艺模块预留，污泥处理系统预留。采出水处理工艺流程如图5-7所示。

三、设计规模系列化

根据地面系统总体布局及建设规模，确定合理的井站规模系列，系列尽可能全面覆盖，适合开发建设需要，同时尽量整合，减少规模系列。

（一）站场分类

根据站场性质划分为井场、增压点（接转站）、注水站、供水站、联合站、脱水站和区部七大类。

（二）参数确定

主参数——设计规模。输送含水油、水的场站以输量（m³/d）为单位，净化油场站以处理量（10⁴t/a）为单位，区部等驻人单位以人为单位。

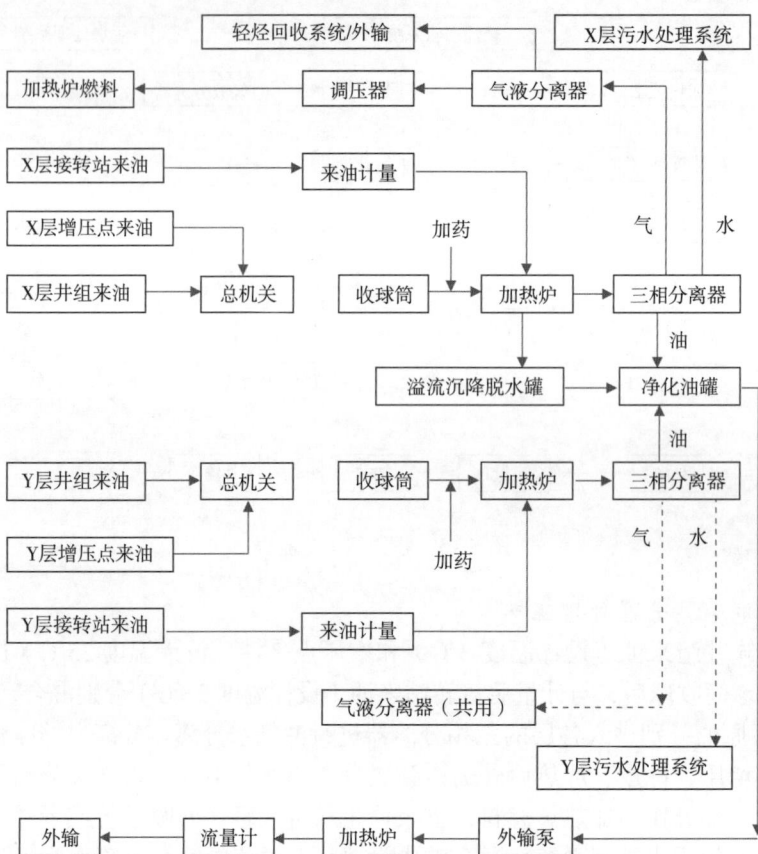

图 5-6 分层处理工艺流程

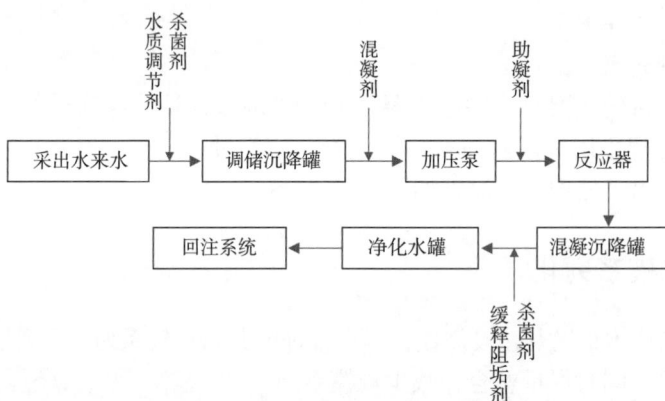

图 5-7 采出水处理工艺流程图

（三）基准系列

确定规模系列取决于站场工艺和设备定型化的程度，关键的工艺设备如泵、压缩机、储罐等直接决定了站场种类和能力，因此以具有代表性的关键设备的规格系列作为规模确定的基准，形成基准系列。同时通过调整关键设备的数量组合以及参数变化，形成不同的衍生系列，满足不同的需求，见图5-8和表5-2。

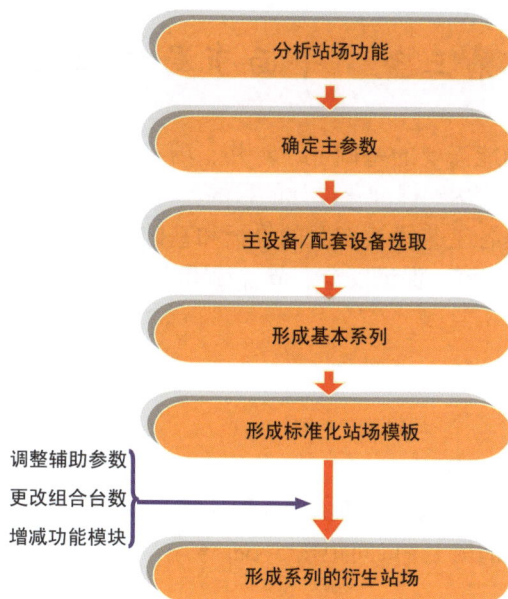

图5-8 站场设计

表5-2 超低渗透油田标准化站场规模基准系列表

站场	设计规模	备注	站场	设计规模	备注
增压点（接转站）	1000m³/d	4.0/6.3MPa	联合站	50×10⁴t	4.0/6.3MPa
	600m³/d			30×10⁴t	
	240m³/d	2.5/4.0MPa	脱水站	15×10⁴t	4.0/6.3MPa
	120m³/d			8×10⁴t	
注水站	2500m³/d	16/20/25MPa	供水站	3000m³/d	4.0/6.3MPa
	2000m³/d			2000m³/d	
	1500m³/d			1000m³/d	
	1000m³/d		油田井场	1~12口	
	500m³/d				
区部	150人	区部	执勤点	50人	井区部
	120人			30人	
	80人			20人	保障点
				5人	增压点内

注：备注项中的"/"表示"或"。

（四）扩展衍生

如以1500m³/d、PN250的注水站为基准系列，设置3台五柱塞注水泵，通过增减注水泵模块的数量，可横向扩展出2000m³/d和1000m³/d两种规模；通过调整注水泵的泵压，可纵向扩展出PN200和PN160两种压力等级；通过增减纤维球过滤器模块，可形成带预处理和不带预处理的两种模式，组合起来将形成庞大的型谱表。为了避免站场规格过于繁多，以站场的操作弹性 70%~120% 为合理范围，实现基本覆盖。

第三节　平面布局标准化

在减少占地和满足功能需要的基础上，对井、场布局进行统一规划，使相同功能的工艺装置区大小、方位统一，达到标准化设计的目的。

标准化的站场平面是各工艺模块布置的母板和基础。站场平面布局遵循满足需要、缩短流程、节约用地、降低投资、保证安全、节省费用的基本原则进行设计，做到布局定型、风格统一。

一、井场布局优化

（一）布置要点

（1）适应超前注水要求，注水井集中布置，优先施钻。

（2）严格控制用地面积，井口间距按 5~6m 考虑。在无特殊原因的情况下，不得随意扩大井场的占地面积。

（3）简化井场设施，合并污油污水回收设置，电子巡井实现无人值守，通过优化的数字化大井组与以往 4~6 口丛式井组相比，建设投资下降 50% 左右，平均单井占地节省 40% 以上。

（4）大井组井场基本等同于几个相连标准化井场，平面布局参考标准化井场进行布置。

（二）典型平面

标准化井场采用理想平面布置，设有围墙、土筑防护堤、集水沟、集油槽和含油污水池，用于回收井口漏失污油，防止站内含油污水外排，如图 5-9 所示。

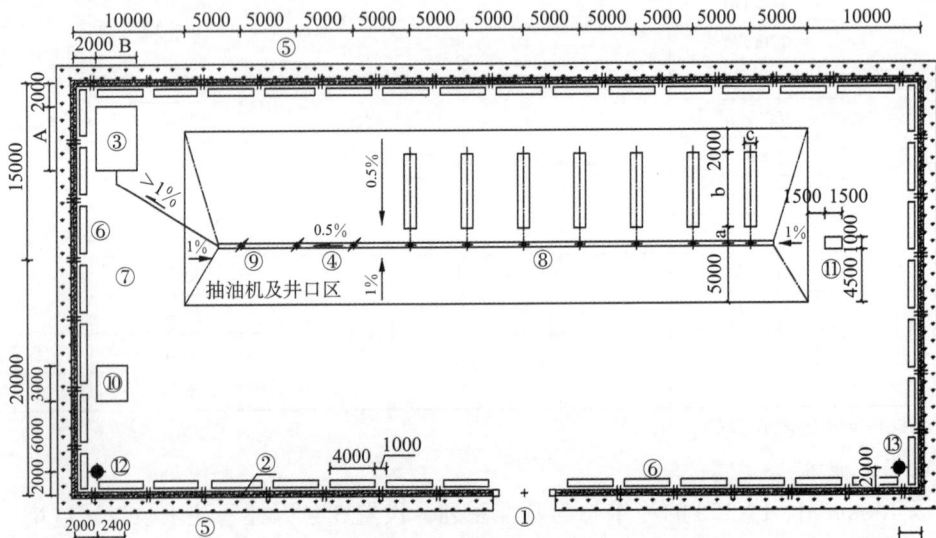

图 5-9　标准化井场平面布置图（单位：mm）

①大门；②堆土界墙；③污油池；④阀组；⑤井场外界；⑥排水沟；⑦排污管；⑧集油沟；
⑨配水间；⑩配电箱；⑪投球机；⑫井场设备电线杆；⑬井场设备电线杆副杆

二、站场布局优化

（一）布置要点

（1）设备按流程化布置。采用有效防护措施，增压点输油泵、污水处理装置等可露天布置，按流程紧凑布置工艺设备，节省占地，加快了建设进度。

（2）集中控制和管理。将控制室、办公室、化验室和高低压配电间等公用设施联合布置，形成全站的控制管理中心区，并与生产区保持足够的安全距离。

（3）严格控制空地和预留地，努力提高土地利用系数。通过平面布局的优化定型以及标准化站场的土地利用系数，中型站场应不低于60%，大型站场应不低于70%。

（4）考虑到地形限制、进出站流向、进站道路方向、盛行风向、建筑朝向等因素的影响，站场平面应进行镜像设计。

（二）典型增压点平面

增压点各类工艺设备集中布置于站场上方，并按流程顺序集中摆放。采用露天设置，泵、阀门及埋深不足的管道防凝均采用电伴热和保温措施。生活管理区位于下方，和生产区完全分开。生活管理区和生产区保持不少于22.5m的安全距离，如图5-10所示。

橇装增压集成装置的应用，使站场实现了无人值守，工艺设施大为简化，橇装化增压点占地面积大幅度减小（约385m^2，合0.58亩）。

（三）复杂站场设计

为节约用地、便于管理，各类站场通常会联合建设。各类标准化站场采用积木式的拼接，形成多站合建（如接转站、注水站、井区部联合建设）、井站合一（如增压点、橇装注水站依托标准化井场）的建设模式。

标准化的站场模块的平面设计既考虑了不同规模站场的统一性，也充分考虑了多站合建时布局的协调性。站场平面均采用近似黄金分割的矩形，骨架站场一般以54~60m为基本模数、小型站点以35m为基本模数，在站场拼接时，主要单体模块的相对位置和接口方位均不需改动，对共用部分如道路围墙、供热、场地照明、防雷接地等公用系统进行整合，即可快速完成复杂的合建站场设计，如图5-11所示。常见合建站场平面示意图如图5-12和图5-13所示。

联合站平面布局较为复杂，实行整体标准化设计带有一定难度，因此须先对主要工艺单元（功能区）进行标准化设计，再通过定型单元模块的拼接形成联合站。工艺单元（功能区）标准化方法同中小型站场。

根据平面布局，功能分区如下：

（1）集输工艺区。

（2）储罐区。

（3）供热区。

（4）清污水回注系统。

（5）采出水处理系统。

（6）消防系统。

（7）综合办公区。

（8）区部。

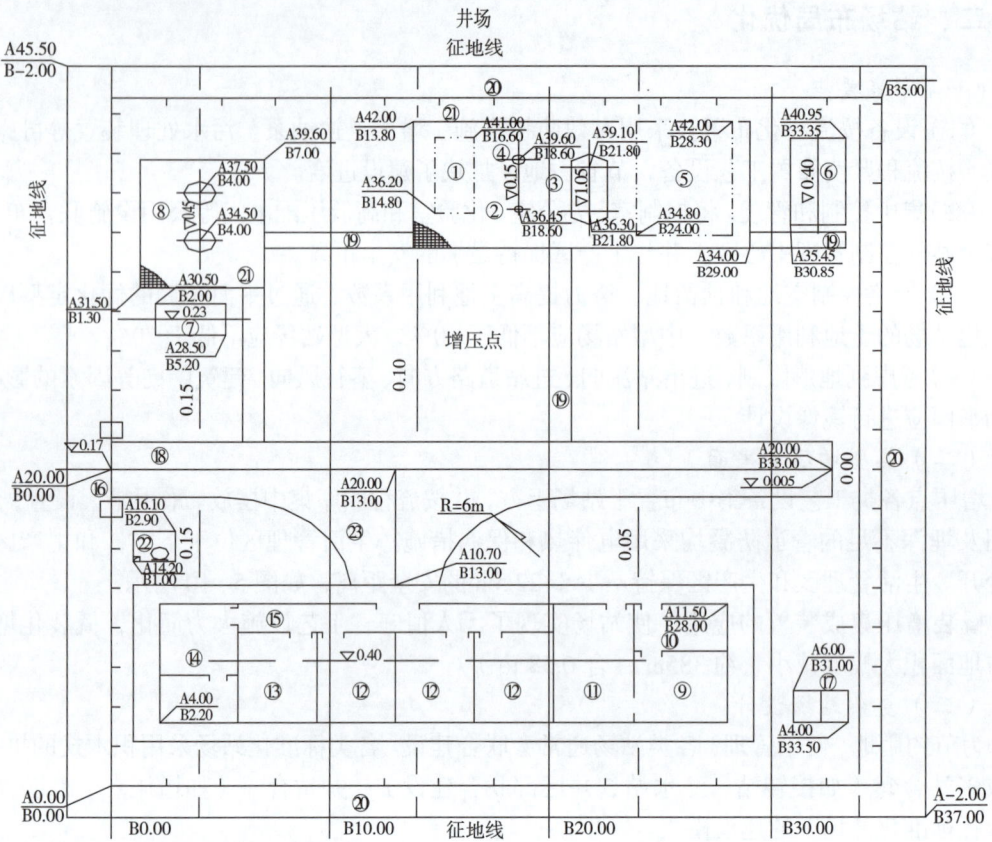

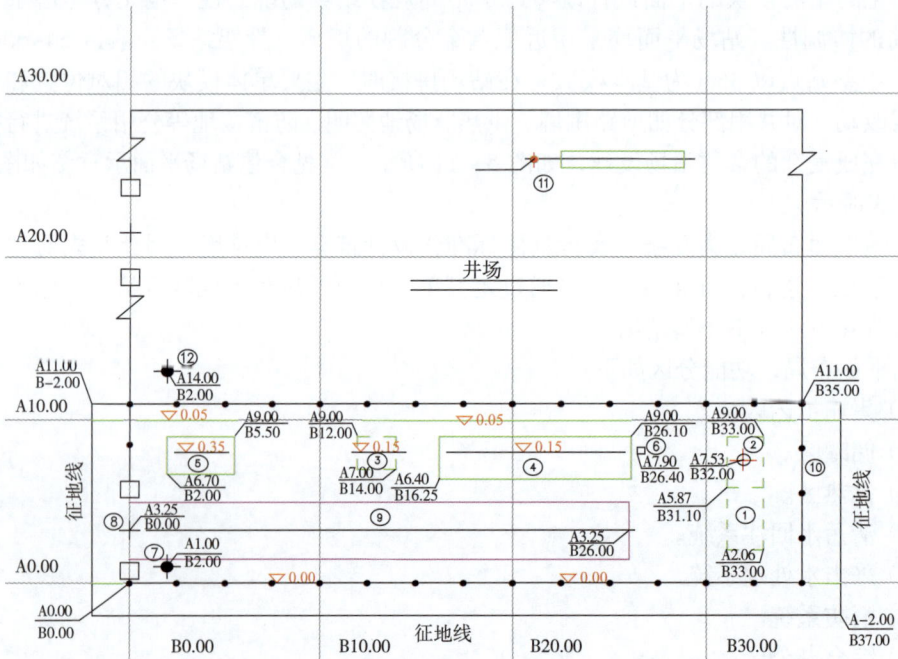

图 5-10　标准化增压点平面布置示意图 (单位：mm)

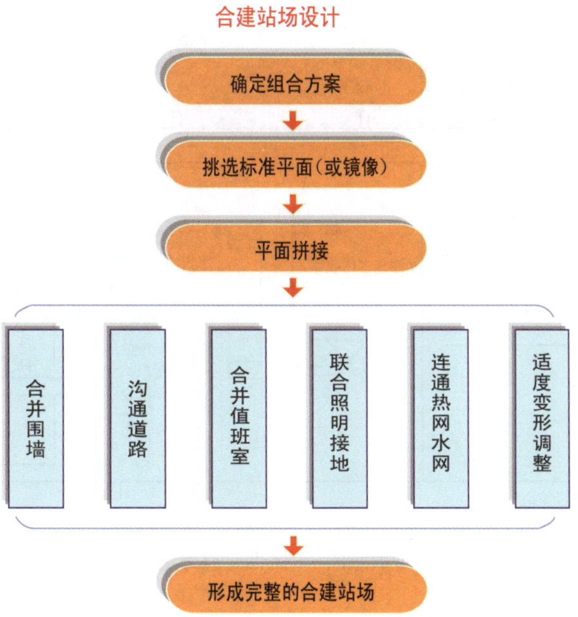

图 5-11 合建站场设计

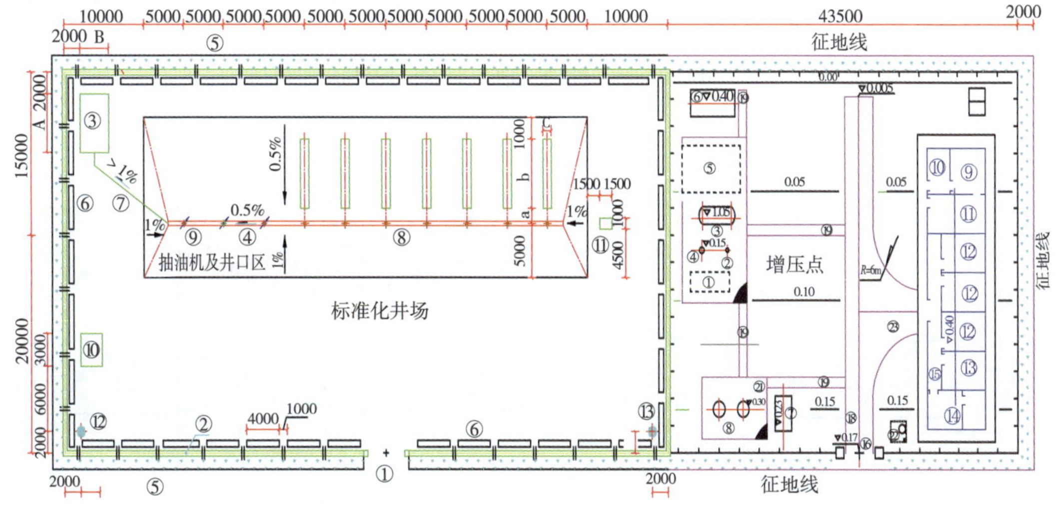

图 5-12 合建站场平面示意图（井场＋增压点合建）

（9）35kV 变电所等。

（10）大罐抽气。

（11）轻烃回收。

（12）平面布局标准化。

工艺区与其他单元以道路分隔独立成区，按流程顺序布置，泵、计量设施、加药设施置于室内，工艺厂房面临道路布置，露天工艺设施成排布置于厂房后方。

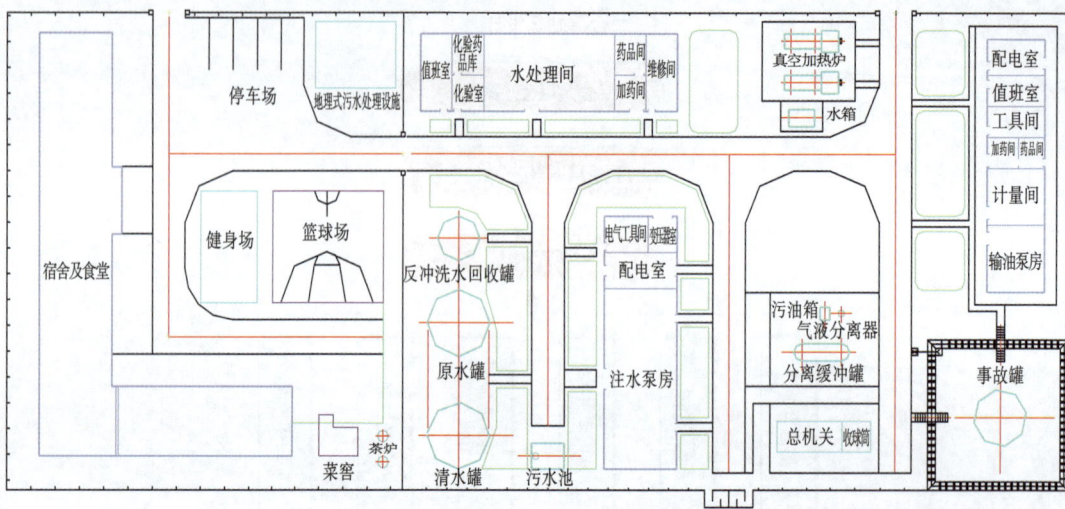

图 5-13　合建站场平面示意图〔区部+注水站（+接转站）合建〕

储罐区平面布置定型。3 具罐采用一字形布置，4 具罐采用方形布置，罐区周边设置环形消防车道。

研究分析认为，储罐罐容的变化是平面布局的最大影响因素，为此专门设计了通用总图模板，主要有以下三种。

（1）联合站采用 3 具 5000m³ 储罐（图 5-14），如 G 四联合站等。

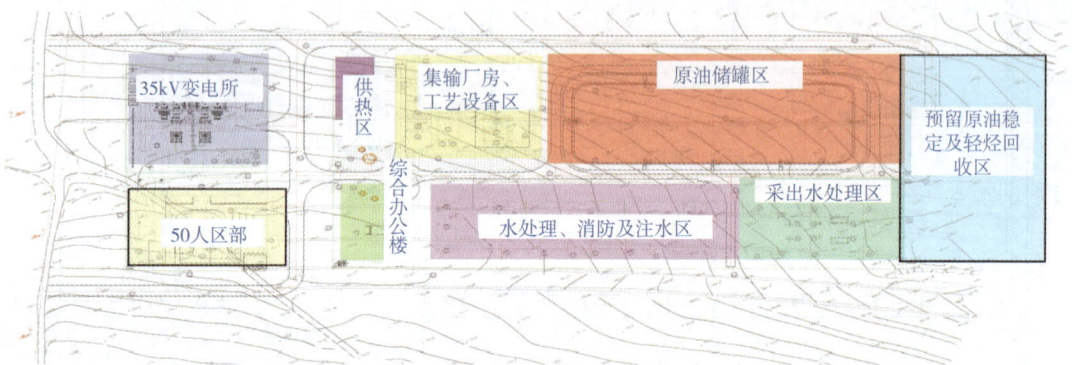

图 5-14　5000m³ 储罐联合站

（2）联合站采用 3 具 3000m³ 储罐（图 5-15），如 H 一联合站等。

（3）联合站采用 4 具 1000m³ 储罐（图 5-16），采用此典型模板的站场有 H 二联合站等。

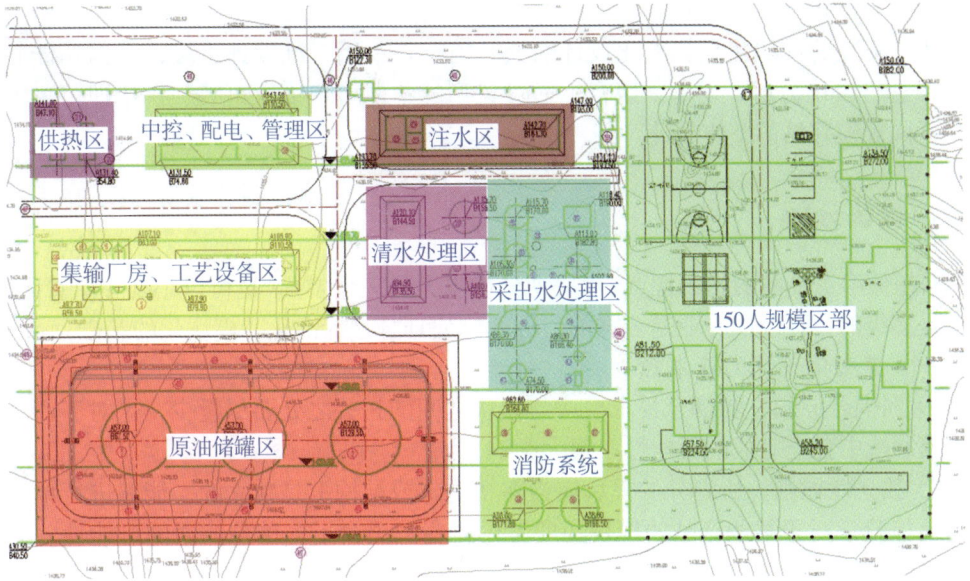

图 5 - 15　3000m³ 储罐联合站

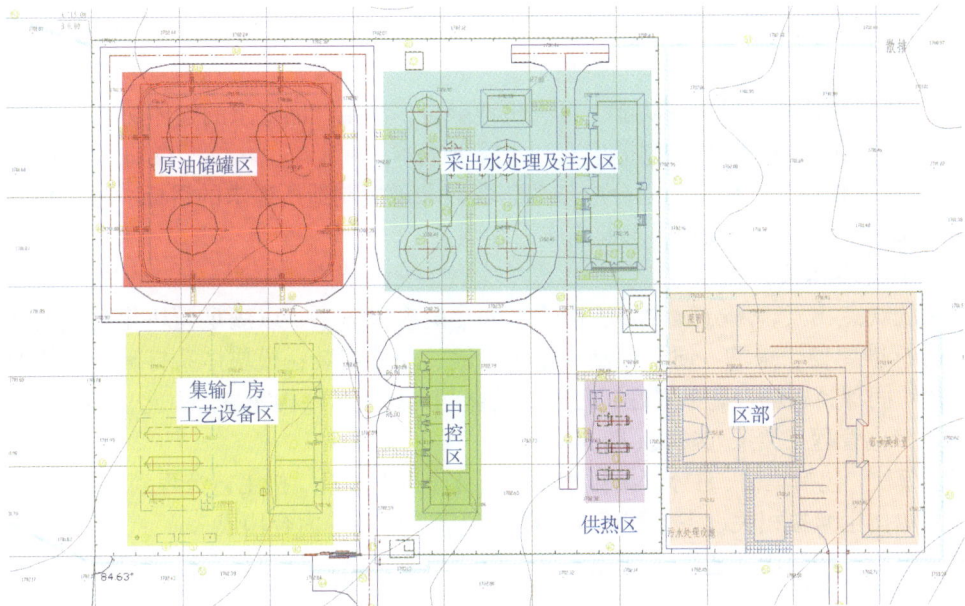

图 5 - 16　1000m³ 储罐联合站

第四节 模块化设计

设计、安装的模块化是标准化设计的核心内容。采用三维设计手段，根据功能和组成对井、站进行模块分解、定型、组合，通过定型的单体模块进行组装、拼接即可形成不同类型、不同规模井站的整体设计。

一、模块分解

根据超低渗透油藏的站场特点，模块划分可以大到一个装置，也可以小到一个管阀配件，其层次是多级的，涉及的专业是多样的，因此模块划分是标准化、模块化的基础。

（一）模块化设计的基本原则

（1）弱耦合原则。弱耦合要求模块与模块之间的相关之处要尽量少，这对于产品设计开发以及制造中独立完成的可能性有很大影响。

（2）独立性原则。所划分的模块应当在功能上或结构上是独立的，能够进行单独的设计制造及检验，对于某些产品的模块还应考虑作为"黑盒子"单独流通的可能性。模块间要便于连接与分离。

（3）粒度适中原则。模块分解的粒度太大，模块与模块之间的耦合度必然增加，模块化设计及制造并行开展的余地就减小；模块分解的粒度太小，则会导致产品开发及生产制造的进度过于零碎，不具有可操作性。

（4）组合化原则。对于在动态联盟企业中设计和制造完成之后的产品模块，应便于在结构上叠加，完成产品所要求的具体结构。

（5）集成化原则。模块在功能上可有机地融合，满足产品要求的整体功能。

（6）经济化原则。模块的划分应有利于降低成本。

（7）灵捷化原则。模块的划分应与动态联盟和敏捷制造所追求的目标一致，使开发和制造过程加快，对市场和用户需求的响应力增强。

（二）模块体系

从系统观点出发，用分解的方法构建系列化的模块体系，以满足模块化建设的需要。模块划分标准要便于采购、便于预制、便于运输、便于组装；模块体系打破了传统的专业界限，模块间保持弱耦合和独立性，各模块功能相对独立、结构完整。由此，形成了工艺、建筑和数字化管理三类系列模块（图5-17）。

工艺模块，包括集输、注水、给排水和热工4个工艺专业，按工艺流程划分为不同单体，每一模块单体由直接相关设备、配管、基础、仪表、防腐等内容构成。

建筑模块，按使用功能进行划分，每一模块单体包括建筑和与之相关的暖通、照明设计等。

数字化管理模块，与油田数字化管理紧密衔接，对检测控制点进行标准化，统一规定了各类井（站）的监控功能划分和监控设备的配置要求，包括站控系统、通信设施、视频监控及电气配套等内容。数字化管理模块进行集中招标、采购，由专业化工程队伍进行建设、调试。

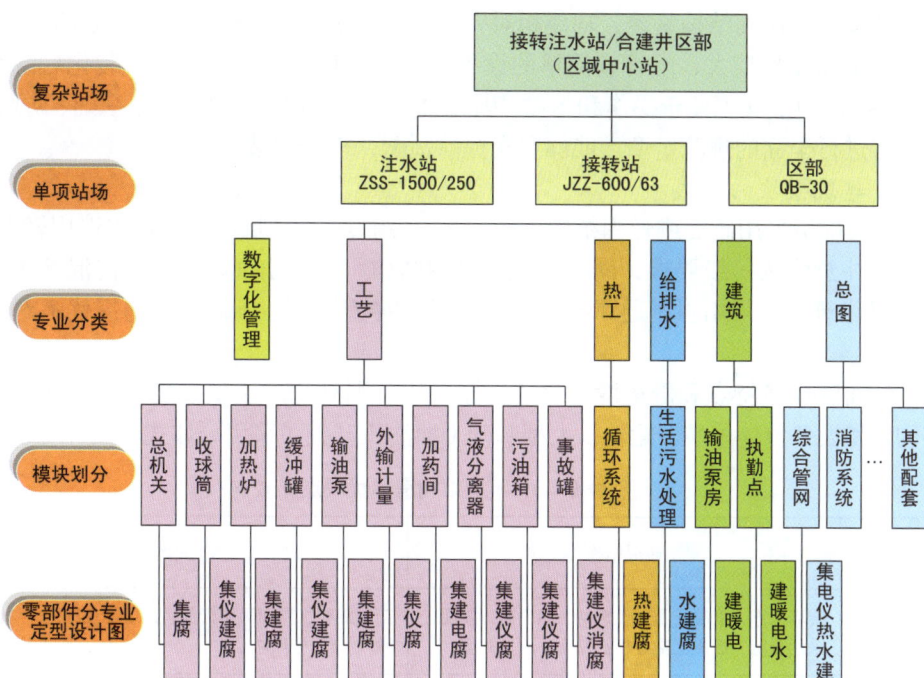

图 5-17　模块分解图

二、模块定型和系列化

实现模块定型化和系列化的思路：一是以综合效益最优为目标，通过分离、组合、归纳、替代等方法整合模块，尽量以较少的规格来满足多种不同的需求，提高标准化的适应性和适应范围；二是把变化相对活跃的部分分解成独立的模块，并对工艺参数进行系列化设计，形成具有较强通用性、互换性的模块系列；三是同一系列的模块做到内部功能和布局定型，外部接口方位和方式固定，每一工艺模块均可视作一个独立完整的产品，提高通用性，满足互换性要求。

模块的定型是模块化设计的核心内容，同一系列的标准化模块应具有很强的通用性、互换性，易于插件式替换。

（一）模块定型的基本要求

内部的功能和布局定型：模块所完成的功能是一致的；模块内的布局和风格保持不变；模块的设备实现定型化、系列化；模块的配管标准、要求是统一的。

外部接口方位和方式固定：模块的外部接口（开口）的高度、方位固化；模块的外部接口连接方式和配管标准统一；模块有正向和镜像两种标准，适应调整需要。

（二）工艺模块的形式

受工程特点制约，要实现全部和严格意义上的橇装化比较困难，因此工艺模块常采用橇装化、组装化和预制化相结合的方式。

对于小型设备，遵循功能合并、整体采购的基本原则，设备、仪表、电气及管道等按橇装式整体设计，做到结构紧凑、功能相对完整，如总机关、加药橇、热水循环泵橇等。

对于质量和体积较大、配管较简单的设备，如加热炉、缓冲罐等，橇装化后既增加了成本（5% ~ 8%），又不便于操作和运输，因此对其设备接口、配管安装、基础、防腐保温、电仪接口等进行全面的规范定型，能够实现提前预配，现场组装。

（三）建筑模块的形式

通常工业厂房采用砖混或轻钢结构，大面积、大跨度、大高层的厂房优先选用轻钢结构。轻钢结构需注意耐火等级要求，同时避免在轻钢结构厂房中出现防爆墙。砖混结构不适用于乙级防爆建筑，需采用强制通风措施降低等级或轻型屋面。不同结构房屋优劣对比见表5-3和表5-4。

考虑到油区环境特点和舒适度，生活房屋采用砖混结构。小型橇装设备的保温房选用轻钢结构，和设备整体吊装、运输。大型基础（抽油机基础）采用分体式预制，现场拼装。

表5-3 不同结构房屋优缺点比较表

	砖混结构	轻钢结构
结构特点	砖墙承重，混凝土预制（现浇）屋面梁，屋面采用预应力混凝土空心板。屋面采用女儿墙	门式钢架，屋面采用天蓝色压型钢板屋面。屋面建筑檐口采用外天沟
优缺点	优点： （1）耐火等级高，防火性能好； （2）保温性能好； （3）隔音性能好； （4）使用年限长（50年）。 缺点： （1）施工周期较钢结构长； （2）空间布局受建筑模数限制； （3）黏土砖受节能政策约束； （4）不适用于乙级防爆建筑，需采用强制通风措施降低等级或轻型屋面	优点： （1）施工简单，施工速度快，周期短； （2）空间布置灵活； （3）适用于乙级防爆建筑； （4）易于拆迁，可重复利用； （5）对大跨度结构，经济性好，较砖混结构便宜。 缺点： （1）保温性能差； （2）油气厂房需设置防爆墙； （3）隔音性能差； （4）耐火等级低，防火性能差； （5）使用年限相对较短（25年）

表5-4 典型建筑模块优化成果表

厂房	建筑面积 m²	轻钢结构 （优化前） 元/m²	轻钢结构 （优化后） 元/m²	砖混结构 元/m²	推荐
注水泵房	416.96	1255.76	1191.00	1471.00	轻钢结构 砖混结构
水处理间	293.76	1517.22	1408.97	1580.00	轻钢结构 砖混结构
输油泵房	50.16	1541.07	1501.20	1400.00	砖混结构

三、模块的系列化和整合

按照工艺参数，每一设计模块均须实现系列化设计，以满足不同工艺的需要。由于滚动开发建设的不确定性以及规模化采购和建设的需要，须对同一系列模块进行整合，尽量减少系列规格。模块主要整合方法如下：

（1）调整工艺流程，减少不确定因素的影响。如将接转站进站阀组冷热油分开，热油直接进缓冲罐，以统一收球筒和加热炉盘管规格。

（2）采用合一设备或成橇设备，减少工艺模块类型。如采用油气分输和混输通用的密闭分离装置和油气分离一体化设备，智能化注水橇和数字化增压橇等，循环水泵模块依据不同站场的热负荷需求，通常合并为 5 个模块，见表 5-5。

表 5-5 循环水泵模块

泵橇分类	适用供热范围，kW	循环泵	补水泵	卫生热水泵	适用站场
GRBQ-Ⅰ（供热型）	40～70	IGR25-160(F)一用一备	IGR25-160(F)	无	增压点、注水站、供水站
GRBQ-Ⅱ（供热型）	71～120	IGR40-160(F)一用一备			接转站
GRBQ-Ⅲ（供热型）	121～240	IGR50-160(F)一用一备			接转站
GRBQ-Ⅳ（供热型）	241～500	IGR65-160(F)一用一备			接转站合建站
GRBQ-Ⅴ（供热兼洗浴型）	<240（供热）<120（洗浴）	IGR50-160(F)一用一备	IGR40-160(F)	IGR40-160(F)	30～50人食宿点

（3）提高自动控制水平，在合理范围内减小和整合储罐或容器的缓冲容积。

（4）采用多台相同设备并联，通过调整并联数量满足不同规模需要。

（5）分段设计。将不同级数的输油泵按出口系统压力、电动机功率合并为两个规格（4MPa，6.3MPa），采用变频调速、拆级改造的方法，提高泵的适应性。

（6）针对油田伴生气量大、不易回收的现状，可整合加热炉规模，对小规模站点可适度提高出站温度。

（7）柔性模块设计。减小配管的压力体系规格，使不同规格模块的配管统一化，方便材料采购和预配，有利于后期改扩建的需要。如增压点输油泵出口压力体系统一规范为 4MPa，接转站输油泵出口压力统一规范为 6.3MPa，注水站的注水泵出口压力体系统一规范为 25MPa。

总体来讲，主要采取组合和替代的方式来实现模块系列化整合。组合的方法主要包括工艺设备的组合、工艺和自控的组合，替代的方法主要是以高代低、以大代小、以多代少，这种替换不是简单的替换，而是在技术经济比较的基础上进行的优化，一般来说，替代投资增加幅度为 5%~10% 是较为合理的。当然，这种替代也不是绝对的，要根据当时产建的模块需求和市场情况综合考虑。

四、模块组合

标准化站场设计图设计内容包括平面、流程、综合管网、模块构成和选用的明细说明等。标准化站场需同标准化模块相互配合使用，模块单体从模块图集库中挑选和组合，通常以标准化的站场平面为母板，以插件形式在综合管网间进行定位拼接，从而快速组合形成各类标准化站场，如图 5–18 和图 5–19 所示。

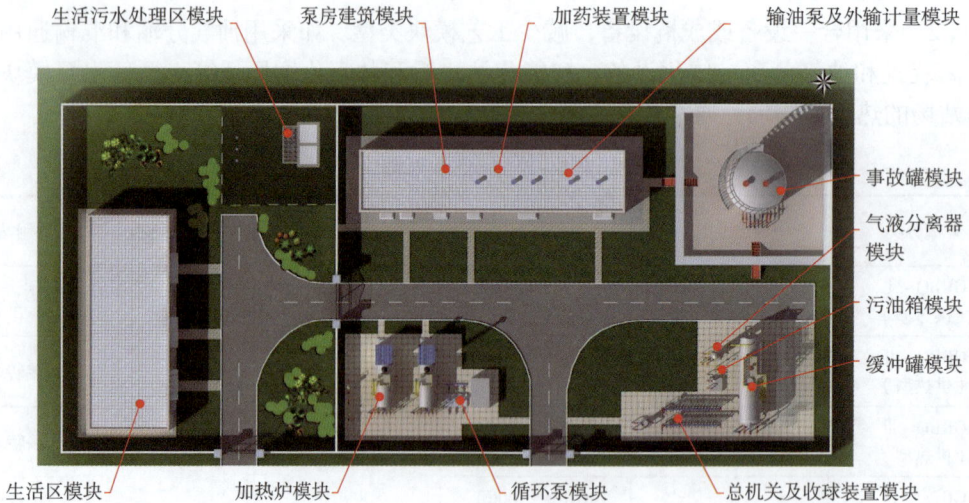

图 5–18　标准接转站模块分解

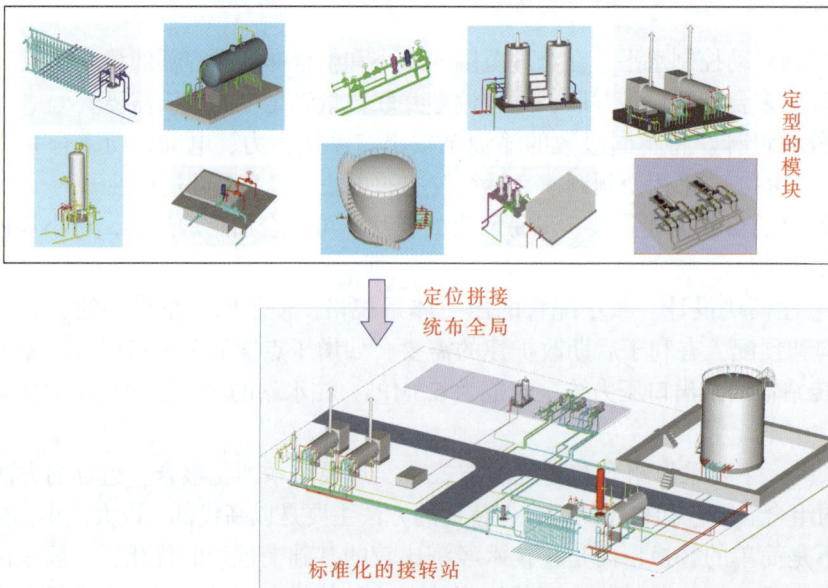

图 5–19　标准接转站模块组合

（一）丛式井场模块化设计

根据工艺流程和各主要设备及其相关的附属设备，分为6个模块（表5-6）。

表5-6 井场各模块分解和选择表

序号	模块名称	模块编号	模块说明
1	井口模块	JK-1	端点井井口
		JK-2	中间井井口
2	套管气定压放气阀	FQF	FQ型套管气定压放气阀
3	自动投球装置	TQ	PN40、DN50自动投球装置
4	稳流配水阀组	WLFZ	成套稳流配水阀组
5	数字化模块	CTEC161/01总分目	数字化设备及配套
6	水源井	CTEC 120-09	水源井井口

（二）增压点（接转站）模块化设计

依据工艺流程和各主要设备及其相关的附属设备，可分为9个模块，即总机关模块、收球筒模块、密闭分离装置模块、气液分离器模块、投产作业箱模块、输油泵模块、立式加热炉模块、外输计量模块、外输阀组模块和加药装置模块（选配）。配套辅助模块5个，即水箱模块、循环泵橇模块、增压点控制值班室模块、增压点数字化管理模块和水窖模块。通过模块组合，可满足12类增压点需要，见表5-7。

表5-7 增压点站场模块关联表

序号	模块名称	模块编号	模块说明	模块选择					
				120m³/d			240m³/d		
				分输	混输	泵到泵	分输	混输	泵到泵
1	工艺模块								
1.1	总机关	CTEC 151/01 01	六井式总机关	●	●	●			
		CTEC 151/01 02	十井式总机关				●	●	●
1.2	收球筒	CTEC 151/02 01	DN80收球筒	●			●		
1.3	密闭分离装置	CTEC 151/04 11	8m³密闭分离装置（分输）	●			●		
		CTEC 151/04 12	8m³密闭分离装置（混输）		●			●	
1.4	气液分离器	CTEC 151/08 02	φ400mm气液分离器	●	●		●	●	
1.5	投产作业箱	CTEC 151/10 12	30m³投产作业箱	○	○	○	○	○	○

序号	模块名称	模块编号	模块说明	模块选择					
				120m³/d			240m³/d		
				分输	混输	泵到泵	分输	混输	泵到泵
1.6	输油泵	CTEC 151/05 12～13	两台 6m³/h 单螺杆泵	●					
		CTEC 151/05 14～15	两台 11m³/h 单螺杆泵				●		
		CTEC 151/05 21～24	一台 6m³/h 单螺杆泵及一台单螺杆油气混输泵		●				
		CTEC 151/05 25～28	一台 11m³/h 单螺杆泵及一台单螺杆油气混输泵					●	
		CTEC 151/05 29～30	两台 20m³/h 单螺杆油气混输泵			●			
		CTEC 151/05 31～32	两台 40m³/h 单螺杆油气混输泵						●
1.7	加热炉	CTEC 151/03 11	PN4.0 180kW 立式加热炉一台	●	●	●			
		CTEC 151/03 12	PN4.0 180kW 立式加热炉两台				●	●	●
1.8	外输计量	CTEC 151/06 01	流量计（主管线 DN80）	●	○		●	○	
1.9	外输阀组	CTEC 151/11 01	DN80 外输阀组	●	●	●	●	●	●
1.10	加药装置		MDN 系列成套加药装置 MDN－800/120－1/JR	○	○	○	○	○	○
2	辅助模块								
2.1	循环泵橇	CTEC 154/02 03	循环泵橇 XHB(F)4/32－1.5	●	●	●	●	●	●
2.2	水箱	CTEC 154/03 01	5m³ 水箱	●	●	●	●	●	●
2.3	建筑		增压点控制值班室模块	●	●	●	●	●	●
2.4	水窖	CTEC 153/06 01	5～8m³	●	●	●	●	●	●
3	数字化模块								
	增压点数字化模块	CTEC 161/03	增压点（分输流程）	●			●		
		CTEC 161/04	增压点（混输流程）		●			●	
		CTEC 161/05	增压点（低渗透泵到泵）			●			●

注：●表示必须配置，○表示可选配置。

（三）注水站模块化设计

一般分为 5 个模块，即储水罐模块、污水池模块、注水泵房模块（包括喂水泵子模块、注水泵子模块和高压阀组子模块）、水处理工房模块（包括过滤装置模块、预过滤模块、加压泵模块、加药装置模块和辅助设备模块）和反洗水罐模块；另有配套辅助模块 6 个，即热水炉模块、循环泵橇模块、注水泵房建筑模块、水处理间建筑模块、注水站数字化管理模块和 15 人执勤点模块。标准化注水站各模块分解和选择见表 5－8。

表5-8 标准化注水站各模块分解和选择表

序号	模块名称	模块编号	模块说明	模块选择		
				500m³/d	1500m³/d	2500m³/d
1	工艺部分					
1.1	水罐	CTEC 152/01 01	100m³ 水罐	●		
		CTEC 152/01 02	300m³ 水罐		●	
		CTEC 152/01 03	500m³ 水罐			●
1.2	注水泵房	CTEC 152/02 01 ~ 03	16MPa，20MPa，25MPa	●		
		CTEC 152/02 04 ~ 06	16MPa，20MPa，25MPa		●	
		CTEC 152/02 07 ~ 09	16MPa，20MPa，25MPa			●
1.3	污水池	CTEC 152/03 01	10m³	●		
		CTEC 152/03 02	20m³		●	
		CTEC 152/03 03	30m³			●
1.4	水处理间	CTEC 153/03 01	1500m³/d		●	
		CTEC 153/03 02	2500m³/d			●
1.5	反冲洗水罐	CTEC 153/02 03	100m³		●	●
2	辅助模块					
2.1	循环泵橇	CTEC 154/02 03	XHB(F)4/32 - 1.5	●		
		CTEC 154/02 04	XHB(F)6.3/32 - 2.2		●	●
2.2	热水炉	CTEC 154/01 01	120kW 立式热水炉	●		
		CTEC 154/01 02	240kW 立式热水炉		●	●
2.3	建筑模块	—	注水泵房建筑模块	●	●	●
			水处理间建筑模块		●	●
2.4	执勤点	—	15 人执勤点模块		●	●
3	数字化					
3.1		CTEC 161/07	注水站数字化管理模块	●	●	●

注：●表示必须配置。

（四）供水站模块化设计

供水站可分为供水泵和调节水罐两个工艺模块。另外配套辅助模块5个，即热水炉模块、循环泵橇模块、供水泵房建筑模块、执勤点模块和数字化管理模块。站场各模块分解和选择见表5-9。

表 5-9 站场各模块分解和选择表

序号	模块名称	模块编号	模块说明	模块选择		
				1000m³/d	2000m³/d	3000m³/d
1	工艺部分					
1.1	水罐	CTEC 153/02 01	100m³ 水罐	●		
		CTEC 153/02 02	200m³ 水罐		●	
		CTEC 153/02 03	300m³ 水罐			●
1.2	供水泵	CTEC 152/01 01	2.5MPa，4.0MPa，6.3MPa	●		
		CTEC 152/01 02	2.5MPa，4.0MPa，6.3MPa		●	
		CTEC 153/01 03	2.5MPa，4.0MPa，6.3MPa			●
2	辅助模块					
2.1	循环泵橇	CTEC 154/02 03	XHB(F)4/32-1.5	●	●	●
2.2	热水炉	CTEC 154/01 01	120kW 立式热水炉	●	●	●
2.3	建筑模块		供水泵房建筑模块	●	●	●
2.4	执勤点		执勤点模块	●	●	●
3	数字化					
3.1		CTEC 161/09	注水站数字化管理模块	●	●	●

注：●表示必须配置。

第五节　设备定型化设计

一、概述

多年来，工程技术人员始终坚持一般和通用设备依托市场，关键及核心设备自主研发的设备管理理念，目前已有数量众多的各类通用设备应用于油田地面工程建设领域，对于维持油田正常生产发挥着举足轻重的作用。近年来，在标准化设计的实践中，设备技术创新结合超低渗透油藏开发特点，以工艺设备定型化为重点，通过对流程和结构的不断优化，使油田地面工程设备技术水平得到了快速提升，为油田快速发展作出了积极贡献。

工艺设备是模块的核心构件，要求规范参数、固化尺寸，即统一设备标准、统一技术参数、统一外形尺寸、统一接口尺寸、统一订货标准。

工艺设备定型设计是标准化设计的核心内容之一。设备定型化的基本要求如下：

（1）优先采用先进、高效、节能、环保、维护方便的设备，并注重现场实用，优选生产应用成熟的工艺设备。

（2）达到通用设备的功能和结构标准化，非标准设备外形尺寸和接口方位要符合定型化的要求。

（3）要求设备的连接方式和执行标准统一，便于替换和维修。

主要定型化工作如下：

（1）在标准化设计中优先强化设备定型化工作。对于容器、储罐等非标准设备，按照相关标准、规范进行全面修订，通过优化设备结构、规范外部接口、配套防腐保温、完善设备系列等方法，形成满足生产需要的定型图库，直接服务于标准化设计。

（2）对于外购的通用、标准设备如加热炉、输油泵、加药装置等设备，加强了设备优选与生产厂方的沟通，统一设备的接口方位、规格和技术标准，提高了相同设备不同生产厂家间产品的通用性，流程如图5-20所示。

（3）围绕破解超低渗透油藏开发中降低建设运行成本等技术难题，设备研发以集成化、橇装化、露天化为重点，对现有生产设备进行技术创新和升级，形成了一批具有自主知识产权的一体化橇装设备，推动油田地面工程技术进步。

除自加工设备容器外，在设备定型方面，基本可做到涵盖绝大部分油气田产能建设的关键设备类型（表5-10）。

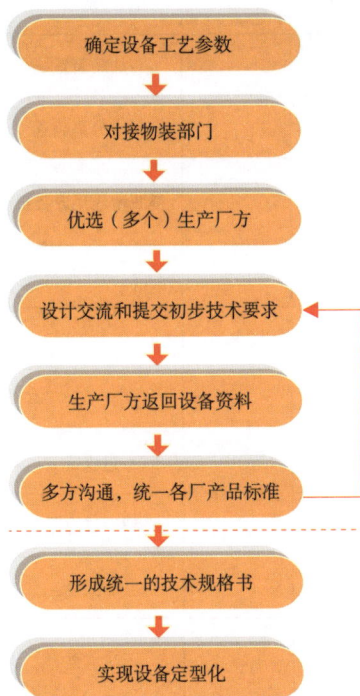

图5-20 外购设备定型化工作流程

表5-10 定型化设备一览表

序号	分类	定型设备	规格和型号	备注
1	标准化井场			
1.1		采油井口装置	KY-50型简易采油井口装置（4.0MPa）	
1.2	集输部分	定压阀	FQ型套管气定压放气阀（PN40，DN50）	
1.3		投球器	CTEC-TQ-50-40自动投球装置	
1.4	注水部分	注水井口装置	KY-65型高压注水井口装置	
1.5		稳流配水阀组	GLZ-25/25JS-I稳流自控流量仪 LCK-25/25-2稳流自控流量仪	
2	增压点			
2.1		收球装置	自动收球装置CTEC-SQ-80-25、 CTEC-SQ-100-25	
2.2		混输泵	CS系列节能型双头单螺杆泵	
2.3		输油泵	CQB型曲杆泵	

序号	分类	定型设备	规格和型号	备注
2.4		过滤器	LPGK 快开盲板过滤器	
2.5		加药装置	MDN 系列成套加药装置 MDN - 800/120 - 1/JR	室外型 一箱一泵
2.6		集成分离装置	气液分离集成装置 (用于油气分输)20m³ (8m³)	合一设备
2.7		橇装增压集成装置	SIU - 120/25 - Ⅲ、SIU - 120/25 - Ⅲ 数字化橇装增压集成装置	合一设备
2.8		投产作业箱	30m³ 投产作业箱	
3	注水站			
3.1		反洗泵、加压泵	KQW 型卧式直联离心泵	
3.2	水处理部分	过滤器	LXQ 型纤维球过滤器	
3.3		精细过滤器	LSBC 型 PE 烧结管精细过滤器及配套装置	配套空压机、化学再生机等
3.4		加药装置	成套加药装置 CKJY - 500 - 2/60 - 2	
3.5		注水泵	3175Pa 系列高压三柱塞注水泵 5125S 系列五柱塞注水泵	
3.6		喂水泵	ISZ 系列单级离心泵	
3.7	注水部分	过滤器	DLG150I - 1.6 型篮式过滤器	
3.8		泵连软管	16JRH 型低压泵连软管 200BLJR 型高压泵连软管	
3.9		流量计	LUSHZ/S (J) T - E 型磁电式旋涡流量计	
4	供水站	供水泵	FDYD 型卧式多级离心泵	
5	联合站			
5.1		加药装置	MDN 系列成套加药装置 MDN - 800/120 - 2	两箱两泵
5.2		输油泵	FDYD 型卧式多级离心油泵	
5.3	集输系统	三相分离器	HXS 系列高效三相分离装置	
5.4		过滤器	LPGK 快开盲板过滤器	
5.5		溢流沉降罐	300 ~ 5000m³ 重力式溢流沉降罐	

续表

序号	分类	定型设备	规格和型号	备注
5.6	污水处理	污油污水预处理装置	CKFL 型污油污水预处理装置	合一设备
5.7		反应器	CKSF 型反应器	
5.8		提升泵	KQL 型立式直联离心泵	
5.9		水力排泥器	SPQ – P – I 型水力排泥器	
5.10		污泥脱水装置	CKNC – I 型	合一设备
5.11		成套加药装置	JY – 1000 – 5/60 – 5 加药装置	合一设备
5.12		自然沉降罐	300 ~ 5000m³ 自然沉降罐	
		混凝沉降罐	300 ~ 5000m³ 混凝沉降罐	
5.13	采出水回注		包括过滤器、精细过滤器、加压泵、反洗泵、注水泵、加药装置、流量计等设备，规格和型号与注水站一致	设备采用防腐型，电动机配套防爆型
5.14	消防部分	冷却水泵、泡沫泵	XBD 型卧式离心消防泵	
5.15		泡沫比例混合装置	PHZY 型泡沫比例混合装置	
6	公用部分			
6.1	变配电	井场柱上变	S11 型节能变压器	
6.2		户外落地式变电站	S11 型节能变压器	
6.3		附设式变电站	S11 – M 型节能全密封变压器	
6.4	供热	立式水套炉	CLHG 型立式水套加热炉 CLHG（T）180（240 – Y/4.0 – A Ⅱ /Q（250kW 以下）	用于增压点：配供引射式主母火气动燃烧器
6.5		卧式负压水套炉	CHJ 型卧式水套加热炉 CHJ400（600，800 – Y/6.3 – Q/Z（250 ~ 800kW）	用于接转站、脱水站，配供引射式主母火气动燃烧器
6.6		卧式真空加热炉	CZHJ 系列卧式真空加热炉 800kW 以上采用真空相变加热炉，2000kW 以上采用分体式真空相变加热炉	用于联合站、输油站，配备引射式主母火气动燃烧器
6.7		循环泵组	XHB(Z)12.5/32 – 3.0、XHB(F)4/32 – 1.5 等成套橇装设备	循环流量不大于 12.5m³/h
6.8			循环泵（IGR 泵）、补水泵（ISG 泵）、除污器(03R402/12)	循环流量大于 12.5m³/h
7	数字化部分		以数字化项目部发布的数字化产品定型定价清单为准，共 34 项	

接下来主要对油田应用最广泛、最常用的非标准设备，诸如橇装设备、压力容器和立式储罐等油田生产典型设备进行重点介绍。

二、典型压力容器设计

（一）分离缓冲装置

分离缓冲装置（图 5-21）主要用于油田接转站和增压站，具备气液分离、来液缓冲和储存等功能，罐内液位远程显示，可实现远程自动控制。装置简化了地面生产工艺流程，尤其当上游来液不均衡时，在缓冲的作用下能确保输油泵平稳运行，实现了装置的远程自动控制。

主要参数：设计压力 0.78MPa；设计温度 50℃；工作介质为密度小于 920kg/m³ 的含水原油；设备处理量 1000m³/d。

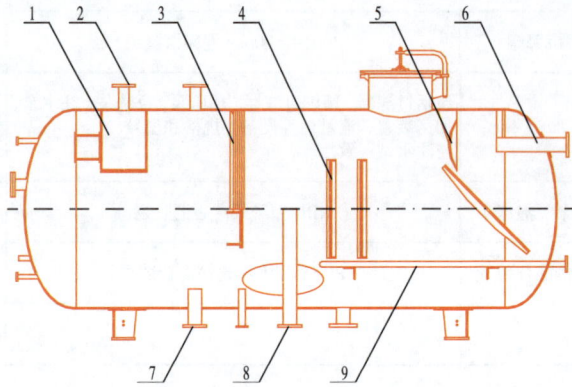

图 5-21   分离缓冲装置简图

1—旋风捕雾装置；2—气体进口；3—整流器；4—破沫网；5—动量吸收器；6—油气进口；
7—油出口一；8—油出口二；9—加热盘管

（二）伴生气分离器

气液分离器（图 5-22）主要用于油田接转站和增压站的伴生气处理，采用气液离心和重力分离原理，通过切向进口装置、伞板结构和捕雾装置等实现对伴生气中液相的分离。

主要参数：设计压力 0.78MPa；设计温度 50℃；工作介质为油田伴生气；设备处理量 1.9~4.5m³/d。

适用范围：本装置适用于伴生气处理量小于 4.5m³/d 的油田站场。

三、立式储罐

立式储罐见图 5-23 和表 5-11，参照 GB 50341《立式圆筒形钢制焊接油罐设计规范》进行设计，按 GB 50128《立式圆筒形钢制焊接储罐施工及验收规范》进行制造。

适用范围：适用于储存非人工制冷、非剧毒的石油、化工等液体介质，且介质的储存密度小于或等于 1000kg/m³。

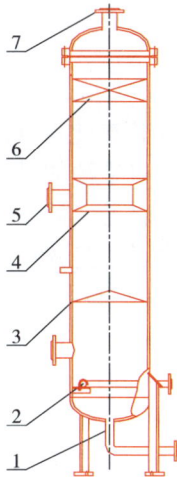

图 5-22　伴生气分离器简图

1—排液口；2—加热盘管；3—伞板结构；4—切线进口结构；
5—气体进口；6—捕雾装置；7—捕雾元件

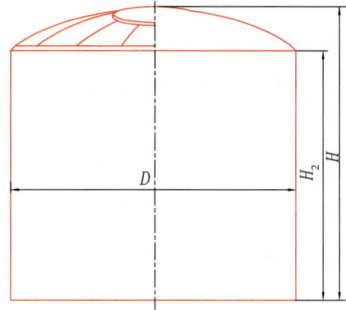

图 5-23　立式储罐简图

表 5-11　10 ~ 5000m³ 立式储罐系列

公称容积，m³	计算容积，m³	罐体内径 D，mm	罐壁高度 H_2，mm	罐体总高 H，mm	罐体质量，kg
10	11.3	2400	2500	2750	1227
20	21.9	3000	3100	3420	1890
30	32.7	3400	3600	4012	2456
40	41.9	3800	3700	4212	2909
60	62.4	4300	4300	4962	3780
80	81.4	4800	4500	5340	4530
100	111	5140	5335	5924	5621
200	234	6580	6875	7619	9265
300	333	7710	7115	7985	11686
400	427	8240	7995	8923	13885
500	557	8920	8895	9896	17302
700	727	10200	8895	10039	21987
1000	1110	11500	10675	11957	31435
1500	1788	14600	10675	12299	46412
2000	2239	15700	11555	13295	55567
3000	3497	18900	12455	14547	77822
5000	5471	23640	12455	15069	114515

四、橇装设备

（一）橇装增压集成装置

橇装增压集成装置（图5-24）是按照超低渗透油藏油田标准化设计的要求，为适应油田现场生产自动化管理需要而自主研发的新产品，装置将井口来油的过滤、加热、分离、缓冲、增压等功能集于一体，设计配套远程终端控制系统，满足多种原油集输工艺流程，可实现远程智能控制及现场无人值守。相比原有增压点，优化了工艺流程，节约了土地占用，提高了自动控制水平，降低了工程投资，填补了国内油气集输工艺设备集成橇装技术的空白，为油田地面工程进一步优化和实现一级半布站模式创造了条件。

主要参数：来油压力小于0.4MPa；来油温度大于3℃；外输压力2.4MPa，3.2MPa；外输温度30~35℃；加热负荷200kW，300kW；气油比小于80m³/t；处理量120m³/d，240m³/d。

适用范围：装置适用于处理量小于240m³/d、外输压力低于3.2MPa且介质气油比小于80m³/t的原油增压外输站场。

（二）智能橇装注水装置

智能橇装注水装置主要由水箱、注水泵、成套水处理装置、控制系统、阀门管线、计量仪表及橇座等组成，具备水源来水、过滤、加药、升压、计量、回流等多种功能，可满足油田注水工艺需要。装置投用后相比原有注水站，能有效缩短建设周期，节约占地面积，降低工程建设和运行成本。

图5-24 橇装增压集成装置

主要参数：处理量100~300m³/d；系统压力16MPa，20MPa和25MPa。

适用范围：装置适用于处理量小于300m³/d、系统压力低于25MPa的油田注水站场。

（三）油气分离集成装置

油气分离集成装置（图5-25）由缓冲分离和气液分离两部分组成，缓冲分离部分设有动量吸收器、缓冲板、消泡元件、气体整流元件以及末端弦丝捕雾装置，设备下方设有加热盘管；气液分离器内部设有离心分离筒、预分离伞、丝网除雾元件等。装置具备油气分离、缓冲、气体冷却、气液分离等功能，且集成度高，操作简便。

图 5-25 油气分离集成装置

主要参数：设计压力 0.78MPa；设计温度 50℃；工作介质为密度小于 920kg/m³ 含水原油。

（四）定时自动投球装置

定时自动投球装置（图 5-26）主要用于井场集油管线的清蜡作业，该装置安装在井场出油管线上，可根据管线流量和结蜡状况设定投球时间间隔，通过定时自动投放带有编号的实心橡胶球，自动完成管线清蜡作业。该装置极大地降低了现场操作人员的劳动强度，节约了生产运行成本。

图 5-26 定时自动投球装置

主要参数：设计压力 2.5MPa；工作介质为含水原油。

适用范围：本设备适用于 DN50 规格的井场集油管线。

（五）定时自动收球装置

定时自动收球装置（图 5 - 27）用于油田原油集输站场清蜡橡胶球的收取作业，该装置安装在站场来油管线上，将装置与终端控制系统紧密结合，设定时间后可实现定时自动收球作业。

图 5 - 27 定时自动收球装置资料照片

主要参数：设计压力 2.5MPa；工作介质为含水原油。

适用范围：本设备适用于 DN50，DN65 和 DN80 规格的站场集油管线。

第六章 模块化建设

在上一章中，我们介绍了标准化设计、模块化设计、设备定型化设计、地面工程布局标准化等重要内容，本章将在上章的基础上，结合超低渗透油田开发的实际，重点介绍模块化建设的主要做法及应用效果。

第一节 概　　述

一、油田建设条件

鄂尔多斯盆地石油资源丰富，含油层位多，复合连片，是我国中西部重要的原油生产基地。原油储层普遍具有低渗透、低压、低丰度特征，开发难度很大。同时超低渗透油田开发地面建设工程面临严峻困难，归纳起来有以下几个方面。

（一）自然环境复杂

油田地面工程建设大部分位于鄂尔多斯盆地山区、沙漠以及黄土高原地带，地形条件差，尤其是建设于深山中的场站，对于工程施工建设来说其环境十分恶劣，场站建设地域多是无人居住区，通信联络受到极大影响，场站工人的生活和工作条件异常艰辛。

（二）油田开发环境复杂

长庆油田开发区域覆盖陕、甘、宁、蒙等省、自治区，属地社会经济发展战略不同，民众生活方式、文化习俗、民风民俗也各不相同。盆地内不同的社会环境，给油田开发维护造成极大困扰。

（三）交通运输条件差

在开发初期，很多场站没有交通路线。一般情况下，修筑临时便道进行运输，工程建设所用材料、设备不能按期到达指定地点，使工程进度受到影响。

（四）建设工程可依托条件差

油田场站建设地区大多荒无人烟，除了需要自行修筑交通道路外，职工生活设施，工程施工用电、用水系统、地材的采购得不到保证。

（1）场站地处偏僻，职工生活可依托的条件差，需要自己建设临时住地。

（2）工程用电成为工程施工顺利进行的重要影响因素，一般须自己发电。

（3）工程用水系统建设周期长，建成前期工程施工用水、职工饮用水主要从外部拉运，当工程用水量大时难以保证供给。

（4）在工程建设中，部分工程材料尤其是土建材料需要就地采购，场站坐落偏僻，地材采购困难极大。

（五）远离中心城市，材料设备订货周期长

材料、设备供应滞后是影响工程建设周期的主要因素。场站所处位置远离中心城市，拉长了供货周期,加之设备材料规格型号多变,须从不同的厂家订购,使得订货周期延长,尤其是关键工序的物资,一旦供应延迟,将使整个作业线拉长,施工工期得不到保证。

（六）场站建设周期长,难以满足要求

在以往传统的施工方式下,大型场站的建设周期比较长,建设能力低,基本是跨年工程,不能满足大规模开发的需要。

二、标准化设计、模块化建设的必要性

（一）环境保护的需要

通常一项工程的建设从前期准备到工程完工甚至到后来的几十年,工程中产生的工业垃圾、工业废气、废水、噪声、粉尘等处理不当,或多或少会对周边环境产生不同程度的污染和破坏,这些破坏反过来又阻碍了企业的发展和社会进步。面对环境保护的挑战和油田发展需要,加大技术攻关力度,科学规划,积极探索超低渗透油藏新的建设模式,努力处理好资源开发与环境保护的关系,把对环境的影响降到最小。标准化设计、模块化施工技术的规模应用,不仅能加速场站工程建设、缩短建设周期,而且减少了对周边环境的污染、弱化了污染程度,实现了保护与发展的良性循环。

（二）加快建设速度的需要

根据国家能源战略的需求,鄂尔多斯盆地要在近期实现 $5000 \times 10^4 t$（油气当量）工作目标,超低渗透油藏开发进入全新的快速发展阶段。繁重的建设任务需要全新的设计理念和超常规的工程建设方法,保证设计水平、建设水平和管理水平的全面提升。结合以往油田地面建设工程的自身特点,经过对系统最优化分析和创新完善,将标准化与模块化建设思路用于油田场站施工,探索出一条适合超低渗透油藏地面工程建设特点的标准化设计、模块化施工技术,减少设计周期,超前预置,加快了场站进度,缩短了施工周期,符合大油田管理、大规模建设要求,具有良好的经济效益。

（三）提高工程质量,确保油田安全生产的需要

众所周知,油田场站工艺管道敷设的外在质量和焊接质量严重影响油田生产的安全性能,场站工艺管道材质、规格型号繁杂,为施工工艺的制定带来困难。标准化设计、模块化施工将使工艺管道材质、规格标准化,通过基地作业线加工,不受现场条件制约,便于实现加工工艺的持续改进及优化,利于质量的提高。首先,加工基地良好的作业环境、平整的工作平台和车间、机械化操作和较大模块的预制,以及现场的组装化生产确保了工艺参数;其次,将部分工作由现场施工改为车间式施工,既减轻了劳动强度,又提高了工艺质量,如自动化焊接规避了大量施工现场手工焊接人为因素的影响,使焊接合格率上升到96%以上,从根本上保证了工程质量和安全。

（四）工程管理技术创新的需要

标准化设计、模块化建设,既是管理创新,更是技术创新。场站设计标准数据库系统的建立,是标准化设计、模块化施工的先决条件,大到油田规模、小到单个场站的设计,都有赖于材料、设备、施工控制等系列的标准数据库,以支撑设计的标准化和数字化管理。标准化设计、模块化施工流水作业线的生产方式使生产程序固化,每一工序的衔接都界定清晰,管件设计标准参数具体明了,生产过程的固化及材料、规格的标准化,极大地方便

了施工过程中的规范化管理。

第二节 模块化建设的工艺技术要求与基本条件

模块化建设将复杂的工艺分解为多个单一的工作，只需通过简单重复的工作，即可达到提高工作效率和产品质量的目标。以先进技术工艺为支撑，模块化建设大量引入平行作业工序，将土建、安装、调试等施工作业进行深度交叉，达到缩短建造工期、提高施工质量的目的。

一、主要工序

模块化建设的工艺流程如图6-1所示。

（1）功能区块划分：按照使用功能，将场站划分为若干模块，根据运输及吊装等条件，进而将功能模块细分为施工预制模块，并制定相应作业指导书，指导现场作业。

（2）分项预制：在设计模块基础上绘制单线图，编制现场管段组装工艺卡与管段下料表，制定相应作业指导书，指导现场作业。

（3）流水作业：从下料、坡口加工、管段组对、管道分层焊接、分片组装、整体组装、现场安装几个环节实现流水作业。

（4）组件成模：利用单线图分段预制、分片组装，实现各功能区块的现场组配安装。

（5）现场拼装：现场插件式快速拼装作业。

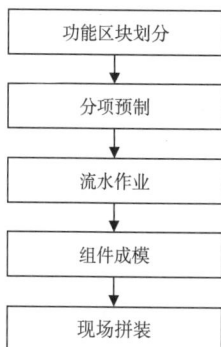

图6-1 工艺流程图

二、基本条件

（一）组件预制工厂化

建立模块化预制工厂，按照标准设计划分功能模块。一改过去场站露天施工恶劣的环境，将原有的现场施工改为厂房施工，采用先进的施工设备，实现自动化和机械化工厂作业，为高质量产品的生产提供了硬件保障。

（二）工序作业流水化

按照施工工艺合理配置资源，形成工序衔接，流向顺畅，各工序操作单一简捷、高效可靠的工序交接制（图6-2至图6-4）。

（三）过程控制程序化

编制程序化过程控制文件，健全组织机构，明确岗位职责，实行流程顺畅、规范操作、统一标准、统一标识的过程管理。

（四）模块出厂成品化

组件装配成大的模块出厂，使得产品的系列化、互换性大大增强，且方便运输（图6-5）。

（五）现场安装插件化

模块在现场以插件形式安装，如图6-6所示。尽量减少现场作业，适应快速建站的需要，便于维修。插件式拼装高效、快速，不易变形。现场安装接头少，优化了焊口检测位置，减少了高空作业，保证了工程的本质安全。

图 6-2　组件预制

图 6-3　作业流水化

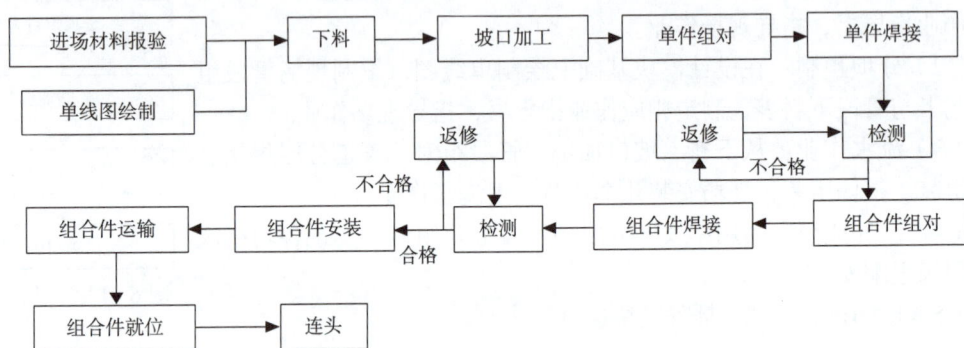

图 6-4　工序作业流水化示意图

图 6-5　模块出厂成品化

图 6-6　现场安装插件化

（六）施工管理数字化

统一数据模型，整合项目管理系统，实现信息资源共享，满足施工过程数据的可追溯性及标准规范要求（图6-7）。

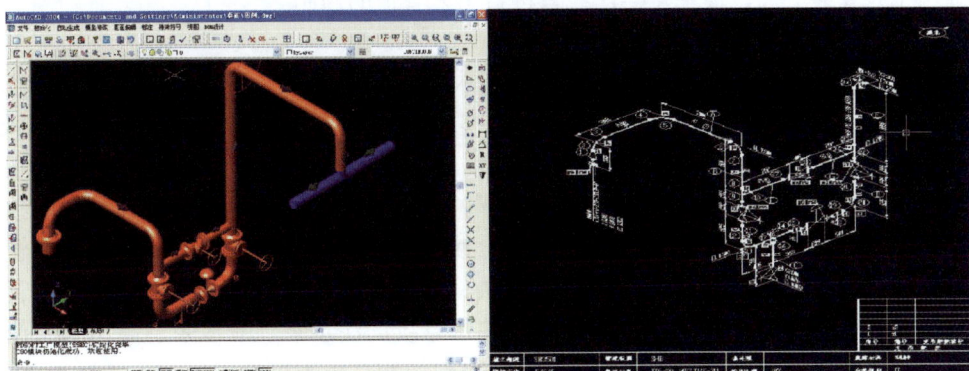

图6-7　施工管理数字化

第三节　模块化建设的主要做法

一、模块分解与单线图和管段图

模块是指具有标准尺寸和标准件，且主要部位具有可选性的最终产品预制单元。模块化建设以场站建设为例，就是将油田场站划分为几个模块，根据运输及吊装等条件，对功能模块进一步划分为施工预制模块，绘制单线图，编制现场管段组装工艺卡与管段下料表，确定焊口编号规则，制定相应作业指导书，指导现场作业，使下料、坡口加工、管段组对、管道分层焊接、分片组装等现场作业变为工厂流水作业，随后将预制好的组件运送到场站按模块进行安装。

（一）模块的分解

1.模块分解原则

1）工艺管线以所处专业区域划分原则

在同一个模块，一般情况下都是输油工艺管线、水处理工艺管线、供热工艺管线等多专业工艺共同作用来实现模块的功能，虽然所属系统专业不同，但在模块化生产预制方面的各道工序都是一致的。如罐区，有输油工艺管线、采暖热回水管线、消防工艺管线等，在模块划分时将所有专业划分在一个罐区模块中，集输工艺管道的预制是模块主要的工作量，因此将采暖、消防工艺管线整体划分在储罐模块中。加热炉模块也同时包含集输工艺和采暖工艺，不因工艺所属专业进行划分。

2）土建、电气仪表与工艺模块独立原则

土建施工不牵涉管线的加工、预制，而主要是对设备基础等进行预制，这两个专业在模块化预制生产加工过程中作为两个独立作业的过程，不存在交叉；电气仪表的预制件、加工方法以及预制成品件属性与工艺管道模块预制存在很大的差别，并且电气仪表专业只能进行电气仪表件的预制，而不能进行大型模块的预制加工；再者，电气仪表预制件全站场内各个模块的预制都是相同或相似的，能形成标准件的成套加工。因此将土建和电气仪表专业与工艺安装分离，模块化生产线只进行工艺管道的预制。

3）平面布置功能划分及流程细分原则

通常可按场站各区块功能、平面布置进行模块划分。遵照平面布置功能划分及流程细分原则，罐区、加热炉、总机关等模块在流程中功能、平面布置都相对独立，比较容易划分，考虑到罐区平面布置在一个区域内，采用防火堤进行隔离，并且工艺管道预制重复性很高，可划分为一个大的模块。气液分离器、缓冲罐、污油箱等区块虽然工艺流程上具有独立的功能，但从平面布置上看比较紧凑，进行细分使得模块的数量增加，使模块化生产管理变得复杂。所以，按照平面布置划分为一个模块，各自功能相对独立，各模块在工艺管道预制上没有相似性，因此划分为独立的模块；注水系统的注水泵、喂水泵、高压阀组位于同一个站房内，则分别划分为注水泵模块、喂水泵模块和高压阀组模块。

2.模块接口原则

1）室内功能模块与室外总图区块

室内布置的功能模块与室外总图区块相连接构成整个工艺流程网络。室内管线引出后与室外管线的连接长度不等，不能以焊口作为接口，按照模块分割的统一性、规范性，以及预制模块拉运过程中的防变形要求，规定室内区模块与室外总图模块以墙外1m为界进行分割。按照上述平面布置图，经过划分后，就可将整个室内区模块与室外模块进行有效分离。

经过分割，将室内模块整体划分出来，形成一个大的区块，如图6-8所示。

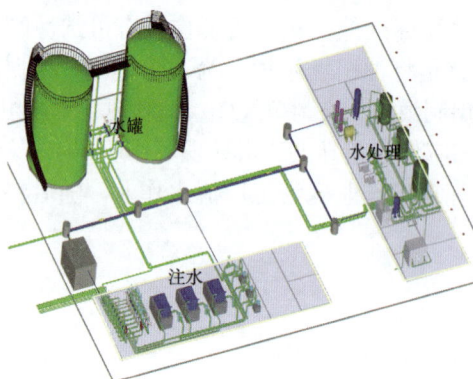

图6-8　注水站模块布置图

在室外以总图模块相连接，然后对相邻室内模块进行分割。对注水站室内总模块区的划分如图6-9至图6-11所示。

2）相邻室内模块的分割

相邻室内模块一般都是通过一条或两条管径较大的埋地管道相互连接起来，为进行模块的独立完整分割，必须将连接管线断开，因为其间有一道隔墙，如果预制模块的管道穿墙的长度过大，会给模块就位安装带来困难，因此，在模块分割时规定相邻模块的分割以相对简单模块一侧离墙0.5m为界。如果连接管线在离隔墙距离较近时有焊接点，则直接选取该点为模块分解的断点，避免增加施工作业量。

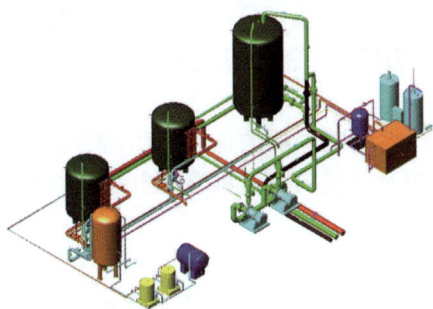

图 6-9　注水站水处理间

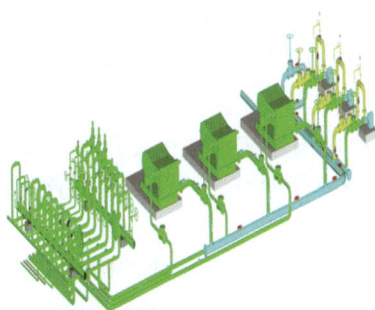

图 6-10　注水站注水泵房

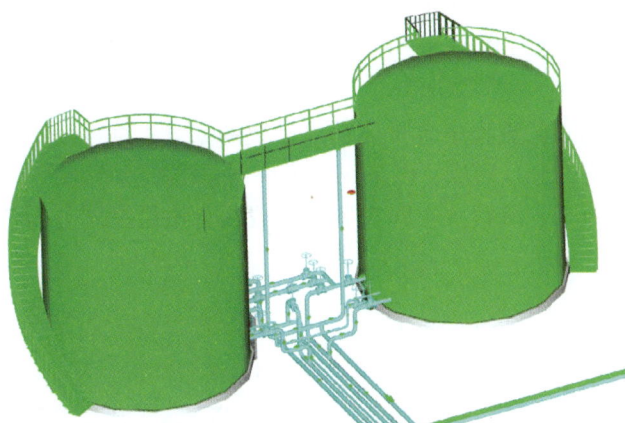

图 6-11　注水站水罐模块

3）同一室内布置有多个模块的分割

注水站注水泵、喂水泵、高压阀组均在同一室内进行布置，进行模块划分时，不对接口的位置进行具体的数字规定，而是以现场预制为主，规定同一室内布置的多个模块以模块与连接干线的其中一个连接焊口为分界点，这样就避免了将同根长管线进行分段安装，避免增加工作量。

4）罐区功能模块与总图区模块以防火堤为界

首先，储罐区在场站平面布置中整体独立存在，外围以防火堤、罐区道路将其与其他功能区块完全分离，实际工程建设中，一般将防火堤以内罐的制造安装、罐区埋地管线安装等作为一个整体考虑；其次，罐区内沉降罐、脱水罐虽然功能有差异，但模块化工艺预制安装复制性很大。综合以上两方面原因，罐区功能模块与总图模块以防火堤为界进行分割，形成一个大的功能模块。

5）室外功能模块的接口

由于室外总图埋地管网都是采用整体一次性铺设的施工原则，将室外模块按照平面区块进行整体的切割分离，在实际施工中增加了施工难度，同时也增加了作业量及施工成本，并且室外埋地管线一般规格较大，如果进行模块化预制，也给预制固定、防变形带来困难。考虑到现场安装以及模块化生产条件，室外模块以地面以下管子与埋地干线连接口为分界点进行模块分解。场站内加热炉、缓冲罐、分离器、污油箱、分离器、消防水罐区、净化水罐、除油罐等都是以模块地下引线与干管连接点为接口，将各模块独立分割出来。

6）高压电气系统模块的接口

高压电气系统模块由变压器、配电屏以及变压器到配电屏的母线桥组成，模块的外部接口为与户外架空线路和变压器连接的进线柱，以及电缆与配电屏高压开关连接的连线端子。

7）常压电气系统模块的接口

常压电气模块由配电屏引出电缆、电动机、启动控制设备、配电箱、照明器具等组成，其引入接口以配电屏出线端子为界，出线接口以电气接线盒、照明器具引入端为界。

8）仪表模块

仪表模块由中央控制盘、仪表柜、连接电缆及一次仪表组成，整个模块为一个完整的系统，不进行模块分割。

（二）模块分解成果

经过以上对各场站工艺流程中各具体功能模块的划分，结合场站平面布置，将各细分模块进行有效的整合或细分，形成了以下场站模块划分结果。

联合站模块：按照工艺流程及空间布置，一般联合站最终划分为包括总图模块在内的22个模块，如图6-12所示。

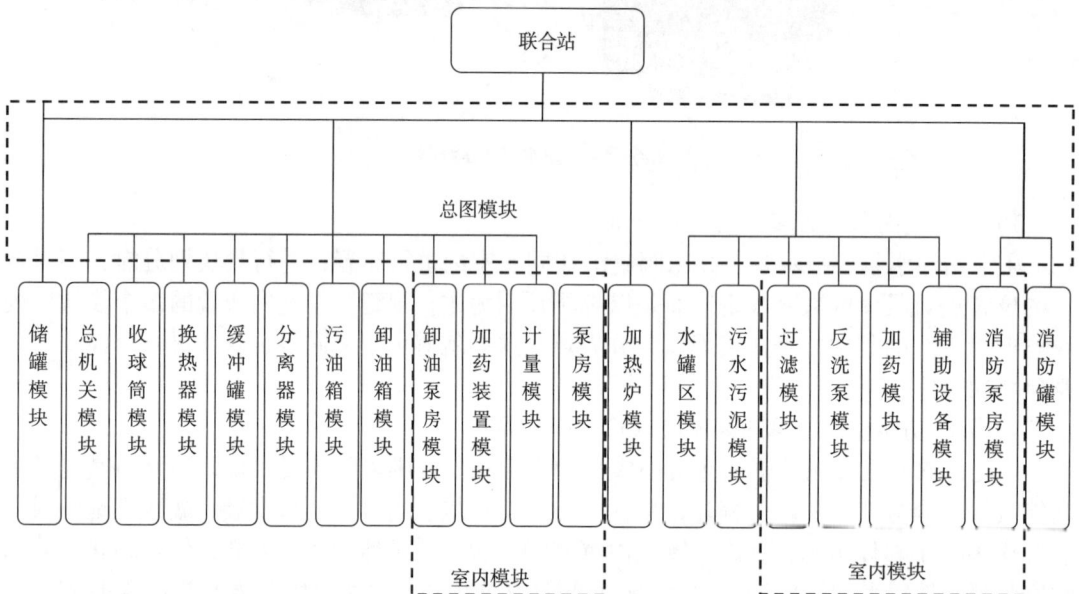

图6-12 联合站模块划分图

接转站模块：按照工艺流程及空间布置，可将接转站划分为包括总图模块在内的11个模块，如图6-13所示。

注水站模块：按照工艺流程及空间布置，将接转站划分为3个功能区块、包括总图模块在内的10个模块，如图6-14所示。

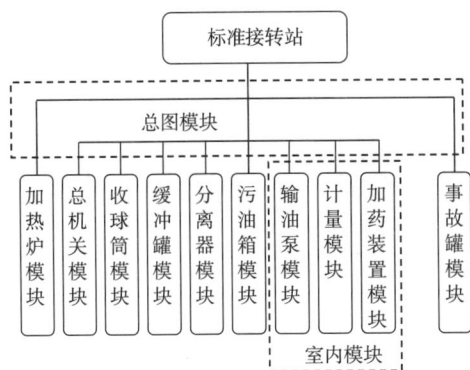

图 6-13 接转站模块划分图

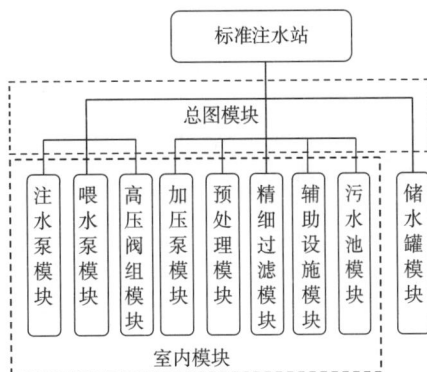

图 6-14 注水站模块划分图

（三）单线图描述工艺管线方法

按照对场站模块的分解，绘制模块预制单线图。单线图绘制分两部分，首先是绘制模块的整体组装效果图，再在整体组装图的基础上对模块进行详细的分解，分解图中要对管线的信息细化到每一元件。

1. 单线图对管线的描述方法

1）模块内管线流水号的表示

由于管线的属性不同，其压力等级、材质、质量等有不同的要求，为便于质量控制以及数据分析总结、了解模块流程的功能用途，在单线图中标注管线的属性、所属模块以及在模块中位置编号等信息，以英文字母和阿拉伯数字表示。

管线编号如图 6-15 所示。

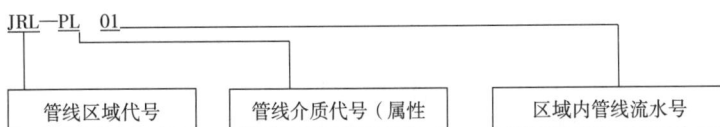

图 6-15 管线编号示例

通过以上对管线的表示，实现了管线编号的唯一性。在所有模块中，每一条管线都有自己独立的、唯一的编号，便于工程施工数据统计、分析。

2）管线焊口的编号方法

焊接质量是模块化生产质量控制的重点，焊缝编号信息必须完整，要实现对数据的可追溯性，便于质量控制和原因分析、责任落实。

编号原则：场站代号—区域代号—管线介质代号、区域流水号—焊口序号—焊工钢印号。

焊口编号如图 6-16 所示。

在单线图中设置了焊接明细表（表 6-1），内容包括焊缝的外观检查、热处理情况、无损检测情况等，方便在施工时对数据的记录以及施工后对数据的收集整理。现场记录和单线图上的标识保持相互统一，在施工中将发生变更的数据及时地移植到单线图中，实现了全部焊口数据的真实性及可追溯性。

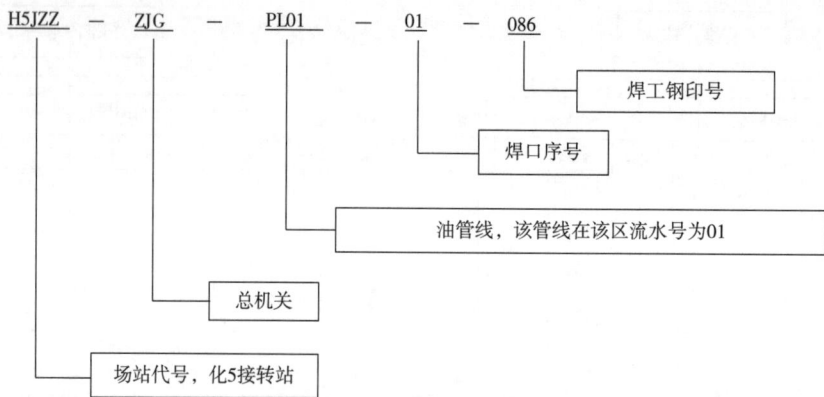

图 6-16　焊口编号示例

表 6-1　焊接信息表

焊口代号	焊工代号	检验状态（合格 O，不合格 ×）					备注（报告单号）
		焊口预热温度	外观检查	RT	UT	热处理	
XXJZZ-FLQ-RG01-H01F							
XXJZZ-FLQ-RG01-H02W							
XXJZZ-FLQ-RG01-H03W							
XXJZZ-FLQ-RG01-H04F							
XXJZZ-FLQ-RG01-H05F							
XXJZZ-FLQ-RG01-H06M							
XXJZZ-FLQ-RG01-H07F							

　　如图 6-17 所示，在单线图中以圆点表示焊口，以箭头引出标注焊口编号，在图中按照顺序编制。H 代表焊口，数字为焊口序号，后面的 F 表示管段与法兰连接的法兰口，W 表示管段与弯头连接的弯头口，M 表示马鞍口，D 表示与大小头连接的焊口，S 表示三通焊口。

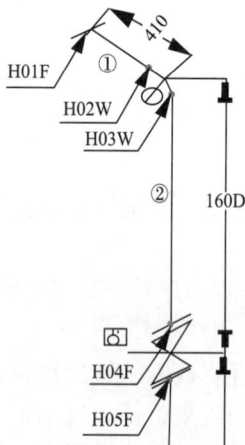

图 6-17　单线图上焊口的表示说明

　　在单线图右侧的焊口信息框中，进行了完整的焊口编号统计，如 XXJZZ-FLQ-RG01-H01F，XXJZZ 表示该模块所处场站为某接转站，FLQ 表示分离器模块，RG01 表示该管线在模块中的位置编号，H01F 为焊口号，管段与法兰连接。

　　在现场施工中，焊工会随作业安排发生调整，预热、热处理、无损检测都要根据现场实际来确定，因此为保证数据的真实性以及采集的及时性，设置了焊口信息栏，除了编号之外，还设置了焊工编号、预热、热处理、无损检测部分的信息表格，方便数据采集。

　　2. 单线图对管件及阀门的描述方法

　　模块化建设以单线图指导整个预制生产过程，因此单线图的分解必须细化到图中的每一个元件。在单线图中，每一条预制管线上的元件如管段、弯头、阀门等，用①②③…进行编号，为方便统计说明，在编制时，对于规格、尺寸完全相同的管件、设备可以用相同的数字进行编号，如弯头、阀门。单线图管件的编号说明如图6-18所示。图中，①至④表示管段，⑤表示阀门，⑥表示弯头。

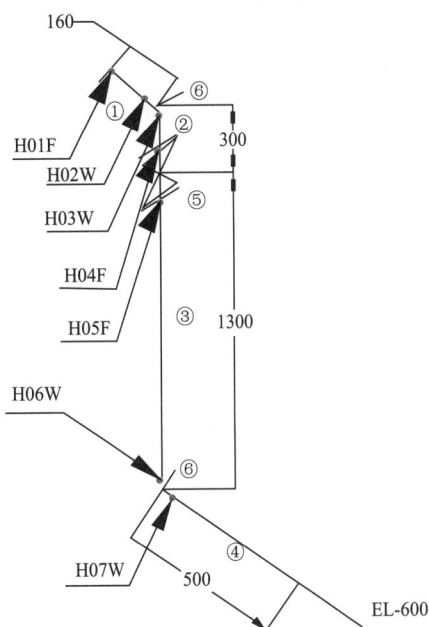

图 6-18　单线图管件的编号说明

　　表6-2为单线图中的管件信息栏，表中对按照一定顺序编号的管段进行了材质、规格、连接方式等的描述，又对阀门、弯头从名称、型号、规格、数量方面按照标注序号一一对应，并进行详细说明，型号、规格等和图纸设计上的要求一致，在用单线图指导预制施工时，就可保证管件、设备的正确安装。

表 6-2　单线图管件信息表

管道代号：		FLQ-CW02				管道等级：		
管道起止点：			设计温度（℃）：			设计压力（MPa）：2.5		
	件号	名称	材料	规格	管段长	连接		描述
管子	1	无缝钢管	20	φ48×4.0		BW		
	2	无缝钢管	20	φ48×4.0		BW		
	3	无缝钢管	20	φ48×4.0		BW		
	4	无缝钢管	20	φ48×4.0		BW		
管件	件号	名称	标准型号	规格		材料	数量	描述
阀门	5	闸阀	J41H-25	DN40			1	
弯头	6		GB/T12459-2005	90′ DN40 R=1.5d		20	2	STD20
焊缝数：7								

（四）单线图对工艺加工过程的描述方法

单线图中包含有模块化预制施工的所有相关信息，可以对模块化预制的整个加工生产过程进行描述。

1. 下料

单线图中的材料信息栏相当于一个局部的料表，可以对管段的下料加工进行指导，材料信息栏中包括管段的材质、规格，在图中可以查到管段的长度，并且整个管线上的单个管段都有编号，不需要查阅设计图纸就可以进行管段下料。

图 6-19 是分收球筒模块编号为 PL01 的管线预制单线图，图中①至⑤是所要进行下料的管段的编号，图中有下料长度尺寸，在单线图右侧的信息栏中，可以查阅规格、材质，在对各信息查阅清楚后，按照编号顺序依次进行管段的下料、切割以及坡口加工。

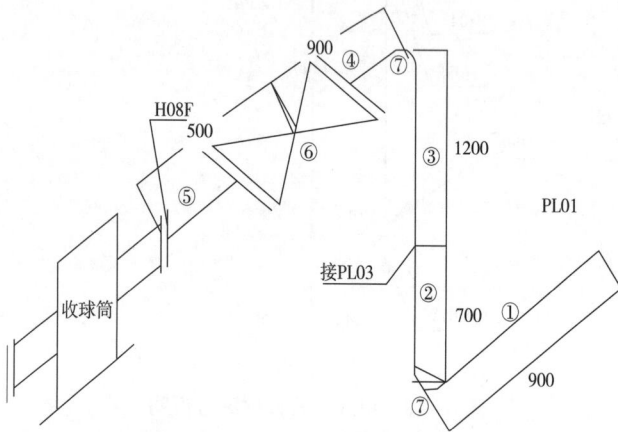

图 6-19　收球筒 PL01 管线预制单线图

2. 组对、焊接

下料、坡口加工完成后，进行简单件的组对。一般都是管段和弯头、管段和阀门、管段和大小头的组对焊接，在单线图上对弯头、阀门、大小头的型号等都有具体的说明。图 6-19 中，⑥代表的是阀门，⑦代表弯头，对号领取法兰、弯头等管件，管段与管件的连接方式均为焊接连接，以图中焊编号顺序 H01W，H02W，H04W 至 H08F 依次进行管段与弯头、管段与法兰片的组对焊接，简单件焊接完成后，以法兰的连接方式进行复杂件的安装，完成整个流水线 PL01 的预制工作。

按照同样的预制加工方法和顺序，完成流水线 PL02 和 PL03 的预制生产。利用单线图上的编号顺序就可以指导完成模块分解形成的管道流水线的组对安装。

单线图上的焊接信息表实现了对焊接、无损检测等过程的数据化描述。

3. 组件成模

各管道流水线组装完成后，按照模块安装单线图上的管线号和安装位置，进行模块组装，形成预制成品。

收球筒模块预制是完成 PL01 至 PL03 流水线的预制后，将 PL01 和 PL02 按照图 6-24 所示进行安装，然后进行 PL03 的安装，PL03 是通过连接的方式与整个模块相连接的，所以在连接时要明确两个连接点的位置，预制件非固定管段尺寸可以进行再加工，以保证安装精度。

收球筒模块分解预制从上而下进行，将整个模块分解成 3 条管道流水线，分别绘制分解单线图，按照分解单线图上的材料设备信息进行下料、组对焊接、简单件的组合以及复杂件的安装，完成每一条管道流水线的预制。组件安装是按照从下到上的顺序进行，先组合形成每一条管线，再按照安装单线图，将各管线进行组合安装形成预制模块。

对于大型设备，需要在现场进行安装的，模块预制形成每一条管道流水线，然后在现场对预制成的管线进行插件式的安装。

二、三维设备仿真模型库

三维设备模型库是三维设计、设备管线安装的基础，经过近 3 年的不断研究与积累，借助三维辅助设计，成功地建立了三维设备仿真模型。

（一）管道属性定义

如何对集油站工艺流程进行优化，以利于集中处理站进行模块化组合是工艺流程优化的重点。通过对站场工艺流程优化，提出化整为零、功能分区、先分后合、属性定义的工艺流程设计思路，即将站场工艺流程按功能及固定数字序号分为若干个工艺区，整座站场流程功能由工艺流程和流程框图组成。然后，对站场内所有管道属性进行属性数据化定义，以便对站场内所有管线进行数据化管理并预配管线。

（二）三维仿真模型库

运用三维设备模型库，实现对集气站、联合站、接转站、注水站等场站和工艺管道的三维设计，对管道空间走向、工艺流程、模块的空间布设和各场站布局一目了然，详见图 6 - 20 至图 6 - 27。此外，在模型中还引入属性概念，如管道的属性，属性不同管道的表示方法不同，即便是同一模块中的工艺管道，也能明显区分出其所在的管线流程系统。

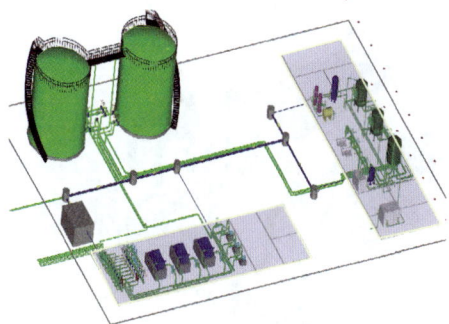

图 6 - 20　注水站三维仿真模型　　　　　图 6 - 21　接转站三维仿真模型

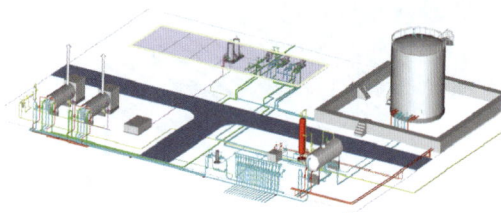

图 6 - 20 和图 6 - 21 设计的是标准注水站和接转站的三维仿真模型，图中管线的走向、连接、空间所处的位置、整个流程表征清楚，从三维仿真图上可以很便捷地进行布局以及流程的优化。

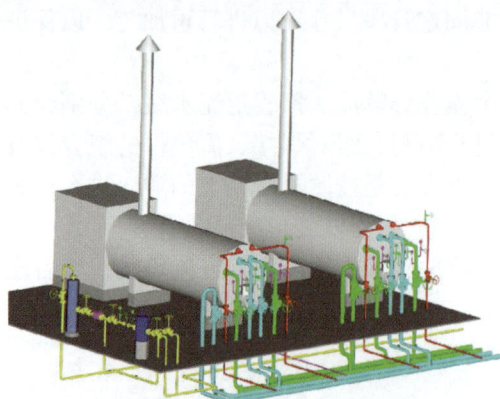

图 6 - 22　加热炉三维仿真模型

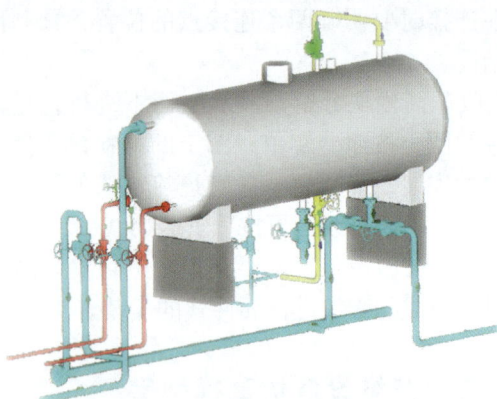

图 6 - 23　缓冲罐三维仿真模型

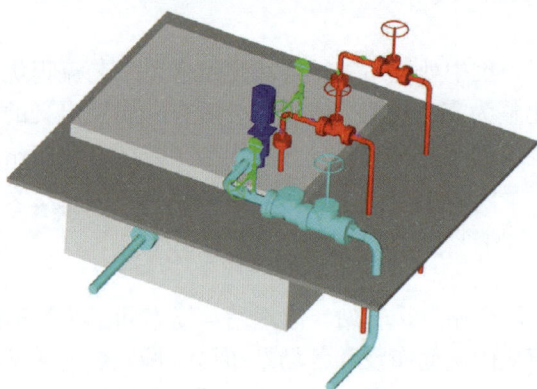

图 6 - 24　污油箱三维仿真模型

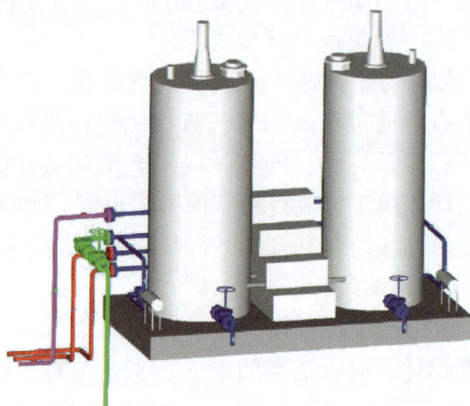

图 6 - 25　加药间三维仿真模型

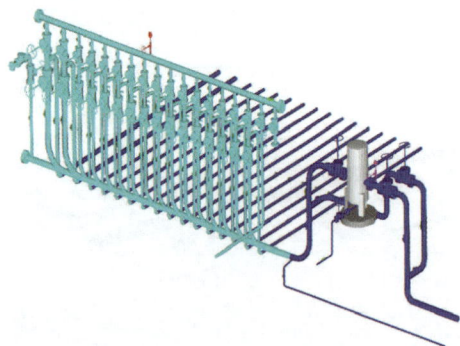

图 6 - 26　总机关三维仿真模型

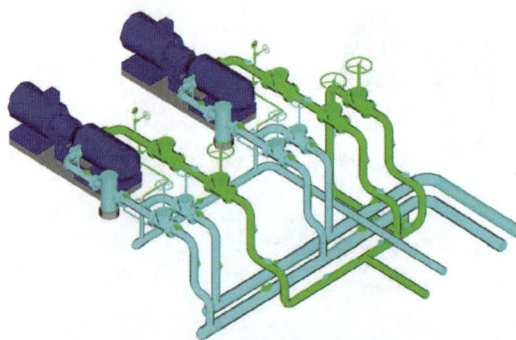

图 6 - 27　输油泵三维仿真模型

图 6 - 22 至图 6 - 27 中，不同的管线属性使用不同的颜色表示，蓝色为进油管线，绿色为出油管线，红色是热回水管线，黄色为油气混合管线，根据颜色即可以看出管线的属性，设计中不容易混淆。

三维仿真设计以其直观性和易区分性,在进行场站设计时,只需从三维模块数据库中调出所需模块,进行总流程的改造与相互的连接整合,形成整个场站的三维设计,直观高效,便于场站整体施工控制。

三、自动统计材料、自动检查管线碰撞

三维设计是将现场具体的安装按空间坐标反映在图纸上,可借助三维辅助设计方便实现管道安装的自动检查,能够避免管线碰撞、管道接口错误、管道漏缺等管线安装二维设计中常见的问题。由于是按照空间坐标设计,根据图纸即可完成安装材料的自动统计,提高了设计速度和质量。

四、专业模块化分解技术

模块化施工技术是对油田场站工艺安装,先分解后整合的一种施工技术。即将场站划分为几个功能模块,根据运输及吊装条件,对功能模块进一步划分为施工预制模块,绘制单线图,编制现场管段组装工艺卡和管段下料表,确定焊口编号原则,制定相应作业指导书,指导现场作业,使下料、坡口加工、管段组对、管道焊接、组合件组装等现场施工转变为工厂流水线作业,然后再将预制好的组件运输到场站,按模块进行插件式安装,形成功能模块。

（一）分项预制

首先把功能模块分解为复杂组合件,最终分解成简单组合件。

简单组合件为不多于两个管件或两个管段组合在一起的半成品工件。分为管—三通、管—弯头、管—法兰等形式,是模块分解的最小单元（图6-28）。简单组合件的单一性,为采用短管焊接作业提供了有利条件。

图6-28　简单组

复杂组合件系由多个简单组合件组合起来的半成品工件,如图6-29所示。

（二）流水作业

流水作业的特点体现为简单、重复、高效、可靠,是将组合件预制按工序分解为多个单一工件,经过进行简单重复的工作来体现的（图6-30）。

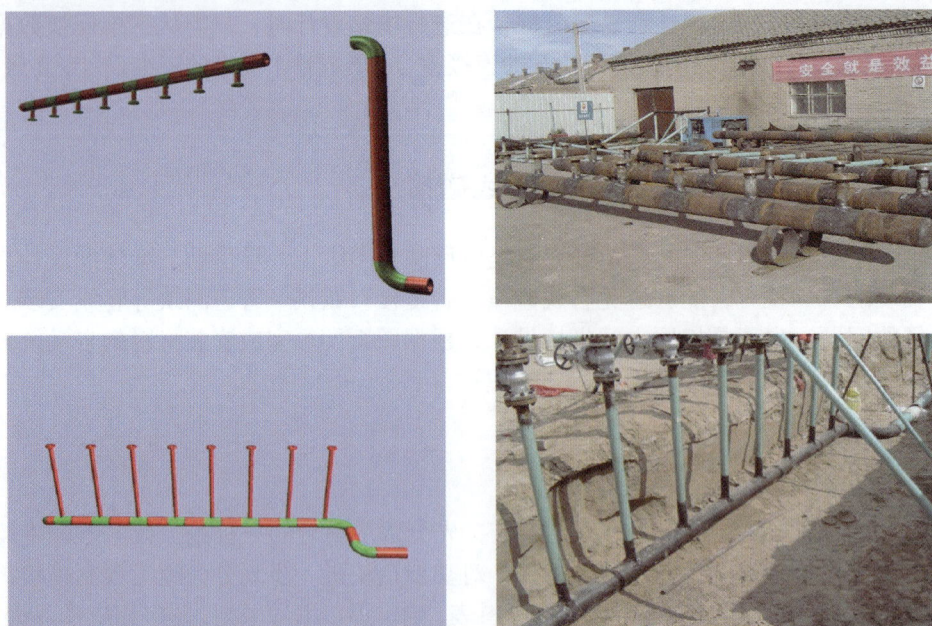

图 6 - 29 复杂组

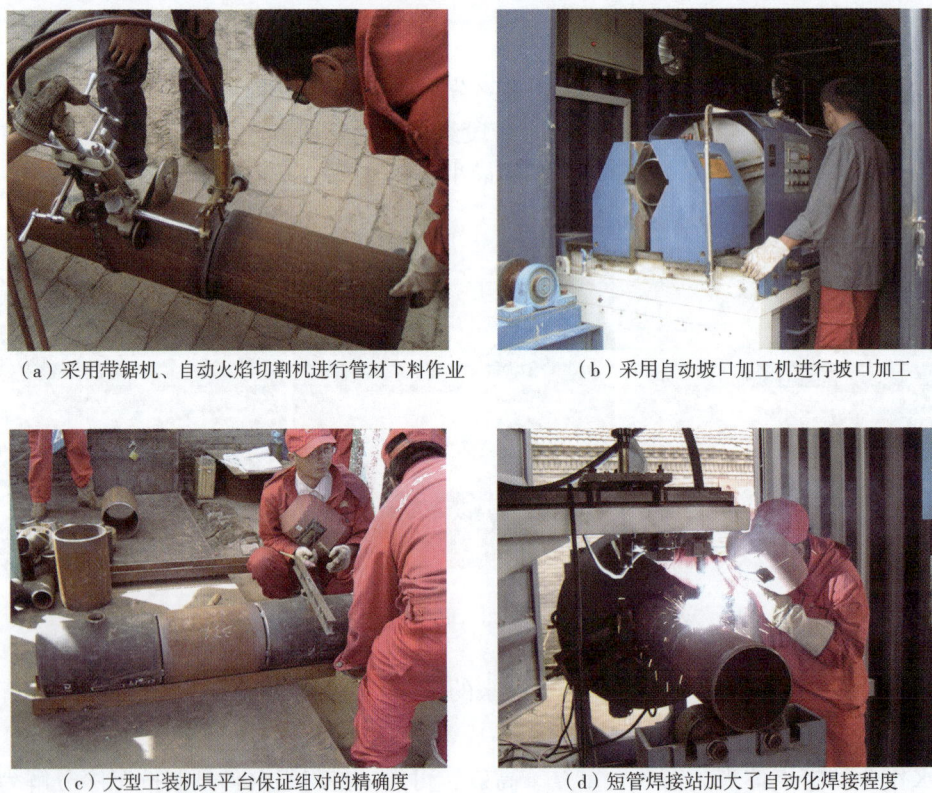

（a）采用带锯机、自动火焰切割机进行管材下料作业

（b）采用自动坡口加工机进行坡口加工

（c）大型工装机具平台保证组对的精确度

（d）短管焊接站加大了自动化焊接程度

图 6 - 30 流水作业

（三）组建成模

组件成模，即是将预制好的简单组合件组装成若干个复杂组合件，再将复杂组合件组装成预制模块。

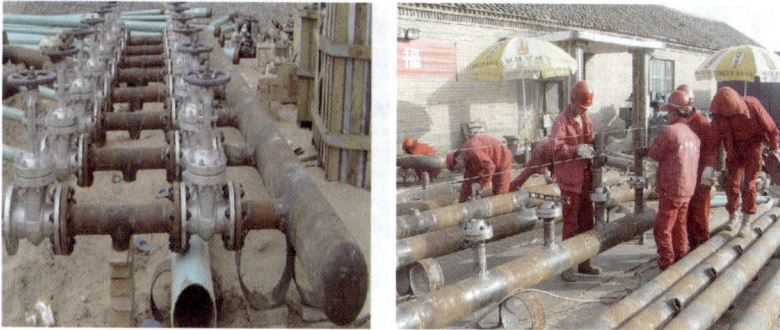

图6-31　组建成模

利用管段图分段预制、分段组装，有效控制了组件的焊接变形和整体组装尺寸精度，预配质量大幅度提高；标准件系列加工成套化，加工件互换性更强，适合规模化生产；作业流程固化，操作熟练程度提高，加快了预制效率。组件成模如图6-32所示。

（四）现场拼装

将预制模块运抵施工现场，进行插件式快速拼装，形成功能模块。采取固定夹具对预制模块进行刚性固定，防止其在运输过程出现变形，如图6-33和图6-34所示。

图6-32　分离器区现场拼装　　　　图6-33　分离器区模块

五、工厂化预制

（一）管段、管件坡口机械化加工技术

高速坡口机、带锯机和自动切割机等现代化切割设备的使用，弥补了以往下料、坡口加工采用氧乙炔火焰加工方法的不足，实现了管件作业的机械化，优势在于材料浪费小，坡口加工速度快，一次成型好，下料尺寸精确，杜绝了加工误差，如图6-34所示。

（二）自动焊技术在集油站预制中的应用

采用短管焊接站技术，实现了集油站焊接作业工厂化，优化了焊接方位，提高了焊接机械化程度；CO_2气体保护焊工艺，改善了焊接工艺条件，使焊缝外观成型美观，一次合格率极大提高。焊接作业区设置轨道预制移动焊接如图6-35所示。

图6-34 坡口加工区设置箱式坡口加工工作站

图6-35 焊接作业区设置轨道预制移动焊接

六、站场狭窄空间检测工艺

在场站工艺管道的检测过程中，存在着高空、沟下、工序交叉等诸多问题，需要不断优化检测工艺，加快检测进度，提高施工质量。

（一）双壁单影透照法

当无法采用中心透照法对管子进行检测时，如小直径管道焊缝、死口、连头等狭窄空间及几何不清晰度无法满足中心透照法要求的焊缝应采用双壁单影透照法。对于公称直径小于250mm的管道环缝双壁单影透照时，透照厚度比K值和一次透照长度可适当放宽，但整圈焊缝的透照次数（表6-3）应符合下列要求：

（1）当射线源在钢管外表面的距离不大于15mm时，可分为不少于三段透照，互成120°。

（2）当射线源在钢管外表面的距离大于15mm时，可分为不少于四段透照，互成90°。

表6-3 双壁单影透照表

工件外径 D_0，mm	100	108	114	133	159	168	219	273	325	377
焦距 F，mm	450	450	450	450	250+D	250+D	150+D	150+D	150+D	150+D
一次透照长度，mm	45 ~ 79	49 ~ 85	52 ~ 90	60 ~ 104	72 ~ 125	76 ~ 132	115 ~ 172	142	205	237
透照次数 N	4 ~ 7	4 ~ 7	4 ~ 7	4 ~ 7	4 ~ 7	4 ~ 7	4 ~ 7	6	5	5
工件外径 D_0，mm	406	426	457	508	559	610	660	813	1016	—
焦距 F，mm	150+D	150+D	150+D	150+D	150+D	150+D	150+D	150+D	150+D	—
一次透照长度，mm	255	268	287	319	351	383	415	511	638	—
透照次数 N	5	5	5	5	5	5	5	5	5	—

注：表中 D 为管道公称外径。

（二）小管径接头的透照布置方法

（1）$D_0 \leqslant 89$mm 钢管对接焊缝采用双壁双影透照，焦距不得少于600mm，射线束的方向应满足上下焊缝的影像在底片上呈椭圆形显示，焊缝投影内侧间距以 3~10mm 为宜，最大间距不超过15mm。透照次数一般应不少于两次，即椭圆显示应在互相垂直的方向各照一次；当上下焊缝椭圆显示有困难时，可做垂直透照，透照不少于三次，互成120°。

（2）40mm < D_0 ≤ 89mm 的钢管采用平移法（向阳极侧平移），平移法要验证焊口是否在有效透照区，平移距离是否小于 $0.36L_1$（L_1 表示透照距离），避免出现白头现象。

（3）20mm < D_0 ≤ 40mm 的钢管宜采用角度法。射线透照小径管布置时，不需要理论计算，只需调节射线机焦点辐射角度，拉开粉线，由射线源 A 点经过焊口上表面 B 点至焊口下表面 C 点，目测或度量 CD 两点之间的距离为 3~10mm，则可立即准确确定椭圆开口间距，保证了透照工作质量，提高了检测速度。

（三）检测方法现场应用

现场制作检测平台，优化检测位置，降低安全风险和施工难度，提高检测率，保证检测质量，可缩短检测周期，加大了交叉作业深度，提高了工作效率（图6-36）。

图6-36 现场检测

（四）检测作业的系列化管理

根据无损检测标准和检测程序管理文件的要求，将已经探索成熟的检测工艺归纳整理，同时将特殊工件的检测工艺完善后，形成检测工艺卡，一并纳入检测管理资料数据库，用以指导检测作业人员进行规范化、系列化检测作业。

七、 SCADA 系统在工程建设中的应用

油田生产运行远程监控，数据信息传输的水平和质量直接关系到生产管理中心的运行，运行维护及紧急情况下的关断操作，是生产运行管理的灵魂。SCADA 系统包含了现场和管理中心各电脑分机间的随机数据传输，包括各检测点的温度、流量、含水、含硫、分离器液位、污水液位等状态，各单井产量、压力及运行状况和生产报表的传递。应用 SCADA 系统可以实现远程应急操作，有效防止事故扩大，实现生产现场站、单井的远程监控。

SCADA 系统的模块化建设，是把各自动控制子系统按工艺系列分解建模，划分为不同的模块，工厂化完成一次仪表及现场配管、固定支夹具、接地系统等工艺，现场组装进行各接口的连接、电缆敷设等完成系统组合。

要实现自控系统模块化建设，就必须要解决单体检测、模块间组合调试和检测的技术问题。鉴于此，在项目研究过程中，我们历经反复实验，采用在线检测和组合调试的方法，较好地解决了各模块之间信号传输、系统误差补偿和纠正等技术难题，控制效果极佳。

八、设备、机具的合理配置及工装研制配套

（一）平面布置

在模块化预制厂内按照施工工艺流程合理设置施工区域，配置现代化施工设备。例如短管焊接站、等离子切割机、物流系统等，优化工艺配置，工序紧密结合，充分发挥了工厂化流水作业的优势。

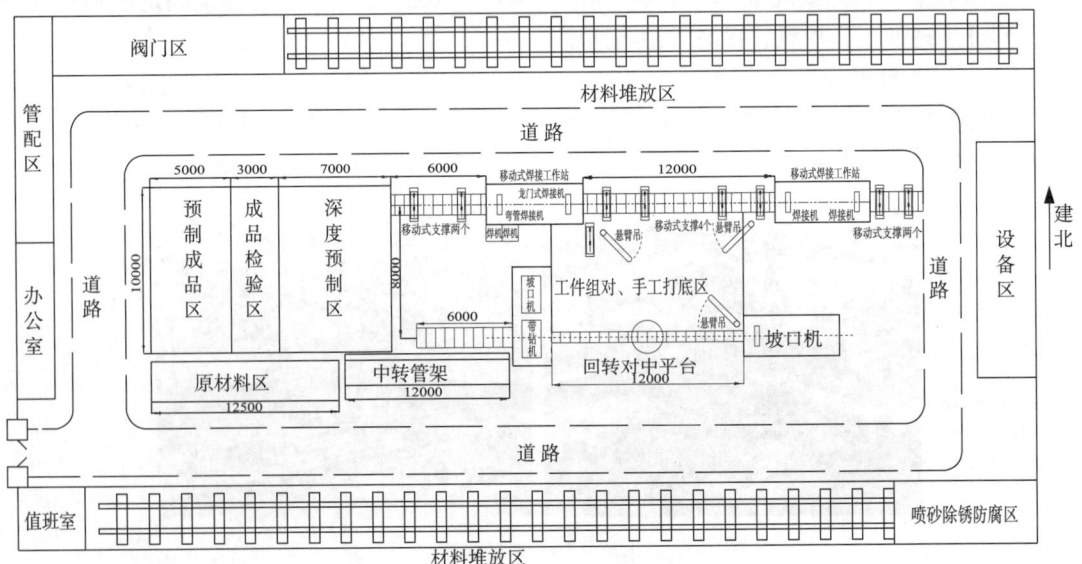

图 6-37　模块化预制厂平面布置图

模块化预制厂（图6-37）按工序进行区域划分，主要分为原材料区、喷砂除锈防腐区、坡口加工区、工件组对区、深度预制区、焊接作业区、成品检验区和成品堆放区。

除考虑场地的设置要求外，还针对工序特性，对材料检验、下料、坡口加工、组合件组对、组合件焊接、复杂组合件组装，实行质量三检制、工序交接制，形成科学的流水作业程序，保证了预制模块的加工质量（图6-38）。

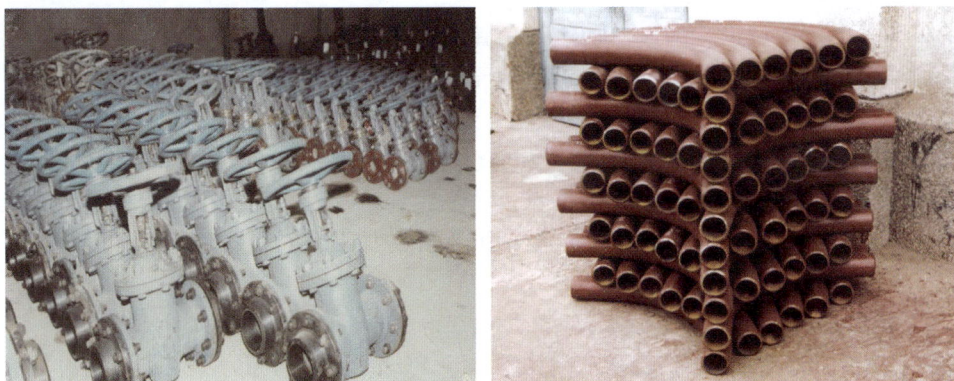

图6-38 设置专门的阀门区、管配区

（二）下料、切割及坡口加工机具的研制选型

在进行设备机具配置之前，首先通过对施工中常用下料切割以及坡口加工设备的调研，结合建设工程中在用机具设备性能分析，为设备选型提供依据。

1. 氧乙炔火焰切割

氧乙炔火焰切割技术，是油田场站建设施工中常用的切割技术，氧乙炔火焰切割速度较慢，切割面呈锯齿状，成型很差，由于多是手工进行操作，人为因素较大，无法保证焊接质量，较适合于小管径薄壁管的切割，但无法进行不锈钢切割。

2. 等离子切割

等离子切割，是利用高温等离子电弧的热量使工件切口处的金属局部熔化（和蒸发），并借助高速等离子的动量，排除熔融金属以形成切口的一种加工方法。等离子切割技术是现代工业中广泛应用的切割技术，其优点在于等离子切割速度快，当切割厚度不大的金属尤其是普通碳素钢薄板时，速度可达氧乙炔火焰切割法的5~6倍，切割面光洁，热变形小，几乎没有热影响区。

等离子切割法可以切割一切金属材料，还可以进行X形坡口、V形坡口、Y形坡口和K形坡口的加工。

3. 带锯切割

金属带锯切割机，是一种采用带锯旋转式连续进给实现切割加工的机具，广泛应用于切割各种金属材料。由锯架、开关、导向架、带锯、轮箱、锯轮、固定架、机身、电动机，以及减速、冷却、液压装置组成，机体装备有测量装置，机身下装配有可移动的机座。带锯与机身工作面夹角为60°，增加了工作台面空间，从而增大了工件的加工范围，省电，噪声低，是锯床的更新换代产品。

4. 自动坡口机加工

自动坡口机具有行进速度快、加工质量稳定、工作时无须人工推扶的特点，因其是冷加工方式，不改变材料金相，加工后无须修磨，焊接质量好。自动坡口机加工长度无限制，并且灵活、便携，既适合大批量生产，又可分散在焊接现场灵活应用。适合加工普通碳钢、高强钢、不锈钢、耐热合金、铝合金等各种材料，多用于管径大于 DN50 的管道加工。

5. 车床加工

车床可以进行任意形状的坡口加工，尤其对于小管径（DN25～DN50）的管道坡口加工极为方便。可以加工内坡口，在组对件壁厚不同时，可对厚壁管进行处理，以保证组对焊接精度。

（三）特种钢管的下料切割和坡口加工技术

油田地面工程所用管材统计分析表明，除普通管材外，接转站中需要大量双金属（复合层为不锈钢）复合管和不锈钢管，这类特种管件的加工，对设备选配和加工提出了较高要求。

1. 不锈钢管的切割及坡口加工技术

通常，人们把含铬量大于 12% 或含镍量大于 8% 的合金钢称为不锈钢。这种钢在大气中或在腐蚀性介质中具有一定的耐腐蚀能力，并在较高温度（> 450℃）下具有较高的强度。含铬量达 16%~18% 的钢称为耐酸钢或耐酸不锈钢，习惯上统称为不锈钢。

不锈钢内铬、镍元素的存在，使不锈钢表面生成了一层高熔点的氧化膜（Cr_2O_3 的熔点为 2000℃左右，NiO 的熔点为 1900℃左右），从而阻碍了切割的进行，如果过热则会使不锈钢表面丧失耐腐蚀性能，一般采用带锯切割机进行切割，但是带锯切割机有其自身的局限性，即切割合金须使用合金锯条，该锯条属易损耗件且锯齿易崩坏。现在油田现场多使用等离子切割机进行管材切割，不锈钢坡口加工采用坡口机、车床加工等方法。

2. 双金属复合管的切割及坡口加工技术

1）双金属复合管加工性能

双金属复合管结合了碳钢管与不锈钢管的优点，以碳钢管为基材，充分发挥碳钢管优良的力学性能和价廉特征，以耐腐蚀不锈钢材料为防腐复合层，使得双金属复合管具有优异的耐腐蚀性和优良的力学性能。从其结构不难看出，双金属复合管存在双层结构，如果层与层之间受力过大，会发生分层现象，制定特殊的坡口加工工艺就显得尤为必要。

2）双金属复合管坡口加工工艺

（1）方法一：分层进行坡口加工。

双金属复合管衬管的厚度一般为 1~2mm，管线坡口采用 V 形坡口，在加工坡口时，只对基层部位的坡口进行机械加工，使内外层结合处不受力，避免内外层发生分层，多用坡口机、车床进行加工。具体形式如图 6-39 所示。

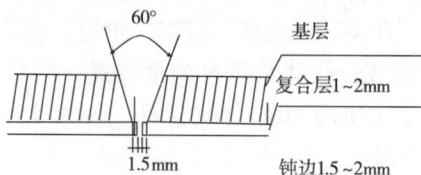

图 6-39 双金属复合管坡口加工图

（2）方法二：利用等离子切割机加工坡口。

等离子加工双金属复合管的坡口，可完全避免机械加工造成的复合层内外结合处发生脱层现象，且不受钝边厚度的限制（图6-40）。

图6-40 等离子切割机

由于管材种类规格较多（表6-4），为提高加工速度，模块化生产车间内对不同材质、规格的管材进行分类加工，充分利用自动设备的高效性，以及其他坡口加工设备对特殊规格、尺寸管材坡口加工的优越性来进行管件的坡口加工。

表6-4 不同管材加工方式分类表

管件名称	材质	规格范围	壁厚，mm	坡口加工方式
钢管	20/L360	DN200 ~ DN400	—	等离子切割机
	20/L360	DN50 ~ DN200	> 10	等离子切割机
	20/L360	DN50 ~ DN200	< 10	自动坡口机
	—	DN25 ~ DN50	—	车床
双金属复合管	—	—	—	等离子切割机、车床
内坡口加工	—	—	—	车床、坡口机

（四）多种焊接技术

在油田地面建设中，焊接无处不有。焊接质量直接关系到整个产建工程质量。按照使用机具人员的不同，分为手工焊、半自动焊和自动焊；根据焊接方法不同，分为电焊、气体保护焊和埋弧焊等。气体保护焊又分为氩弧焊、二氧化碳气体保护焊，以及混合气体保护焊。传统工艺管线主要采用手工焊方法，焊接工艺为氩弧焊打底、手工电弧焊填充盖面。鉴于模块化生产的多材质、多规格性，以及生产规模化，有必要对焊接技术加以分析研究，以此来确定焊接设备的合理配置。

1. 氩弧焊

氩弧焊就是氩气保护焊，其原理是在电弧焊的周围通入惰性保护气体氩气，将空气隔离在焊区之外，防止焊区氧化。利用氩气作为保护气体，不参与熔池的冶金反应，适用于各种质量要求较高或易氧化的金属材料，如不锈钢、铝、钛、锆等的焊接，适用于单面焊双面成型，力学性能比较好。但成本较高，故一般只用作打底焊。

2. 混合气体保护焊

保护气体以氩气为主，加入适量的二氧化碳，二者比例为 8 : 2。利用这种混合气体对焊区进行保护。其特点如下：

(1) 电弧和熔池的可见性好，焊接过程中可根据熔池情况调节焊接参数。

(2) 焊接过程操作方便，没有熔渣或很少有熔渣，焊后基本上不需清渣。

(3) 电弧在保护气流的压缩下热量集中，焊接速度较快，熔池较小，热影响区窄，焊件焊后变形小。

(4) 有利于焊接过程的机械化和自动化，尤其是空间位置的机械化焊接。

(5) 可以焊接化学活泼性强和易形成高熔点氧化膜的镁、铝、钛及其合金。

(6) 可以焊接薄板。

(7) 在室外作业时，需设挡风装置，否则气体保护效果不好，甚至很差。

(8) 电弧的光辐射很强。

(9) 焊接设备比较复杂，比焊条电弧焊设备价格高。

(10) 采用自动焊，焊接速度快、效率高，焊接质量比手工焊好。

与二氧化碳气体保护焊相比，这种保护焊焊接范围较宽，成型较好，质量较高，飞溅也少。

3. 手工电弧焊

手工电弧焊是最传统的焊接方式。虽然存在着诸如气体危害、药渣比较难清除、人的因素对焊接质量影响较大等缺点。但其优点是使用方便，对设备的依赖性较小，可以手工进行焊接调整，所以手工电弧焊还有其生存的空间。

4. 埋弧焊

埋弧焊是电弧在焊剂保护层下进行燃烧焊接的一种焊接方法。埋弧焊是当今生产效率较高的机械化焊接方法之一，它的全称是埋弧自动焊，又称焊剂层下自动电弧焊。

1）优点

（1）生产效率高。一方面，焊丝导电长度缩短，电流和电流密度提高，因此电弧的熔深和焊丝熔敷效率都大大提高（一般不开坡口单面一次熔深可达 20mm）；另一方面，由于焊剂和熔渣的隔热作用，电弧上基本没有热辐射散失，飞溅也少，虽然用于熔化焊剂的热量损耗有所增大，但总的热效率仍然大大增加。

（2）焊缝质量高，熔渣隔绝空气的保护效果好，焊接参数可以通过自动调节保持稳定，对焊工技术水平要求不高，焊缝成分稳定，力学性能比较好。

（3）劳动条件好，除了减轻手工焊的劳动强度外，它没有弧光辐射，这是埋弧焊的独特优点。

2）缺点

看不清熔池，不易调节，再加之国产管材椭圆度参差不齐，在现有条件下使用埋弧焊焊接管材并不是一个很好的选择，但随着管材制造精度的增加以及高速发展的需要，埋弧焊必将得到更广泛的应用。

5. 双金属复合管焊接技术

双金属复合管内外层金属材质不同，内层为不锈钢层，外层为碳钢，由于材质不同，对复合管的焊接也具有特殊的要求。在模块化预制车间，采用薄壁不锈钢复层与碳钢基层分层进行焊接的方法。

（1）焊丝的选择：不锈钢层的焊接选用与内层材质相同或相近的焊丝，可以使用氩弧焊进行焊接，焊丝为 H08Mn2SiA。基层的焊接与其他碳钢的焊接工艺一致。

（2）坡口：为提高双金属复合管的焊接质量，优选机械方法进行双金属复合管的坡口加工，使 V 形坡口底部全部为不锈钢层金属。

（3）焊接方法为根部打底焊，采用钨极氩弧焊进行双金属复合管复合层的焊接，焊接前先对连接坡口处充氩气保护，然后进行焊接，焊接厚度必须覆盖管道复合层。在根部打底焊的基础上进行填充焊和盖面焊，将双金属复合管的基层进行焊接，焊接方法采用其他碳钢的焊接方法，混合气体保护焊或手工焊。为保证双金属复合管的焊接质量，必须要控制错变量。

（五）焊接设备选择

根据以上对焊接方法的研究，针对不同模块化场站焊接工艺的需求，在模块化生产中采用氩弧焊打底，混合气体保护自动焊填充的方法进行预制生产。为解决自动焊的局限性，在自动焊无法满足的情况下，采用氩弧焊打底、手工焊填充的焊接方法。因此配置的设备为氩弧焊设备、混合气体保护焊工作站、手工电弧焊设备。

（六）混合气体保护焊装置及变位器

1. 混合气体保护焊特点

首先，焊接质量高。电弧及熔池可见性好，熔渣极少，利用机械化焊接，可以避免手工焊中的人为因素造成的质量问题。由于是在集装箱工作站或车间内工作，所以风速的影响可以忽略，焊接质量自然比较高。

其次，可以避免单一气体保护焊的种种缺陷。例如相对于氩弧焊来说，混合气体保护焊的成本较低，在所有气体保护焊中，二氧化碳保护焊的成本最低，但是焊接气孔多、飞溅大，表面成型质量差，混合气体保护焊可以有效避免飞溅大、气孔多等弊端。

最后，相对于埋弧焊，由于混合气体保护焊电弧及熔池可见性好，可以随时进行调整，避免了埋弧焊由于熔池可见性差和管材椭圆度差对焊接造成的影响，因此选用混合气体保护焊进行模块化预制生产。

2. 混合气体保护焊装置（配比器）

怎样实现气体混合输出呢？将二氧化碳气瓶和氩气瓶分别连接到配比器上，利用配比器内的气体压力开关控制气体比例，进而输出到焊区。在这里，配比器的使用就很关键。

混合气体焊接使用初期，配比器内调压装置的缺陷，使得配比器在暂停工作时会出现气体回灌，导致二氧化碳气瓶压力表出现超压现象。经过不断调整，最终改进调压装置后，可使配比器正常工作。

3. 使用变位器的必要性

首先，提高预制深度。没有变位器的配合，自动焊接只能焊接直管。而工艺管线中相当多的工作量是由管件（弯头、三通、法兰和大小头）和直管的对接焊组成的。变位器正是提供了这样一个功能,使直管与管件的焊接可以在自动化焊机上进行,这样就提高了预制深度。

其次,提高管材与管件的预制质量。比如,直管段与弯头的焊接,在以往的焊接中需要人工进行翻转或者在管段下垫上某些物体来方便焊接。其缺点是:不利于组对;焊接质量没有保证,手工焊有人为的质量影响因素,现场施工翻转管段对焊接质量也有影响;劳动强度大。

使用变位器可在组对平台上组对,消除了环境对组对的影响;在自动焊机上进行焊接,消除了人为的质量因素;只要把管材固定在变位器上,焊机就会自动进行全位置焊接,避免了来回抬管子劳动强度大的问题。

4. 变位器

变位器摆放在自动焊机旁,这样可以借助自动焊机自身的滚动固定装置。打底可运用手工焊接,填充盖面使用变位机和自动焊机进行配合(图6-41)。

图6-41 混合气体保护焊设备及变位器

(七)传输设备

为保证车间模块化预制生产线高效、快速运转,车间配备必要的材料运输设备。针对作业车间占地面积小、作业范围大、作业距离短、使用频繁的特点,往往在车间作业流水线上配置悬臂吊。

在模块化生产车间,从料进口到出口将自动悬臂吊配置在作业线的中心,各设备进行合理的设置,既保证了作业范围覆盖整个作业流水线,又确保了车间模块化预制生产线运行畅通。自动旋臂吊不但提高了生产效率,而且改善了工人的劳动条件。

等离子下料工作站、坡口加工、焊接工作站为方便加工以及对管件的支撑,各设备工作站都需要配置管道升降机和轨道,管道升降机必须能在垂直方向上自由升降,以适应不同的管径,同时可以将支撑进行合理的设置,使其既能起到支撑作用又能进行管件的传输。管子升降支撑由小车、升降机构和滚轮组成,主要用来进行管子的支撑、托持、调节管子水平或中心标高,它的制作必须考虑管径范围、承载能力、升降行程等。

为方便下料工作站、坡口工作站、焊接工作站的作业，用升降机来进行垂直支撑以及水平输送，因此必须使用导轨进行输送，导轨采用外延式，按照车间空间大小以及流水线的布置，可以按照需要自行研制。机具配置及应用见表6-5。

表6-5 机具配置及应用

序号	名　称	数量	功率，kW	
			单台	总功率
一	下料及坡口加工设备			
1	金属带锯床	1台	5	5
2	切割及坡口加工一体机或等离子数控切割机	1台	20	20
3	管端坡口机	1台	5	5
4	小型坡口机	3台	2	6
二	焊接设备			
1	CO2气体保护自动焊机（松下电源）	4台	30	120
2	管子焊接专用变位器	3台	2	6
3	整流焊机	10台	—	—
4	整流焊机	6台	—	—
三	起重设备			
1	室内行吊（5t）	3套	11	33
2	复杂件组装区旋转吊具	6套	2	12
3	室内行吊（10t）	1套	15	15
4	龙门吊（10t）	2套	15	30
5	物料流动系统	1套	20	20

九、工厂化预制技术、资源配置模式和计划网络技术

标准化设计、模块化建设项目不仅体现着技术创新，更突显了管理创新。转变了以往传统的项目管理模式，把原来现场施工改为大部分由工厂预制化完成，形成与物流程序、工序过程、质量及安全管理、过程控制等相适应的全新管理模式，使工厂化预制进入了项目管理程序。标准化设计、模块化建设，从设计到竣工、验收和交接，建立了三维仿真数据库、设备材料数据库，原材料保障到焊接、模块化组装检测、加工、试验全程数字化，实现了全程监控的数字化管理。资源配置也一改过去主要施工力量和设备集中于数个现场的分散作业，将骨干技术及操作人员集中于预制工厂，机械、设备和材料物流以预制化工厂为核心，减少了现场运作。

网络计划技术可较好地满足诸如由于关键路径的变化，使得工期、工序节点布置等计划变动的需要，网络计划的提出为新的组织方式转变创造条件。

因此，综合以上管理技术的应用，我们采用矩阵式项目管理模式，以工厂化预制管理、数字化管理技术、资源最优配置和 P3 软件计划网络管理，实现了工厂项目管理的新突破。

十、数字化管理技术

（一）数字化管理技术概述

数字化管理技术，就是通过建立 EXCEL 文档，并应用其超链接功能，将场站内关键材料的信息以及主要工序的过程控制形成记录，便于施工信息的追溯和质量的控制。

（二）工艺施工过程控制

工艺施工过程控制（图 6-42）是依靠下述信息来控制的。

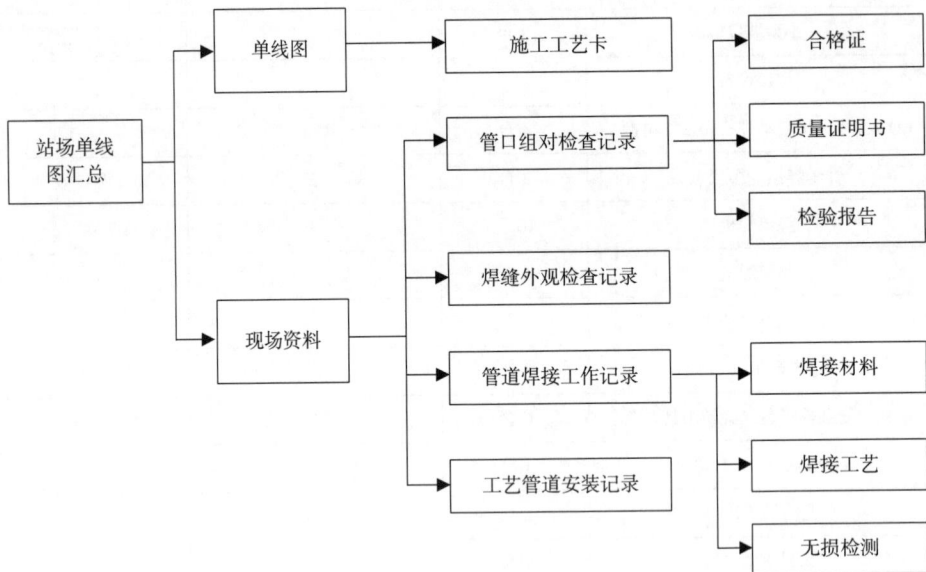

图 6-42　工艺施工过程控制

（1）材料信息：管材合格证、管材汇总表、阀门试压记录、阀门汇总表、管配件检查记录、管配件汇总表、合格证登记表、合格证张贴单、材料领料单（管材、焊条、焊丝、管件出入记录）、焊材烘烤和发放记录、信息录入清单。

（2）零件装配信息：工艺过程卡、管段下料清单、组焊记录、无损检测委托单、无损检测报告、返修记录、工序交接清单。

（3）半成品组装信息：组装清单、组焊记录、无损检测委托单、无损检测报告、返修记录、工序交接清单、组合件尺寸检查记录。

（4）成品组装信息：组装清单、组焊记录、无损检测委托、无损检测合格率报告、返修记录、工序交接清单、模块组合件尺寸检查记录。

（5）成品验收信息：工序交接清单、合格焊工登记表、无损检测委托单、无损检测报告、返修记录、管道预制进度表和综合进度统计表。

第四节 模块化建设现场运用效果

（1）施工工效提高，现场作业量大幅降低。插件式快速拼装，使得现场作业量大幅降低，单站工艺安装施工工期由原来的45d降低到25d，总体有效工期由原来的两个月降低到50d。工期减少约50%，站内作业工日数减少60%。

（2）建产周期缩短。工厂化预制改善了施工环境，缩短了建造周期。单井井口安装由原来的3d一个井口变为1d两个井口安装，建产周期平均缩短约50%，提高了投产时率（表6-6）。

表6-6 油田场站建设周期对比表

工程项目	原方法工艺安装作业周期,d	新技术下安装作业周期, d	作业周期缩短率, %	工程计划建设周期, d	新技术下建设周期, d	建设周期缩短率, %
X2 注水站	30	19	37	75	60	20
H5 接转站	35	22	35	80	62	22
J2 联合站	50	30	40	120	95	22

（3）施工组织方式优化。实现了工厂化、机械化、自动化、模块化。模块工艺预配率达到85%～90%，较以前提高约50%。

（4）焊接质量提高。采用自动焊后，焊接效率高、质量好，焊口一次合格率从92%左右提高到96%以上，焊缝外观更加平滑美观，整体施工质量得到提高。以ϕ219mm焊口为例，采用手工焊接需要用时25～30min，采用自动焊只用时4~5min。自动焊可进行直管、弯头、三通、法兰等焊接。加工能力可达到600in径/d以上，相当于DN100焊口150个/d。

（5）预制工艺快捷、方便、省料，加工精度高。以ϕ219mm管段坡口加工为例，原来用氧乙炔火焰切割、砂轮机打磨用时为15～18min，用坡口机加工只用时3.5～4min。原来用火焰切割表面粗糙，下料精度差，不能加工不锈钢等特种材料。现在机械加工坡口精确，不需打磨，适用于各种材料加工。

（6）流水作业快捷、高效。分段组装，有效控制了组件的焊接变形和整体组装尺寸精度，预配质量大幅度提高。标准件系列加工模块化，加工件互换性更强，适合规模化生产。作业流程固化，操作熟练程度提高，加快了预制效率。采用管段下料、坡口机械加工，坡口加工速度快，一次成型，下料尺寸精确。加工能力可达到700in径/d以上，相当于DN100管口150个/d。

（7）增强了安全保障能力。合理的管道物流输送系统，减少吊车倒运时间，减少了高空作业、交叉作业，改扩建站减少了现场动火连头频率，缩小了作业范围，降低了生产场站施工的安全风险，确保了全过程施工安全，提高了施工质量和速度。

（8）实现了项目数字化管理。初步实现了施工全过程数字化追溯，为场站运行数字化管理提供了技术支持。

第七章　标准化设计、模块化建设的作用

第一节　在超低渗透油藏开发中的作用

标准化设计、模块化建设是石油地面工程建设的重大变革，是油田产能建设现代化作业的重要标志，是超低渗透油藏大规模建设的必由之路。超低渗透油田通过推广运用标准化设计、模块化建设，充分彰显了油田地面工程建设标准、优质、高效、安全、超前、数字化的优点。

一、促进了油田地面工程技术水平的全方位提升

一是创新了项目管理模式。标准化设计、模块化建设改变了项目的建设与管理机制，缩短了现场管理周期与管理流程，标准化、程序化在施工管理中得到了最佳体现，创新了超低渗透油藏地面建设施工组织方式和项目管理模式。

二是实现了设计、采供、施工、监督的精细化管理。设计业务重复工作量大为减少，使设计人员把主要精力用于精细化设计以及施工现场的实践上，有利于提高设计水平；采供业务实现了规模化，设备、材料选型将定型化、系列化，使得订货周期缩短，产品质量、售后服务得到有效保障。此外，产品质量信息反馈和质量验收，保证了产品质量和场站运行安全；现场施工生产要素和工艺技术标准化，实现了生产流程优化、固化，由现场作业改为工厂预制，由过去单件单人作业变为组件工厂化流水作业，有利于实现精细化施工。

三是标准化设计，模块化建设的推行，为设计、采供、施工等规范了操作程序，为地面工程建设推行 EPC 模式创造了良好的条件。

二、提高了产能建设新井时率，保证了快速上产

标准化设计、模块化建设适应超低渗透油藏滚动开发的需要，大幅度提高当年建产项目投产率和新井时率。目前超低渗透油藏新建产能当年新井时率约为 30%，若在油田全面推广该模式，新井时率可以提高到 50% 左右，其经济效益十分可观。

为适应油田滚动建产、快速建站的需要，模块化建设大量引入平行作业，运用先进技术，将土建、安装、调试等工序深度交叉作业。根据各场站的功能和流程，实现主要模块的装配达到统一性、可靠性、先进性、经济性、适应性和灵活性的协调统一。标准化设计、模块化建设可通过加快设计、提前采办、超前预制，来提高油田地面建设效率。

三、推动了科技创新

一是创新焊接工艺，采用 CO_2、埋弧自动焊接工作站，焊接质量高、成型好；采用带锯机、等离子切割机、数控切割机快速下料；固定式管端坡口机组合进行坡口加工保证了下料精度，为保证焊口质量奠定了基础。

二是通过分项预制、组建成模，将多类型、少批量、劳动密集型作业转化为少品种、大批量、机械化、工厂化模块制造过程，充分利用工厂模块化预制技术与先进的制造工艺，保证建设质量。土建、安装、电仪由现场交叉作业转变为不同时段的工厂化平行作业。管道单线图法预制、焊接组配防变形措施的应用，使所有模块组装后横平竖直，最大限度地消除了焊接变形，保证了模块组件装配精度及良好的互换性。

三是模块化信息管理系统的建立，实现了数据共享、数模共享。管道预制设计系统、预制过程管理系统的应用，可充分利用设计数据进行预制施工图纸设计、采购与物项控制管理，并与 P3 等项目管理软件整合，使工程进度可控、施工全过程管理、降低建设成本得到保证，信息管理系统完全满足了质量控制的可追溯性与现行工程施工规范要求。

四、提升了场站运行水平

一是地面工艺流程优化，标准件功能统一，非标准件外形尺寸统一的标准化设计，加快了建产周期。专用设备系列化、模块化提高了设备的互换性、重复利用性和可维修性，适应油田滚动开发需要，降低了综合成本。

二是便于场站、管网的维修。推行标准化设计、模块化建设，由于实现了设备、材料、器具等的系列化、标准化管理，可增加相应的标准料储备，有利于建立维修工作点，做到维修抢修反应快捷、保障可靠，确保场站生产安全高效运行。

三是有利于搞好技能培训，提升技术水平。标准化设计、模块化建设使各场站设备、操作流程、管理规范标准统一，技术标准和操作规程统一，管理制度和考核标准统一，同类岗位、同类工种的岗位职责、工作程序、工作标准更加简明、规范，标准化场站为组织同类岗位技术培训提供了极大的便利，提升了培训效果。

五、增强了核心竞争力

标准化设计、模块化建设要求以管理理念创新为核心，以技术集成为手段，进而通过技术、管理、标准等全方位创新，推进工程施工与管理的规范化、精细化和现代化。采用先进的质量标准和管理体系，强化全员、全过程、全要素质量控制，不断提高产品、服务和工程质量，提升超低渗透油藏油田地面工程技术的核心竞争力。

六、实现了数字化管理

实现了施工全过程数字化追溯，为场站运行数字化管理提供技术支持。利用计算机辅助管理系统，通过对工程计划与进度控制、采购管理与物项控制、现场二次设计、图纸文件管理、施工过程管理、成本控制等工程项目信息的数字化管理，做到生产数据自动采集和处理,确保了信息的准确性、及时性。让过程控制及资料与施工记录、统计报表同步完成,满足质量控制与现代化工程施工规范要求。

第二节 标准化造价的意义

一、标准化造价的意义

（一）满足超低渗透油藏大规模建设的需要

标准化造价,围绕着标准化设计、模块化建设、数字化管理、市场化运作的思路,以标准化预算计价为基础,以提高工作效能为目标,转变以往工程造价管理的思路和工作方式,突出工程计价基础源头管理,强化造价管理全过程关键环节的控制,促进了造价管理概算、预算、结算各环节的控制,有利于投资管理体系建设。

标准化设计是标准化建设的基础和核心内容,是开展标准化的物资采购、施工建设、工程管理、投资控制等的前提;标准化预算是简化优化造价流程,提高工作效率,将造价人员从繁冗的预算编制中解放出来,极大地提高了油田工程造价管理水平。可以说,超低渗透油藏场站的工程预算以设计的标准化带动预算标准化,以快速设计促进产能建设的快速发展,促进现代化大油田的发展。

（二）创新工程计价管理模式,构建标准化预算造价管理体系

按照市场化运行机制,配套完善了造价定额体系,制定了《油气田地面建设工程标准化预算指标》,同时,制定和完善标准化预算工作管理制度,鼓励施工单位通过技术创新、管理创新、优化方案和管理创新,形成适应油田标准化预算管理体系,为增强投资管理控制、实现降低综合投资的目标发挥积极作用。

如近几年,油田地面建设综合投资在消除物资设备原材料刚性涨价因素后,同口径测算比实施前降低 4%;地面建设直接节约投资 2 亿元;超低渗透油田钻井综合成本同口径比常规区价格每米降低约 100 元。

坚持市场化运作模式,突出计价指标源头预控功能,加强造价指标的静态控制和动态管理,及时做好物探、钻井工程技术服务等价格的制定、发布工作。根据油田建设技术、工艺、装备、环境、市场变化、计划投资等情况,适时修订、增补、调整、完善了油田建设各类工程计价指标,从工程计价这一基础源头上合理确定和有效控制了成本投资。标准化造价已成为油田建设成本科学化管理的利器。

（三）科学管理的必经之路

超低渗透油藏大规模的地面工程建设和逐年增加的投资,给投资和成本管理提出了新的要求。首先,传统工程预算中实行的按图算量、按量套价的办法,已不能满足工业化大规模开发的要求,发展大油田、建设大气田,必然采用科学的投资和最规范的工程计价管理方式,优化投资管理环境,用最简捷、透明、高效、统一的成本管理方法完成标准化造价。其次,油田勘探开发建设是一个复杂的系统工程,从设计、施工、投产到工程结算,每个环节都有着逻辑顺序和相互的内在联系,特别是施工地域分布广、点多线长,地理环境、

地质构造等各不相同，以往的工程造价管理已不适应集约化管理的飞速变化，需要标准化造价的科学管理。再次，随着技术进步和钻井速度成倍提高，油田产能建设节奏大大加快，提高造价管理工作效率势在必行。

二、标准化造价的应用效果

近年来，通过对油气田建设工程造价全过程、各环节的上万个数据进行分类编码和标准化处理，审定发布了统一的造价计价指标管理体系，即标准化造价，达到了快速、合理和有效控制工程造价的目标。

以数字化生产管理为依托，结合标准化建设，油田公司造价管理信息系统自投用以来，目前已在油田全面推广使用，该系统有效支撑了油田地面工程建设全部甲方预算、工程结算的编审工作，工程预算编制周期明显缩短，年提前 10d 以上，工作效率提高 30% 以上。

第八章　油田数字化管理

第一节　油田数字化

一、油田数字化概念

数字化就是将许多复杂多变的信息转变为可以度量的数字、数据，再以这些数字、数据建立起适当的数字化模型，把它们转变为一系列二进制代码，引入计算机内部，进行统一处理，这就是数字化的基本过程。

数字油田的概念源于数字地球。1998年，美国前副总统戈尔提出了数字地球（digital earth）的概念，引起了全球的关注。数字地球已成为世界科学技术界的发展热点之一。数字油田就是在数字地球这一概念的基础上产生的。

1999年，大庆油田首次在全球范围内提出了数字油田的概念，并将数字油田作为企业发展的一个战略目标。那时数字油田还是一个较为模糊的新概念，尚处于构想阶段，但其基本思想立即得到了普遍认可。从2000年开始，在国内外的石油和IT领域的众多企业家、技术专家、学者、工程师以及管理人员中间，数字油田的概念得到进一步的研讨和发展。2001年，数字油田被列为"十五"国家科技攻关计划重大项目。时至今日，数字油田已经成为全球石油行业关注的热门话题。

数字油田一般是指广义数字油田，它包括以下几方面的含义：

（1）数字油田是数字地球模型在油田的具体应用；

（2）数字油田是油田自然状态的数字化信息虚拟体；

（3）数字油田是油田应用系统的集成体；

（4）数字油田是企业的数字化模型；

（5）数字油田是数字化的企业实体；

（6）数字油田的能动者是数字化的人。

二、数字油田的系统结构

国外油田非常重视信息化建设，虽没有明确提出建设数字油田，但都在着手建设数字化油气公司或智能油田。20世纪90年代后期，数字油田的概念就在国内石油行业被提出，但这时的数字油田概念仅仅局限在勘探开发科研成果的三维可视化基础上。到21世纪初，国内石油行业才开展对数字油田概念的讨论，比较典型的是王权提出的七层广义数字油田架构模型（图8-1）和何生厚等学者提出的基于GIS技术的数字油田体系结构（图8-2），以及李智、陈强等学者提出的基于虚拟可视化决策为主要内容的数字油田系统结构（图8-3）。

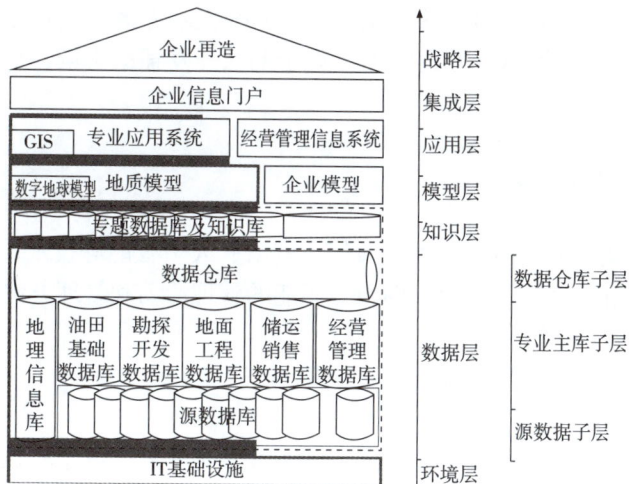

图 8-1 王权数字油田 7 层架构模型

（阴影部分为狭义数字油田）

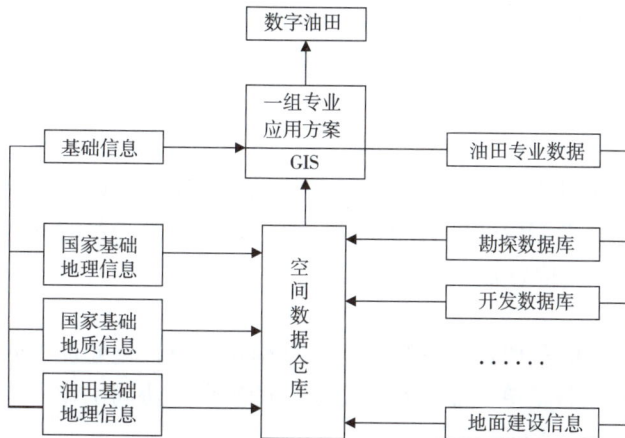

图 8-2 基于 GIS 技术的数字油田体系结构

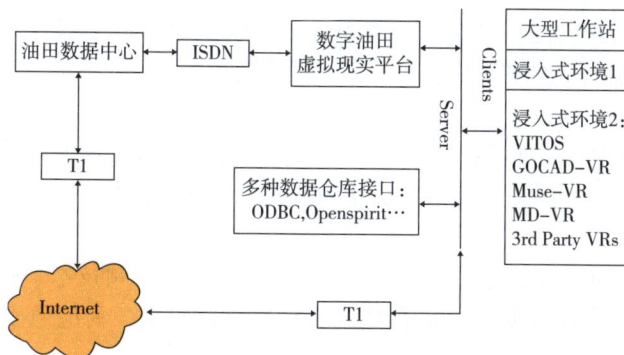

图 8-3 基于虚拟可视化技术的数字油田框架结构

王权提出的方案包含内容比较全面，充分考虑了国内油田的具体实际，在内容上比较系统地阐述了不同流派对数字油田的认识；基于 GIS 技术方案则偏重于油田可视化方面的应用，基于虚拟可视化决策模型方案则更偏重于勘探开发辅助决策，对油田的生产和经营管理考虑得较少。

三、油田数字化管理

（1）数字化管理是指利用计算机、通信、网络、人工智能等技术，量化管理对象与管理行为，实现计划、组织、协调、服务、创新等职能的管理活动和管理方法的总称。通俗地讲，就是"听数字指挥，让数字说话"。

（2）油田数字化管理系统的特点。

①权威性。

油田数字化管理系统申请了国家专利，通过国家安全生产应急救援指挥中心组织的专家技术评审，成为第一个完全符合《生产安全事故应急预案管理办法》各项要求的管理系统。

②规范性。

系统符合《应急信息资源分类与编码规范（试行）》、《国家应急平台体系部门数据库表结构规范》、《生产安全事故应急预案管理办法》（国家安全生产监督管理总局令第 17 号）、《生产经营单位生产安全事故应急预案评审指南（试行）》（安监总厅应急〔2009〕73 号）的各项要求。

③模块性。

数字化应急预案管理系统采用了 SOA 的架构设计，WebService 标准技术接口，XML 传输标准，使得系统获得随需应变的灵活特性，可以将异构跨平台的外部资源快速有效地集成到系统中来，这一点在应急管理中尤为重要。

④数字化。

通过工作流技术将应急预案进行数字化、结构化、流程化处理，使之变成一个真正可执行的流程，使各应急联动单位能够在一个统一的平台上协同工作，大大提高了应急预案的执行效率，提升了油田管理的水平。

⑤扩展性。

通过电子文档管理技术，将各种异构数据有机地整合起来，并通过和应急事件、应急预案的关联，实现信息的主动推送，将本系统和其他系统有机地结合在一起，帮助一线指挥调度人员更准确地处理各种突发事件，实现精确制导。

⑥科学性。

通过数据分析技术，对现场各种数据进行分析，配合事故模拟分析系统等多系统并行，并对事件发展的趋势进行预测，为指挥决策者提供科学决策的依据。

⑦集成性。

多技术、多学科的有机融合，将 GIS 技术、GPS 技术、视频技术、有线无线通信技术、CTI 技术、Internet 技术和数据采集组态技术有机地融合起来，为应急事件的处理、丰富实时的数据提供支持。

（3）国内石油企业数字化管理及信息化建设现状。

石油行业是一个跨学科、多专业相互配合的高度技术密集型行业。石油行业的信息化一直伴随着石油行业的发展，并发挥了巨大的作用。20世纪中期，计算机技术已经在石油勘探领域得到了较为广泛的应用，并取得了显著的效果；稍后，在油气田生产及其他石油工业的各个领域，信息技术也逐步得到应用。时至今日，随着数字油田、数字石化、数字石油等新的石油行业信息化理念被普遍接受，全球石油石化企业信息新一轮的信息化竞赛已经进入了实力较量阶段。石油石化企业已经发展到了离开信息系统就无法生存的地步，全面数字化已经成为各石油企业的重要抉择。

目前，数字油田建设已成为众多石油企业，特别是上游油田企业信息化建设的核心内容，数字油田本身也成为各油田企业信息化建设的战略目标。对于下游企业，与数字油田对应的数字石化也得到了广泛的关注，并已经成为各石化企业信息化建设的热点。数字油田和数字石化作为数字石油最重要的两方面内容，引领着新时期石油行业的信息化。

从20世纪50年代的二维地震数据处理到80年代的三维地震数据处理，再到现在的智能作业及企业资源计划（ERP）管理，石油企业发展到了离开信息系统无法生存的地步。国际石油公司经过多年的探索与实践，企业信息化应用已十分成熟，石油勘探开发信息技术应用不断推陈出新。

根据诺兰信息化建设阶段性理论模型（图8-4）描述，目前国际知名石油企业已经处于数据管理期，而我国绝大多数石油企业的信息化进程刚刚处于控制期（后期），一些信息化建设比较好的石油企业在整合期完成后，正积极向下一阶段迈进。

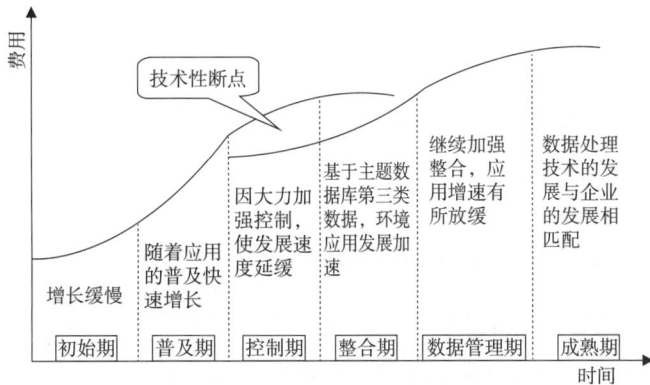

图8-4 诺兰的6阶段模型

四、油田数字化管理技术的特点

油田数字化管理技术充分利用自动控制技术、计算机网络技术、油藏管理技术、油（气）开采工艺技术、地面工艺技术、数据整合技术，数据共享与交换技术及视频和数据智能分析技术，实现电子巡井，准确判断、精确定位，强化生产过程控制与管理。

油田数字化管理技术通过创新技术和管理理念，提升工艺过程的监控水平，提升生产过程管理智能化水平，建立全油田统一的生产管理、综合研究的数字化管理平台，达到强化安全、过程监控、节约（人力）资源和提高效益的目标。

在充分借鉴苏里格气田和西峰油田数字化建设经验的基础上，针对超低渗透油藏数字化建设的特点，提出超低渗透油藏数字化建设工作的要求，"两高、一低、三优化、两提升"的建设思路，将鄂尔多斯盆地油田数字化建设推向了一个全新的高度。

五、油田数字化建设应用前景

数字油田是油田企业生产、科研、管理和决策的综合基础信息平台。它将对油田信息化建设起着统领和导向的作用。数字油田已经表现出广阔的应用前景：

（1）数字油田建设可以大幅度提高油田勘探开发研究和辅助决策水平，促进油田的可持续发展；

（2）数字油田建设可以优化生产流程，大幅提升油田生产运行质量；

（3）数字油田建设可以促进油田改革的进一步深化，进一步提高油田经营管理水平。

规划数字地面建设，辅助科学决策，实现地上地下一体化，是油田数字化建设的核心内容。

地面工程建设是一个不断认识、不断深化的过程，需要反复地对所涉及的信息进行精细的研究。数字化地形图等基础地理信息数据库、原油集输等地面工程信息系统都是依靠GIS 等信息技术实现的，并且已经取得了很好的效果。今后要通过建立有效的数据资源更新维护机制，准确、动态地反映油气田地面信息的演变，为地面工程的规划决策提供保障。同时，要进一步加强与勘探、开发信息的共享，加快数字地面工程建设，实现地上地下一体化的目标。

第二节　超低渗透油藏数字化管理目标与思路

一、油田数字化管理系统建设目标

建设目标：结合超低渗透油藏特点，集成、整合现有资源，创新技术和管理理念，建立统一平台、信息共享、多级监视、分散控制的数字化生产管理系统。数字化管理以提高生产效率、减轻劳动强度、提升安全保障水平、降低安全风险为建设目标，并通过劳动组织架构和生产组织方式的变革，实现油田现代化管理。

超低渗透油田数字化建设涵盖三个层面：

一是前端以基本生产单元过程控制为核心功能的生产管理系统（图 8-5），重点实现对基本生产单元的过程控制和管理。

二是中端以油田公司层面生产指挥调度、安全环保监控、应急抢险为核心功能的生产运行指挥系统（图 8-6）。

三是后端以油气藏经营管理为核心功能的决策支撑系统（图 8-7）。

在三个层面上，充分利用成熟的自动控制技术、计算机网络技术、油藏管理技术、数据整合技术及数据共享与交换技术，集成、整合现有的综合资源，创新技术和更新管理理念，提升工艺过程的监控水平，提升生产管理过程智能化水平和综合研究水平，建立全油田统一油田统一的基于数字化管理平台的生产管理系统，达到强化安全、生产过程实时监控、

图 8-5　数字化建设前端

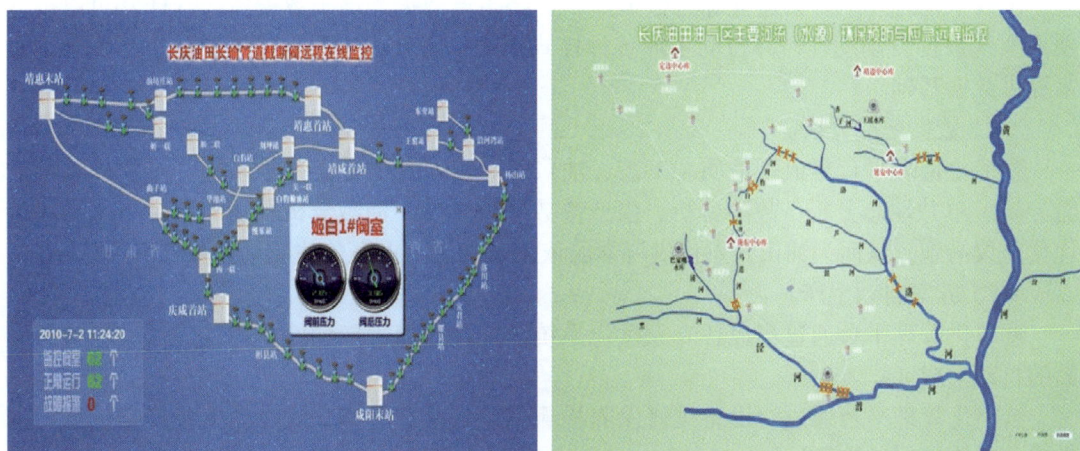

图 8-6　数字化建设中端

节约人力资源和提高效益的目标。

油田数字化管理系统建设目标具体包括如下六项内容：

（1）生产过程实时监控。

将油井、供注水系统、增压站、联合站、管网等系统的现场生产数据，通过数据采集技术采集到数字化管理平台实时数据库中，结合各生产场所的二维或者三维工艺流程图进行组态。通过 Web 发布，操作管理人员可以随时随地查看现场生产状况。

（2）安全智能监控。

数字化管理平台根据采集来的各生产场所装置的实时运行数据，进行不间断的诊断，一旦发现异常情况，数字化管理平台将以各种形式报警，操作管理人员在接到报警信号后

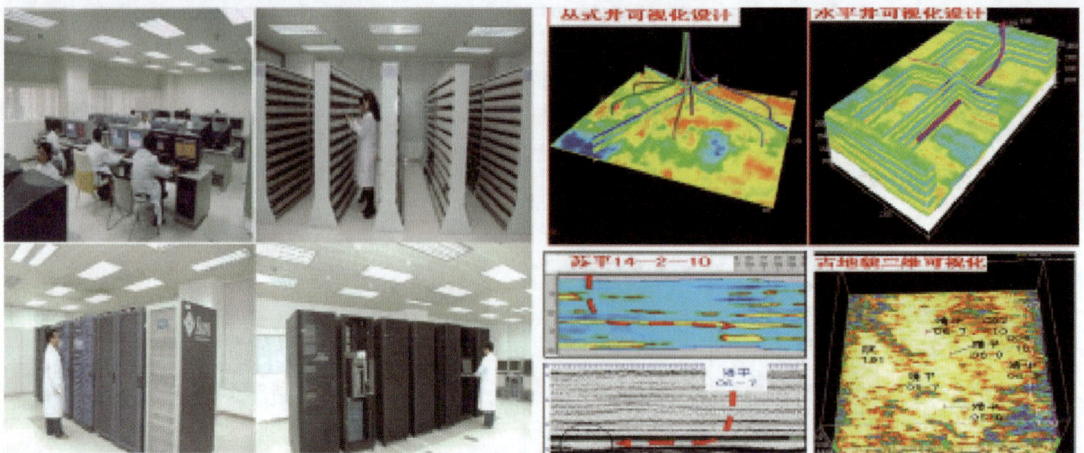

图8-7 数字化建设后端

及时处理，保证了生产过程中安全隐患的及时消除，提高了整个系统的安全性。

数字化管理平台通过对视频监控数据的分析，能及时地对生产场所闯入的外来人员进行自动报警。

（3）数据自动统计。

在数字化管理平台中建立综合数据库，并将生产数据存储于数据库。这样就可以很方便地实现数据自动统计，并自动生成各种样式报表、图表，从而为决策层分析、优化、决策提供数据基础。

（4）数据智能分析。

数字化管理平台集成了地质、工艺、油藏管理以及其他优化专家系统，可实现油田产能分析、单井动态分析、故障分析、生产参数优化分析、油藏分析等功能，并可做出决策优化建议措施，从而为油田开发提供科学的依据及建议，提高单井产量和采收率。

（5）方案自动生产。

数字化管理平台通过集成各专家优化系统，实现油田生产调度、优化建议、措施等方案的自动生成。

数字化管理平台通过对设备维修保养检测信息的跟踪管理，能自动生成报警信息，并生成各种维护保养检测计划。

（6）生产自动控制。

数字化管理平台根据自动生产的调度指令，通过集成现场控制装置，利用现有通信网络，实现控制命令的下发，从而达到远程控制生产装置启停以及阀门截断、抽油机的智能间抽、智能变频等操作。这样可以极大地降低现场操作人员的工作量，大大提高工作效率。

数字化项目必须坚持"五统一"的工作要求，即技术统一、标准统一、设备统一、管理统一、平台统一。

二、数字化管理平台的构成

为实现油田数字化管理系统建设六大目标，数字化管理平台将以"采集监控诊断、生产数据管理、分析决策优化、智能调度控制的一体化数字管理思想"为建设思路(图8-8),集成各自动控制系统、计量系统、诊断系统、优化分析系统、专家系统以及视频监控系统,实现油田的数字化生产管理。

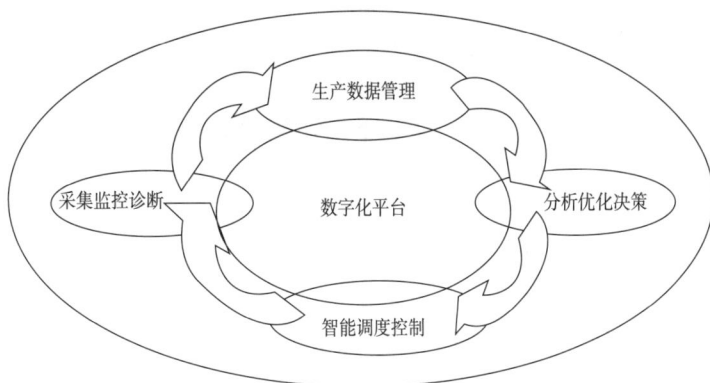

图8-8 数字化管理平台建设思路

（一）采集监控诊断系统

利用现有的或在建的油田监控系统,集中采集自喷井、抽油机井、电潜泵井、螺杆泵井、注水井、配水间、注水站、油水集输管网、增压站、转油站、集输站、罐区等生产场所装置的实时生产数据,包括压力、温度、流量、液位、电流、电压、转速、功率、载荷、冲程、冲次以及视频等运行参数数据,包括油井的功图计量数据,实现生产实时、智能监控。

（二）生产数据管理系统

建立数字化管理平台综合数据库,包括实时数据库和关系数据库,分别管理存储采集的实时数据和生产管理数据,具有数据自动入库、自动统计、自动生成报表图表等功能,为分析决策优化提供了坚实的数据基础。

（三）分析决策优化系统

数字化管理平台利用采集的实时数据以及示功图数据,结合油井静态数据,进行分析诊断,实现对油井的自动计量、优化、工况诊断以及抽油机参数的合理调配。

数字化管理平台集成地质专家系统、工艺专家系统、油藏管理系统,具有油田产能分析、单井动态分析、故障分析、生产参数优化分析、油藏分析等功能,为油田的生产开发提供科学的依据及建议,实现一井一法一工艺作业,提高单井产量和采收率。

数字化管理平台集成现有的优化诊断系统,利用其生成的决策、优化建议、措施方案,通过平台来进行审批、调度和执行。

（四）智能调度控制

数字化管理平台基于分析、决策、优化的结论以及诊断出的故障,通过现场执行装置(DDC),实现远程自动控制。如利用井场的自动投球装置自动收球;利用抽油机控制器实现间抽、变频智能控制;通过增压站、联合站、转油站、注水站的控制装置,实现远程阀门泵液位控制。异常情况下,快速地对管网运行切断控制,避免管线泄漏造成重大损失。

数字化管理平台集成GIS以及车辆GPS系统,通过对各种应急材料、风险源以及管网等信息的管理,能迅速地对各种紧急情况进行调度支持。

第九章　油田数字化管理基础

第一节　数字化建设模式

超低渗透油田数字化生产管理系统整体上可分为三大块：一是油田公司层面的生产运行指挥管理系统；二是以油（气）藏管理为中心的信息化管理系统；三是以前端生产管理为主的数字化管理系统。

三大系统必须有机结合，集成配套。重点是面向生产一线，把单井、管线、站（库）等基本生产单元作为数字化管理的重心和基础。

油田数字化管理实行分层分级管理。大致分为井站、作业区、采油厂、油田公司4个层级建设，每一层级都具有不同的功能。数字化管理的重心放在井站一级，实现一线生产管理数字化，以期减少用工、降低成本、提高效率、增加效益。

鄂尔多斯盆地工作区域横跨五省区近 $37 \times 10^4 km^2$，工作区域高度分散，外部关系协调难度很大；绝大部分油气区分布在荒原大漠和黄土高原的深沟险壑地区，环境艰苦，交通不便；油气资源丰富但品位较低，属于典型的"三低"油气田。

为了便于油田生产管理，需要建立数字化油田体系，减少人力，克服交通带来的不便。推进数字化管理是超低渗透油田大油田管理、大规模建设的客观需要，是降低成本、提高效益的现实需要。

用信息化、数字化管理技术实现超低渗透油田发展方式的转变，按照走新型工业化发展之路的方向，积极探索与实践低成本的数字化管理建设、运行模式，通过日新月异的信息化技术与传统油气生产工业相融合，集成创新，引进消化吸收再创新，形成数字化管理配套技术，助推油田管理现代化，是超低渗透油藏开发的必然选择。

一、单井数字化建设

（一）数据采集

图、数据自动采集如图9-1所示。

（1）油、气井井口数据：利用 OPC 接口通信技术采集，采集数据包括油压、套压、动液面、电动机、电量、电流、电压等，以及功图数据。

（2）注水井数据采集：利用 OPC 接口通信技术采集，采集数据包括注水井、配水间、注水站等数据。

（二）单井电子巡井

集成数据自动采集、功图分析、井场异常监控、油井故障分析、异常自动报警、巡井调度组织等功能，全方位监测油井生产过程，实现单井自动化生产。

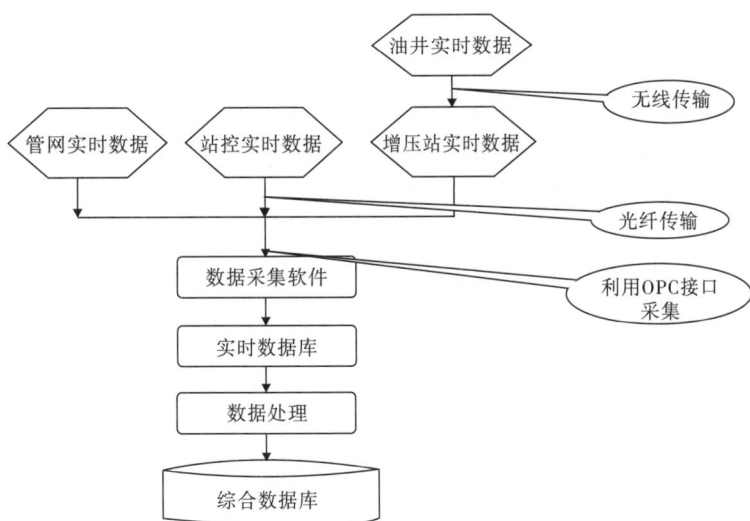

图 9-1　图、数据自动采集示意图

使用电子巡井、身份识别和预警报警技术，操作人员在站上可对进入井场的人员提醒和警告。

（三）单井数据自动统计

在分析油田监测及数据采集特点的基础上，研究了各种监测数据统计处理模型的运算规律、特点及其之间的联系。采用模糊数学及统计检验的方法对油田生产过程中采集的数据进行统计处理，从而增加自动化监测数据采集过程中数据预处理的智能性；利用模糊综合评价方法计算模型的运算效果，以便确定集成模型的运算时序，分析数据统计处理模型间的运算规律及关系以提高模型的集成性；并根据 OOP 原理，将消息运行机制引入封装的模型，从而建立了一个多功能、高度集成、智能化、自动化的监测数据统计处理模型。

（四）工况智能分析

在 GIS 和 GPS 的基础上，开发数字化生产调度系统，利用采集井、站（增压点）、管线和联合站等实时数据、视频图像数据进行分析处理，自动形成作业指导建议、应急抢险辅助预案，并能够实现快速的生产调度和下发指令。

1. 数据采集分析

（1）油井生产工况智能分析系统以提高油井产量、系统效率为目的，具有生产数据实时采集、实时显示、工况分析、流量计量、系统效率分析等功能。通过采集 RTU 中的油井参数（示功图、井口压力、油温、生产时率、曲柄销子、转速、扭矩、电动机电量、动液面及巡井时间等生产参数），来分析当前井的生产状况，给生产调度提供快速准确的参考依据。

（2）根据压力、温度、载荷、扭矩、电流、电压、功率等各种生产参数，以及泵、电动机等生产设备运行状态，实现生产参数超限报警及设备故障报警，预测故障位置和故障原因并做出相应提示。

2. 油井故障报警分析

（1）用户设置报警参数及其界限（高报、低报、高高报、低低报）；对采集数据与信息比较分析，实现报警；报警方式可选画面、声音等；可以实现历史报警信息查询及汇总。

（2）报警内容：通信不成功、现场主机故障、一次仪表故障等；电动机过流、过载、缺相、空转等；抽油杆断脱；泵效低于设定值、漏失、气体影响、碰泵、供液不足、杆柱断脱等；井口压力变化异常等报警。根据报警内容，对现场设备故障点做出故障分析并及时检查维修。

3. 油井生产系统分析

（1）抽油机井示功图曲线的显示分析：抽油机井下诊断与泵功图计算；分析校核抽油杆柱的刚度、强度、稳定性；对油井工况进行诊断，自动识别油井故障。

（2）电动机电流、电压、有功功率、无功功率等电能参数的曲线显示与分析，电动机功率利用分析。分析多种因素对油井系统效率的影响；抽油机井单井系统效率分析；区块或井组的机采系统效率统计；绘制油井宏观控制图，协助油井生产的宏观管理。

4. 油井产量、电量计量分析

利用井场数据采集控制器 RTU 中的数据，自动计算油井产液量、电量，及时掌握油井的动态变化和用电情况。

5. 应用查询功能对数据的分析

选定油井与时间段，选择参数（功图计算产量、最大载荷、最小载荷、冲次、最大电流、最小电流等）；通过查询生产管理平台监控系统，可以分析出直观的文本、图形、曲线、表格界面显示参数的变化情况及趋势情况。也可通过 IE 浏览器，在油田信息网上可随时浏览各油井的生产数据、液量计量、工况诊断、优化设计等结果，查询有关生产报表及分析结果。

6. 油井动态分析

利用采集油井的实时数据、功图数据、抽油机运行状况数据以及注水数据，进行分析诊断，智能地分析油井运行状况，自动产生科学的油井维护措施建议。

7. 辅助功能

结合生产部门巡检维修管理的实际运行需求，创造性地集成了全球定位系统、移动 PC 和无线通信手段，基于移动地理信息系统概念改造传统巡检工作模式，实现巡检维修管理的电子化、信息化和智能化，最大限度减少漏检、错检，确保生产系统的长期高效稳定运行。

二、增压点数字化建设

（一）增压点采集的主要内容及系统配置要求

采油厂增压站是实现油井井场的原油收集并向二级集油站进行输送的一线站点，负责站内生产流程及所辖区域油井的日常管理。日常生产业务涉及投球、收球，井场来液单量、原油外输、循环水、加热炉等。针对不同的设备，其采集的数据点及控制方式不同。其主要设备有变频器、输油泵、液位计、加热炉、收球筒、外输流量计、气液分离器等。

增压点站控系统主要由过程控制单元 PLC、操作站、局域网络等构成，并配套操作系统、人机界面（HMI）、工控组态及数据库等相关软件。

（二）增压点数据监测与控制内容

（1）实现收球筒原油出口压力检测，超限报警；收球筒温度控制，当收球筒进行收球作业时，对收球筒开始加热熔蜡，加热温度达到设定温度自动停止加热并报警提示。

（2）对密闭分离装置连续液位监控，超高、低限液位报警。

（3）对投产作业箱连续液位监测，并对高、低限液位报警。

（4）预留外输原油装置（瞬时流量）监测和积算功能。

（5）外输原油温度检测。

（6）压力保护：连续监测每台泵入口、出口压力，当进口压力超下限时或出口压力超上限时报警。

（7）外输泵控制。

混输泵：根据混输泵入口压力，通过变频器调节泵的排量，使混输泵入口压力维持在设定压力值附近。

分输泵：根据分离装置的液位，通过变频调节泵的排量，使分离装置内液位基本保持在中线附近，实现连续输油。

外输泵运行状态、运行频率及三相电流、电压及功率等参数监测。

（8）加热炉运行监视。

（9）接收可燃气体报警控制器输出的浓度超限报警信号，实现可燃气体泄漏浓度超限报警。

（10）站内重要生产部位的视频图像监控。

收球筒是清管扫线设备的重要组成部分，收球也是采油作业中最常见的工作内容之一，是与投球相对应的一项采油作业内容，目的是把井口投的清蜡球通过特定装置从密闭的管路中取出、清理并收集起来，以便下次重复使用。目前，大多数油田都是利用收球筒进行收球，各油田采油、集油方式都是从油井利用单井管线输送到集油站或集中处理站。因地面与地下的温差很大，所以原油被抽出地面后，很快便析出大量的蜡附着在输油管内壁上，几天不清理就会堵死输油管线，因此采油工人需要经常向管线内投放清蜡球并定时收球。

三、站控系统建设

站控系统可监控该站所辖的油气生产井、注水井等数据。如油压、套压、流量、注水量、温度、电流和电压等。

（一）供水注水监控

站控系统实时监控供注水管网、注水井、水源井运行状态和相关参数。可设置注水井注水压力和瞬时流量波动上下限，若实时数据超限，系统会及时报警，确保平稳注水。

（1）显示供注水系统生产运行参数：注水井总数、开井数、日配注量、日累计注水量、污水注入量、清水注入量、水罐储量。

（2）显示供注水系统运行状态：绿色表示运行正常，红色表示运行异常。

（3）可导航查看注水阀组运行情况：汇管压力、各注水井压力和流量。

（4）可导航查看水源井运行情况：井口压力、井口的瞬时流量和累计流量。

（5）关键运行参数超过设置报警上下限时，发送报警信息到相关岗位。

（6）提供一个月内历史数据查询。

（二）油水井动态监控

站控系统利用当日和历史生产数据，从单井、井组和区块三个层次进行分析和显示，当生产井的产液量、产油量以及含水发生较大变化时系统自动提示报警。

（1）单井分析：提供油水井历史数据查询，针对不同时段的生产数据进行对比分析，绘制注采曲线，进行趋势分析。

（2）井组分析：绘制井组注采曲线，进行趋势分析。

（3）区块分析：绘制油井开井数、日产液量、日注水量等区块的综合曲线、开采现状图，分析区块生产趋势。

（4）当油水井的产液量、产油量、含水以及注水量的平均值超限时，系统自动报警提示。

（三）电子报表生成

根据需要自动生成井、站各类生产报表。

1. 数据录入（人工）

基础信息：基本生产单元（井）；实体信息，如罐、井场、井、配水阀组等；措施信息，如管柱组合、抽油杆组合、完井方式、措施分类、注入方式、采出方式、原油物性参数等。

属性数据：井别、井型、抽油机型号、抽油杆材料、抽油杆规格、油管材料、油管规格、泵型、套管材料、套管规格等。

计划数据：产油量年计划、产油量月计划、注水量年计划、注水量月计划、注水井配注月计划等。

运行数据：污水处理设备、清水过滤器、加药数据等。

化验数据：油井原油含水、注水井水质、水源井水质、联合站溢油口原油含水、注水站水质、三相分离器出油口含水、污水含油、稳流配水阀组水质化验数据以及油井动液面数据。

2. 报表统计

井报表：采油井、注水井、水源井生产报表。

基本生产单元（站场）报表：注水站、增压站、联合站生产报表。

生产管理单元（作业区）报表：重点井、集输、生产动态报表。

电子报表模块能够根据需要生成井、站、综合报表，绘制相应的曲线，同时能够进行报表归档、查询管理。

（四）视频监控

由于采气站处于地广人稀的区域，且环境条件恶劣，出于安全的考虑，采用气站视频监控系统，则能够实时细致了解站内设备的生产安全性和站外的动态变化及非工作人员的闯入，便于及时采取相应的措施，有效遏制；同时降低了职工劳动强度，提高了管理水平。

第二节　数字化建设的三端五系统

通过超低渗透油藏开发实践不断完善的数字化建设三个层次、五大系统，实现同一平台、信息共享、多级监视、分散控制的独特优势，成功实现了发展方式和劳动组织架构的变革。

结合超低渗透油田的特点，集成、整合现有资源，创新技术和管理理念。数字化管理以提高生产效率、减轻劳动强度、提升安全保障水平、降低安全风险为建设目标，并通过劳动组织架构和生产组织方式的变革，实现油气田现代化管理。

用现代化科技信息手段改造，提升石油工业水平，走新型工业化道路。按照生产前端、中端和后端三个层次进行数字化建设。三端五系统如图9-2所示。

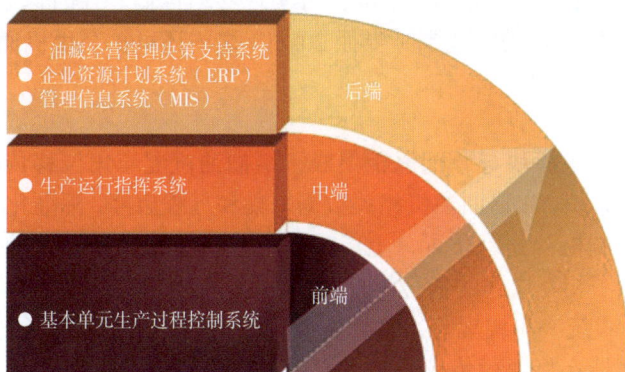

图9-2　数字化建设的三端五系统

建设原则："五统一、三结合、一转变"。

"五统一"：标准统一、技术统一、平台统一、设备统一、管理统一。

"三结合"：生产流程与管理流程相结合，数字化管理与劳动组织架构相结合，信息化与生产组织方式相结合。

"一转变"：转变思维方式。搞好数字化关键是要解放思想、打破常规、转变思维定式，使传统的组织方式向以数字为灵魂的现代管理转型。

一、前端：生产管理系统

前端以站为中心，辐射到单井和单井管线的基本生产单元，站控是前端基本生产单元的核心。通过数字化增压橇、注水橇、智能抽油机、连续输油、自动投球等装置、设备的推广应用，使得数万口油气水井，上千座场、站实现远程管理，把没有围墙的工厂变成有"围墙"的工厂。

按流程划分为以井、站为主的基本生产单元，以作业区（联合站）为主的生产管理单元和以集输系统为主的采油厂管理单元；研制并形成油气井生产控制系列配套装置；开发数字化生产管理系统；对建成或改造到位的油气井站，变革、重组生产组织方式和劳动组织架构。

（一）前端建设

油田数字化管理建设已在各个采油单位全面应用。在前端的建设中主要涵盖了油井示功图参数采集设备、抽油机电参数采集与控制模块、井场集油管线压力检测、井口视频监控、油压套压流量计数据监测、远程截断阀开关、井场自动投球装置等。

从数据监控、数据传输上分为有线传输和无线传输，从站到站、从站到作业区以及作业区到厂的数据传输均采用有线的光缆传输。但从井到站均采用无线传输方式，无线传输的建立，既节省了成本，又节省了人力，体现了极佳的数据传输优势。目前油田采用的无线传输方式主要有数传电台、GPRS、无线网桥、WiMax 等通信方式。数传电台和 GPRS 由于带宽的限制，只能监控井口压力、温度、电流、电压、位移及传输单张照片，不能实现数据的在线不间断传输。无线网桥和 WiMax 通信除采集单井数据外，还可以实时传输连续视频。WiMax 采用最新的通信标准 802.16e，可实现移动传输。在时速 80km 下可连续移动监测视频，在 WiMax 网络覆盖的范围（半径 20km）之内还可扩充手机通信。

（二）关键技术系列化

1. 数字化抽油机

将油井功图数据采集模块与原配电柜集成，给抽油机配套角位移传感器和一体化载荷悬绳器及预置式穿线系统，实现抽油机相关数据采集和远程启停，标准化安装，专业化维护。

数字化抽油机控制柜：分层布置，上层为数据采集模块，下层为抽油机控制单元的部件和线路，有效减少了相互之间的信号干扰。

标准化布线设计：统一布线规范，有效地保护了线路，减少了现场施工的难度。

一体化载荷悬绳器：将载荷传感器嵌入悬绳器中，具有高可靠性、可更换性强、稳定和耐用性，减少了维护成本。

自动平衡调节技术：结合工况诊断结果，实现抽油机游梁平衡自动调节。

变频控制调参技术：结合工况诊断结果，根据油井供液情况，变频控制自动调节冲次。

2. 数字化增压橇

将缓冲、分离、加热、混输等功能集成橇装化，变站场为装置，无人值守、结构橇装，实现设计标准化、制造规模化、建设快速化、维护总成化。通过智能控制系统可实现多种工艺流程切换和远程终端控制。采用高效节能燃烧器等，伴生气就地利用，节约能源、清洁操作，保养、维修专业化。

3. 自动投收球

在井组出油管线安装自动投球装置，一次装球 10 个，根据井组压力和结蜡状况设定自动投球频率，在站点安装自动收球装置自动收球，代替人工停井、倒流程、放空等操作，确保回压不超，防止管线堵塞，减少人为因素。

4. 数字化注水橇

注水橇将中间水箱、水处理设备、注水泵、控制系统集成一体，远程智能监控生产运行动态，实现无人值守，结构橇装实现了设计标准化、制造规模化、建设快速化、维护总成化，依托井场露天布置，节约占地面积，降低投资。多橇组合，实现清污、不配伍水质分注。

实时显示供注水管网、注水井、水源井运行状态和相关参数。可设置注水井注水压力和瞬时流量波动上下限，若实时数据超限，系统会及时报警，确保平稳注水。

数字化管理系统的供注水模块对瞬时流量、累计流量、井口压力等数据进行实时监测，并支持远程配注。通过趋势曲线分析注水量及配注量的对比情况，超注、欠注情况一目了然。

5. 电子巡井技术

1) 示功图数据采集技术

将载荷、位移传感器安装到抽油机上，采集一个冲程的载荷、位移数据，以位移为横坐标、载荷为纵坐标，作出反映抽油机悬点载荷与位移变化规律的封闭曲线，用于油井工况诊断和单井产量计算。根据油井示功图数据采集传感器类型不同，采用以下两种方式：

（1）在抽油机悬绳器安装有线载荷传感器，油梁中轴位置安装有线角位移传感器，在抽油机支架安装井口采集器，数据通过井口采集器传送至井场RTU。

（2）在抽油机悬绳器安装太阳能一体化载荷位移传感器，数据直接以无线方式传至井场RTU。

在采集到数据之后，示功图主要用于生产动态分析，其中包括油井功图历史查询及叠加，以及最大最小载荷线绘制，由此可以对油井工况进行分析判断。

2）自动巡检技术

自动巡检旨在实现对相关数字化仪器仪表设备以及相关网络设备的定时巡检，对监测到的故障设备进行报警提示，为后续维修保养、系统预警提供应用支持。对网络设备、现场仪表等相关设备定时自动巡检，对故障设备进行报警提示。

（1）显示仪表设备运行状态，如RTU、PLC、电动机参数模块等。

（2）显示网络设备运行状况，如网络交换机、无线网桥等。

（3）记录报警发生的单位、报警点、报警内容、报警发生时间、接触报警时间、设备发生故障级别，同时将故障报警信息发送到相关岗位。

数字化自检系统具有设备自检、查看报警信息及故障数据查询等功能模块。

6. 站场控制系统

1）增压点

应用油田标准化增压点的设计特点，通过效果分析，总结了标准化增压点设计的推广意义。超低渗透油田标准化建设遵循标准化设计、模块化施工、数字化管理的理念，目前已在各区块广泛推行，提高了油田地面工程设计及建设的效率和质量，为油田产能建设任务的顺利完成提供了技术保障。

增压点与井组、燃气发电站共建，应用了生产数据自动采集分析、设备运行监控、视频巡护、红外线报警等先进的现代科学管理技术，实现了自动输油、生产曲线、运行报表、预警报警、交接登录等功能，实行了油田的数字化管理。

增压点部分数字化设备：

（1）收球筒压力、温度监测。在收球筒安装压力变送器和温度变送器，监测输油管线压力、收球筒加热温度。

（2）外输温度监测。在加热炉外输管线安装温度变送器，监视原油外输温度，达到实时监测的目的。

（3）输油泵压力监测。监测输油泵前后压力状况。

2）联合站

油田联合站是油田原油处理系统中的重要组成部分，原油在联合站通过脱水、脱气等处理后成为合格的商品原油。联合站一般包括原油脱水转油系统、污水处理系统、卸油系统及其他配套设施。油田所有联合站均实现了流程监控、运行记录、预警报警、报表生成、趋势曲线、可燃气体检测、系统自检、用户管理等功能。

油田老区按照整体规划、突出重点、分步实施的原则，对有数字化基础的XF油田，按照"保、增、配、升"的技术思路进行数字化升级改造。

油田新区按照"三同时"（即同时设计、同时建设、同时运行）的原则与产能建设项目同时配套，建成华庆和环江等整装区块。

二、中端：生产运行指挥系统

数字化生产指挥系统，以油、水两大系统运行为主线，结合生产岗位日常管理内容划分为12个子系统，形成采油厂、作业区、增压点、联合站等对站场、井场的联动监控。实现生产信息的纵向贯通、横向共享，达到生产过程的实时预警报警、强化安全、过程监控、节约人力资源和提高效率的目的。

（一）采油厂数字化生产指挥系统

生产运行指挥系统（图9-3）覆盖了原油生产在线监测、原油集输在线监测、产能建设动态管理、重点油田监测、安全环保监控、应急抢险指挥及矿区综合治理等业务范围，并集成了已建的大量管理系统，做到了生产运行实时监测，作业队伍合理调度，应急抢险在线指挥。

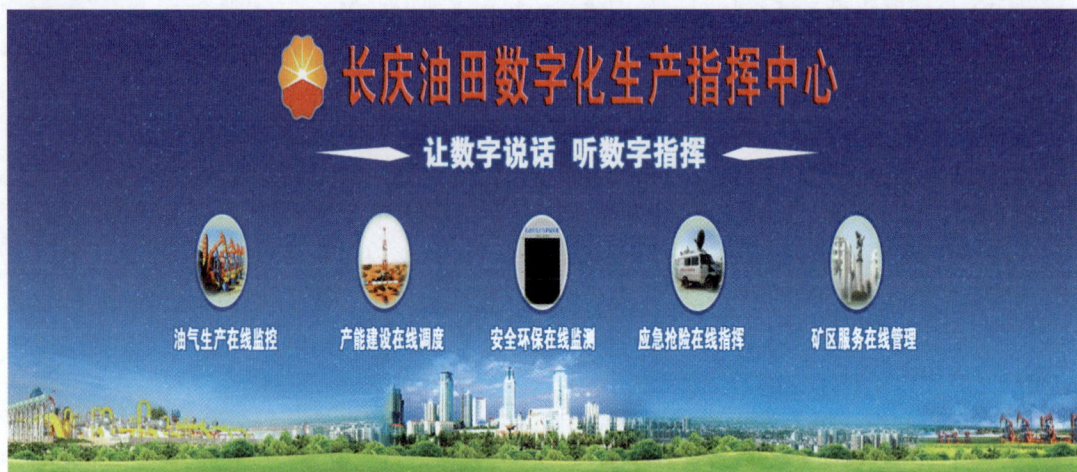

图9-3　采油厂数字化生产指挥系统

在公司数字化指挥中心搭建安全环保数字化信息平台，实现对三道防线的远程监视、预警，环境敏感区联合站以上输油泵、长输管道截断阀室、安全环保预防性基础设施等三个监控界面的建设，85台输油泵、20座截断阀、38个防护围栏（9条河，12处）远程监视点已实现信息接入和远程监视，并为采油厂的生产管理系统应用奠定了基础。

（二）油田公司数字化生产指挥系统

1. 数字化生产管理中心

按照复杂工作简单化、简单工作流程化、流程工作定量化、定量工作信息化的思路，以油、气、水三大系统为主线，结合生产岗位日常管理内容划分为多个子系统，形成采油厂、作业区、增压点、联合站等对站场、井场的联动监控。其主要进行如下监控：

（1）原油生产运行监控；

（2）原油产销监控；

（3）原油生产安全监控；

（4）储备库消防安全监控；

（5）环境敏感区输油泵运行监控；

（6）管线截断阀紧急关断监控；

（7）油区主要河流与水源拦油设施及应急抢险监视；

（8）应急通信设备调度；

（9）油区车辆监控；

（10）应急抢险指挥管理。

2. 数字化供电网络管理系统

实现全油田供电网络的运行参数在线监控、事故智能预警、故障分析、事故过程反演、电力符合预测、电网损耗优化等功能。其具体功能如下：

（1）电网运行监视管理；

（2）变电所运行监控；

（3）电网潮流监控；

（4）运行数据记录；

（5）报警查询；

（6）事故反演。

3. 数字化设备远程维护管理系统

数字化设备远程维护管理系统涵盖全油田各采油生产单位，建立数字化橇装设备的维护、保养档案，实时监视设备的运行和故障诊断，自动进行预警和报警，并对设备维护保养自动预先提示，生成和下达派工单。其主要具有如下功能：

（1）数字化增压橇故障监视；

（2）井场设备运行故障监视；

（3）设备故障统计分析；

（4）设备故障记录；

（5）故障报警显示；

（6）故障预警参数管理；

（7）数字化增压点故障监视；

（8）基本生产单元设备故障管理。

4. 数字化通信网络管理系统

对油田主要网络设备实施全面管理和故障监控，如网络运行监控、事件记录。

5. 输油管道完整性管理系统

完成各原油长输管道的运行监控、泄漏监测、维保提示、故障预警和运营评价等。如管道运行监控、管线道路监测。

三、后端：经营管理决策支持系统

后端以前端和中端为基础，以油气藏研究为中心，实现一体化研究，多学科协同，重点是建成以油气藏精细描述为核心的经营管理决策支持系统，配套推进企业资源计划系统（ERP）和管理信息系统（MIS）。

（一）油气藏经营管理决策支持系统

以数据库建设为中心向以油藏研究为中心转变，实现一体化研究，多学科协同，达到业务流和数据流的统一。

在前端、中端数字化建设取得重要进展的同时，把数字化与信息化建设的重点放在后端应用上，以油气藏经营管理为核心，充分利用现有软硬件资源，搭建集数据流、工作流于一体的多学科协同工作环境，实现数据收集自动化、业务运作流程化、成果展示直观化，形成有效的油藏开发指标评价和预警系统。该项目已于2011年正式上线运行。

（二）企业资源计划系统

将财务、采购、销售、生产、库存等业务综合集成，提升企业的经营管理水平。按照中国石油天然气集团公司（简称集团公司）ERP系统建设的整体部署，油田ERP项目建设克服了业务模式复杂、点多线长面广等各种困难，经过内外队伍的共同努力，全面完成了现状调研、业务分析、方案设计、系统配置、数据准备、用户培训等各阶段工作，使该项目正式上线运行。随着ERP的管理功能大大增强，同时集成了企业的其他管理功能（例如，质量管理、设备管理、运输管理、项目管理、人力资源管理、数据采集和过程控制接口、决策控制等），使得ERP真正成为超低渗透油藏各种资源管理的集成系统。

（三）企业管理信息系统

企业管理信息系统（MIS）是包括整个企业生产经营和管理活动的一个复杂系统，该系统通常包括生产管理、财务会计、物资供应、销售管理、劳动工资和人事管理等子系统，它们分别具有管理生产、财务会计、物资供应、产品销售和工资人事等工作职能。

以标准化体系建设为龙头，建立统一的信息管理平台，实现企业资源共享、集成与互动。近年来，按照集团公司信息化建设的统一部署，结合油田公司管理实际，有计划地开发GPS、电子商务、地面工程造价等37个管理信息系统。

一个完整的MIS应包括：辅助决策系统（DSS）、工业控制系统（IPC）、办公自动化系统（OA），以及数据库、模型库、方法库、知识库和与上级机关及外界交换信息的接口。特别是办公自动化系统、与上级机关及外界交换信息等都离不开企业内部网（Intranet）的应用。可以这样说，现代企业MIS不能没有Internet，但Internet的建立又必须依赖于MIS的体系结构和软硬件环境。

（四）油气水井生产数据管理系统

A2系统的成功实施，实现了油、气、水井日数据采集、集中存储、汇总、报表查询等生产数据的有效管理，实现了油水井生产数据录入、审核、自动汇总与上传全过程的统一管理和共享应用。

A2系统是用最新计算机软硬件技术、结合油田生产工艺，研制开发的实现油田生产管理全面自动化的监控和数据采集系统。该系统具有操作简单、功能齐全、性能可靠、应用广泛等特点。从现场测控管理计算机，从通信系统到管理网络，从软件到硬件，提供了完美的解决方案。系统应用如下功能。

（1）抽油井监测和控制：抽油机根据设定的工作点实现自动控制；监测需要的生产数据；小键盘远程遥控操作；遥控抽油机的启停；在线采集示功图。

（2）自喷井监测和控制：监测井监测和控制；小键盘远程遥控操作。

（3）水源井监测和控制：监测需要的生产数据；小键盘远程遥控操作；遥控阀门的开关和启停。

（4）联合站监测和控制：监测联合站油系统生产数据；监测联合站水系统生产数据；动态流程图显示联合站生产工艺。

（5）油井自动计量：监测需要的生产数据；实现油井油、气、水三相自动计量；遥控计量站倒井阀和压油阀；实时监测油井的计量过程；计量数据自动进入实时数据库和历史数据库。

（6）注水井监测：监测注水井的瞬时流量；监测注水井的累计流量；监测注水井的压力。

（7）油田生产管理数据库（DMS）：趋势图分析；报表生成；异常井号查询；通过Internet浏览生产数据。

（8）报警管理系统：多种报警级别；可按物理位置或类型查询报警信息；多窗口显示不同的报警信息；采用多媒体技术报警；在线打印报警信息；存储报警历史信息。

（9）系统维护与管理：增加或维护现场测控计算机；井况管理系统；报警管理系统；网络维护与管理；安全管理系统。

（10）低压矢量技术，电动机可在四象限运行，内置制动单元可在大容量变化负载：保护功能齐全；软启动功能；断杆、抽空时实现自动切换至工频状态或停机运行；延长了设备维修周期，降低了原油生产成本。

第十章　超低渗透油藏数字化生产管理与控制平台

第一节　数字化管理平台

一、开发思想

按照数据资源统一服务，公共资源一次建设，应用系统模块化建设、接口协议标准化的基本思路，全局规划，统筹考虑，实现基于面向服务架构（SOA）的数字化管理生产指挥平台。各应用模块可设数据报警限，采用预警报警功能将传统的油田管理转变为全天候、定量化、智能化的精确制导式的新型管理方式，真正达到"听数字指挥，让数字说话"。

数字化管理平台按油田公司级、采油厂级、作业区级和站级四级进行建设。每一级有各自要实现的确定功能。

结合当前先进的 IT 技术，数字化软件采用符合工厂模型的技术进行设计，支持服务器的 Web 网络发布，进行实时和历史数据管理，符合 B/S 和 C/S 混合模式的管理方式，实现了与井场仪表监控、视频监控、多媒体、大型关系数据库、报警管理、大型 GIS 系统嵌套、先进控制、调度管理、ERP 等进行无缝集成，为油田数字化提供了良好的应用平台。

IT 技术自身的特点要求数字化管理平台能将传统的 HMI/SCADA 功能与 MES、ERP 等层面的功能融为一体，同时保证能适应信息化的要求，如支持 OPCUA(unified architecture) OPC 统一架构等，与开放的基于 Internet 的通信标准 TCP/IP、HTTP、SOAP 和 XML 结合，支持复杂数据（包括数组、二进制结构、XML 文件等）的传输等，还需要具备将 GIS、虚拟现实、多媒体、视频等技术融入 HMI/SCADA 平台软件。

二、平台的基本功能

通过综合分析，超低渗透油藏数字化管理平台主要体现以下七个方面的功能：生产实时监控、安全智能监控、数据自动统计、工况智能分析、方案自动生成、系统远程维护和应急救援协调（图 10-1 和图 10-2）。

（一）生产实时监控

生产实时监控（realtime produce and supervisory control，RPC），主要是将企业各个生产装置（DCS、PLC、RTU、数字仪表等）控制系统实时集中监控，并且制作报表以及对实时数据进行应用分析。

（二）安全智能监控

生产管理平台监控系统能够监控其所辖区域的整个生产过程，预防和处理突发事故，实现高效率生产，将生产风险降至最低。

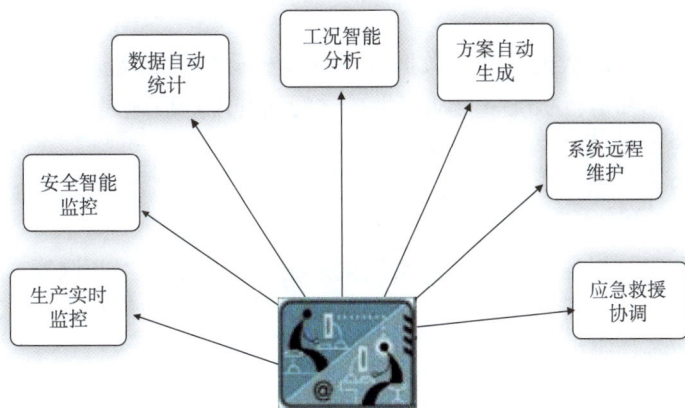

图 10-1 智能化生产管理平台的基本功能

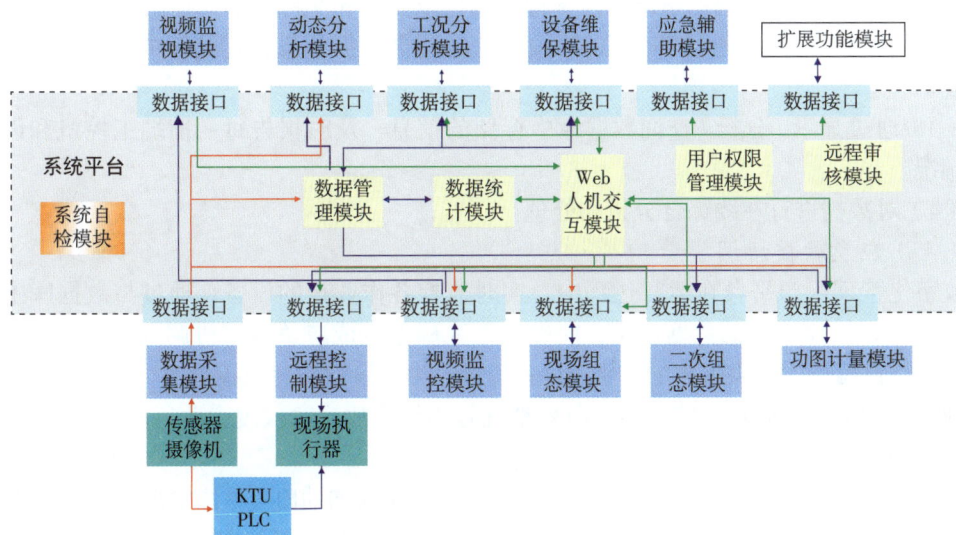

图 10-2 管理平台的实现过程

安全智能监控基于有线或无线网络，实现对重大危险源的远程实时监测和预警，企业布线前端监控点摄像机的视频信号、监测报警信号通过监测采集器与监控中心网络连接，通过光缆或无线将工作现场的视频图像、生产参数（压力、温度、浓度、液位、流量、载荷、位移等）实时地传到监控中心并挂在内部局域网的监控服务器上，实现真正意义上的数字化、远程重大危险源监测和预警。安全监管相关部门可以通过内部的局域网访问监控中心的监控服务器来实时监控现场的情况，对油田厂区进行远程的监督管理和应急调度。

（三）数据自动诊断分析

（1）研究功图法计量原理，结合井场具体实际，提出修正方法，提高计量精度。拓展功图法计量的信息利用范围，诊断抽油机系统工况，优化机械采油系统参数。

（2）采集主要生产场所压力、温度、流量、液位等参数，通过可燃气体检测仪和视频监视系统，实现对各种生产异常情况的自动诊断分析。

（四）油井智能分析

利用采集油井的实时数据、功图数据以及抽油机运行状况数据和注水数据，进行分析诊断，智能地分析油井运行状况，自动产生科学的油井维护措施建议。

（五）方案自动生成

在生产过程中，根据采集到的实际参数，按照一定的数学模型和模糊判断，生成当前预警方案或实际执行方案。

生产管理平台还可以通过集成各专家优化系统，实现油田生产调度、优化建议、措施等方案的自动生成；生产管理平台通过对设备维修保养检测的信息跟踪管理，能自动生成报警信息，并生成各种维护保养检测计划。

（六）系统远程维护

系统远程维护平台完全依托现有的油田网络，实时跟踪辖区内各监控点的运行状态，并进行在线故障定位和诊断。其工作流程是：

（1）前端监控软件提供系统所需各种数据，以数据库文件的形式存储于工控机中。

（2）利用油田网，通过 B/S 或 C/S 模式获取所需数据信息，存储于中心数字化平台数据库中。

（3）通过显示 / 分析 / 查询数据库中存储的信息，及时报告每一前端工控机和设备的运行情况。

（4）对数据进行在线综合分析和处理。

（七）应急救援协调

数字化管理生产平台在运行过程中，实时监控各作业点的设备，通过与数据库中参数的实时对比，按照一定的数据模型，能够及时准确地生成应急救援协调方案。还可预测危险源、危险目标可能发生事故的类别、危害程度，生成事故应急救援方案。考虑现有物质、人员及危险源的具体条件，能及时、有效地统筹指导事故应急救援行动。

（1）下达预警指令。

（2）及时向油田各单位发布和传递预警信息。

（3）油田相关单位连续跟踪事态发展，采取防范控制措施，做好相应的应急准备。

（4）油田公司应急机构进入应急准备，采取相应防范控制措施。

三、平台框架

平台总体建设框架为一库一平台两系统，即一个综合数据库、一个平台、生产管理系统和智能专家系统。

（一）综合数据库

综合数据库包含实时数据库和关系数据库（图10-3）。通过应用本系统的生产管理模块，管理

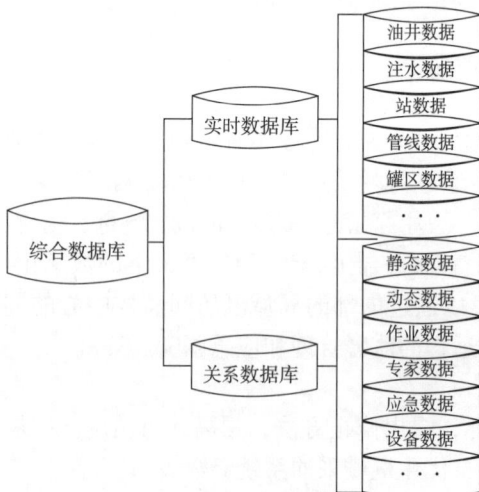

图 10-3　综合数据库

者能够随时了解生产情况，同时还可以帮助油田管理者有效控制生产环节，及时了解生产状况，发现存在的问题，避免库存积压。

1. 实时数据库

实时数据库可用于工厂过程的自动采集、存储和监视，可在线存储每个工艺过程点的多年数据，可以提供清晰、精确的操作情况画面，用户既可浏览工厂当前的生产情况，也可回顾过去的生产情况。可以说，实时数据库对于流程工厂来说就如同飞机上的"黑匣子"。

实时数据库在油田的具体应用中，存储数据包括油压、套压、温度、电压、电量、电流、浓度、液位、流量、载荷、位移等以及功图数据，采集数据包括注水井、配水间、注水站等数据。

实时数据库负责整个应用系统的实时数据处理、历史数据存储、统计数据处理、数据服务请求、事件触发器管理、调度管理、资源管理、系统配置等，能够及时快速地检索数据。

2. 关系数据库

由于油田数据量大，实时数据库只能满足简单条件的数据查询，不能满足复杂条件的数据查询，因此在使用中同时要结合关系数据库使用。

对于实时数据库存储的数据可以同时存储到关系数据库。能够便利地对海量数据进行综合的分析处理，这在专家系统中尤其重要。在智能专家系统访问关系数据库时，可以按数据的收集方法分类分析处理。比如，压力超过设定值的有多少口井，这些井都是分布在哪个作业区等，通过数据查询统计，专家系统可以通过生产压力分析地层情况。在分析数据时还可以按时间关系分析关系数据库中的数据，即按照被描述对象与时间的关系，可以将统计数据分为截面数据和时间数据。截面数据是指同一时间不同空间上的数据。时间数据是指同一空间不同时间上的数据。比如，在某时间段内低于 $3m^3/d$ 产量的井都有哪些，通过功图和某些相关数据分析产量过低是怎么造成的。

（二）数字化管理平台

数字化管理平台主要是将数据库与生产管理系统和智能专家系统采用计算机有机地相互连接，同时可通过显示屏和操作系统控制整个油田生产调度工作。

（三）生产管理系统

生产管理系统负责所辖区域内整个生产的协调工作和正常运行。其包括数据自动采集、异常自动报警、单井电子巡井、远程自动控制、油田自动调度、油井动态分析、生产数据管理、应急指挥抢险和设备数据管理。

1. 生产数据管理

数据的自动采集、电子巡井，会触发自动报警，根据实际生产需要产生联动，平台能够按照一定的模型和在关系数据库中设定的参数，发出远程自动控制指令，即根据报警的等级，会发出油田自动调度和应急指挥抢险指令。生产管理系统中的油井动态分析、生产数据管理（图 10 - 4）和设备数据管理，还可供专家对数据进行深度分析并以此为参考，来指导生产动态调整。

2. 设备数据管理

实现对井站动设备、阀门、一次仪表以及附件设备维修、保养、润滑、检测的自动报警及分析功能，合理安排设备的维修、保修、检测计划等，有助于科学合理地安排设备备品、备件的采购库存，如图 10 - 5 所示。

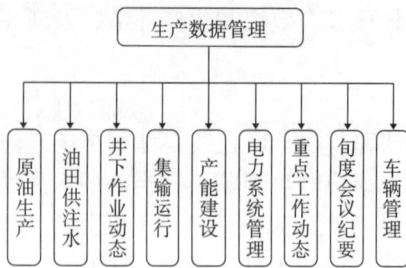

图 10-4　生产数据管理

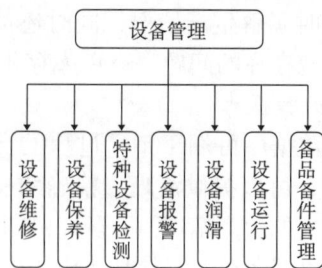

图 10-5　设备维修、维护管理

（四）智能专家系统

油田智能专家系统是一个面向对象的、图形化的、可定制的软件平台，用于快速构建智能专家系统。这些应用实时获取生产层、控制层和管理层的大量数据，并按照最有能力的人（专家）的方式进行实时处理，提供决策建议或直接采取相应的行动，使过去需要人类专家直接参与的过程实现了自动化。智能专家系统可用于决策支持、智能监控和过程控制、故障诊断等领域。智能专家系统与油田的应用系统、数据库、控制系统、网络系统等各种外部系统紧密结合，提高了生产效率，实现了自动化生产和监控。

智能专家系统分工艺专家系统、地质专家系统和油藏管理三部分。

1. 工艺专家子系统

通过建立适合超低渗透油藏特点的专家知识库、油井故障实时诊断方法，提供采油工程设计的具体方案等。系统从油井开井实时跟踪分析油井生产情况，充分利用实时数据，分析生成日常维护方案以及生产参数的优化建议书等。

利用平台产生实时油井生产数据和油井基本数据，对各类油井生产情况进行诊断，及时反馈信息；确定油井是否在正常状态下生产；对故障进行诊断，找出故障出现的原因，提出解决方案。

2. 地质专家子系统

利用动态数据，分析井、区块、油田的产能变化趋势，形成科学的油田开发和措施建议方案，提供指导决策支持，实现单井产能评价与配产、动态预测等功能，如图 10-6 所示。

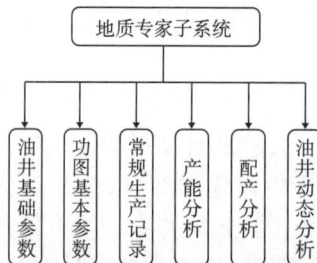

图 10-6　地质专家子系统

3. 油藏管理子系统

利用工艺和地质专家系统对油井和区块分析形成的结论，结合井的动静态数据库数据、勘探、测井等信息，应用油藏分析技术，形成分层、分区块、分油田的管理格局，为滚动开发提供决策依据，指导实现"一井一法一工艺"作业，提高单井产量和采收率。

第二节　应用模块

一、集输模块

原油集输就是把油井生产的油气收集、输送和处理成合格原油的过程。这一过程从油井井口开始,将油井生产出来的原油和伴生的天然气产品,在油田上进行集中和必要的处理或初加工,使之成为合格的原油后,再送往长距离输油管线的首站外输,或者送往矿场油库经其他运输方式送到炼油厂或转运码头。合格的天然气集中到输气管线首站,再送往石油化工厂、液化气厂或其他用户。

概括地说,油气集输的工作范围是指以油井为起点,矿场原油库或输油、输气管线首站为终点的矿场业务。

一般油气集输系统包括:从油井、计量站、接转站到集中处理站的称为三级布站,从计量站直接到集中处理站的称为二级布站;集中处理、注水、污水处理及变电建在一起的称为联合站。

油井、计量站、集中处理站是收集油气并对油气进行初步加工的主要场所,它们之间由油气收集和输送管线连接。

各站外输的基本参数如下:

(1)联合站外输情况。外输汇管压力、温度、流量、含水净化罐液位及沉降罐液位均为实时数据。

(2)增压站外输表格。输油泵压力、温度、流量及今日外输累计液量均为实时数据。

(3)井场外输。管线压力与昨日井场产液和管线压力均为实时数据。

在集输过程中,为了便于管理和生产监控,可将集输管理流程分为三级,显示管理单元、生产管理单元和基本生产单元(图10-7)。各个界面能够展示实时数据、历史数据,设置集输管网压力、温度、流量以及大罐液位的报警上下限。若出现异常则及时报警,确保集输系统平稳运行。

(一)显示管理单元

原油集输在数字化管理生产平台尤其重要,从井口到计量站、集输站、联合站,最终至炼油厂,都和原油集输紧密相关。

显示管理单元即报表系统,报表系统分为生产报表与系统报表。各个系统的生产数据将在生产报表中体现。每个生产系统的报表分为日报、月报和年报三种类型,可以根据时间、系统等进行查询,如图10-8至图10-11所示。

(1)显示原油集输系统生产运行参数:外输压力、外输流量、外输温度、交油量、库容、库存。

外输压力:计量站外输压力、集输站外输压力、联合站外输压力及增压站外输压力。

外输温度:计量站外输温度、集输站外输温度、联合站外输温度及增压站外输温度。

数字化管理生产平台对计量站、增压站、联合站等的集输工艺过程进行动态、实时、逼真的显示;能对监测的结果自动存盘记录;对异常的情况及时准确地进行报警;并且能

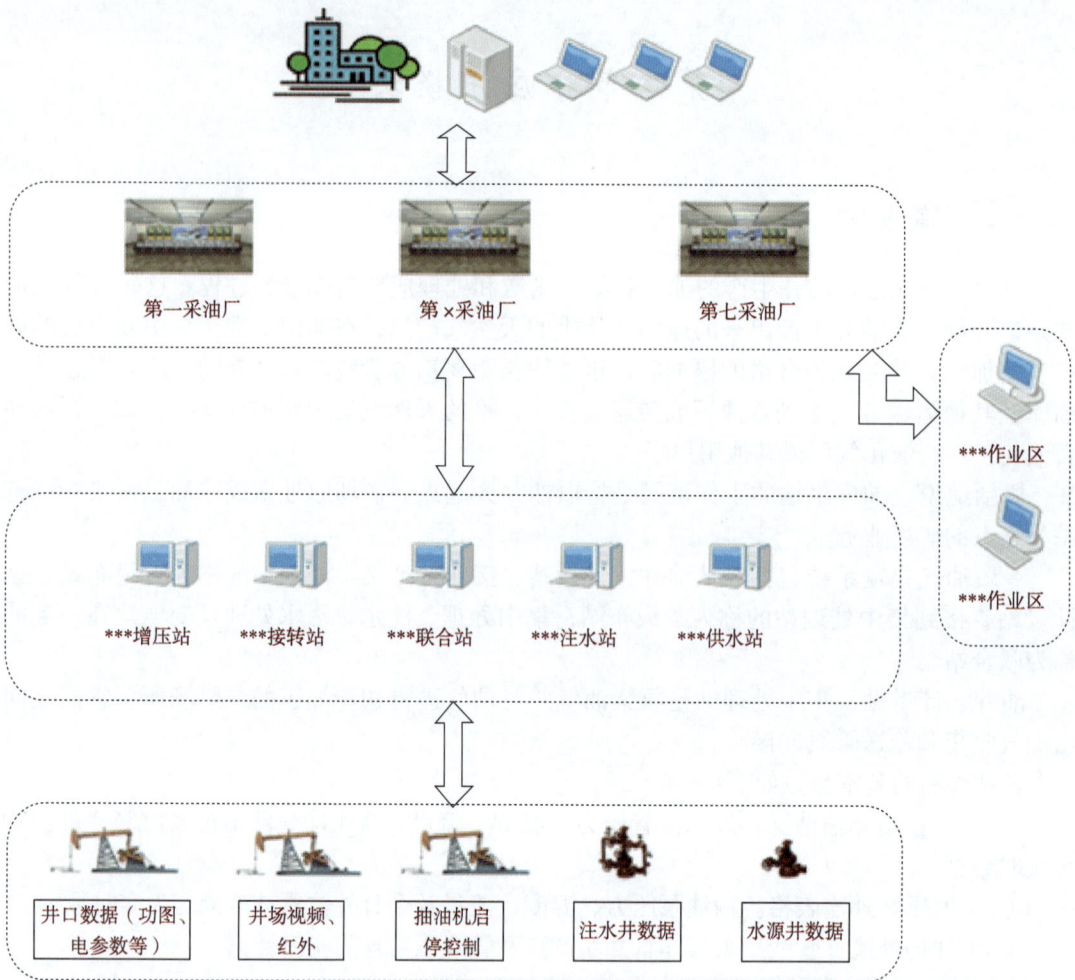

图 10-7 集输过程管理

根据需要进行报表打印以及向使用者提供帮助等功能。可动态显示各监控变量的实施变化；能作出历史曲线分析图；能实现历史报表和瞬时报表的打印；能实现历史数据查询；能实现报表数据上厂局域网；能够实现污水罐的液位报警；能够使整个集输站各设备实现自动化的监测和及时的控制，使整个集输站自动化水平得到了极大的提高。

对油量的贸易交接可以随时监控历史交油量，可对所有油罐库容量和库存量单独统计和综合统计，能够及时掌握当前油量和历史油量。

（2）显示原油集输管网运行状态：蓝色表示输油，红色表示运行异常，黑色表示未输油。

输油管道实时泄漏报警及漏点定位系统。利用检测压力和流量两个参数来确定泄漏，具体是在首端和末端各安装一套微机监测装置。通过安装高精度压力传感器和流量脉冲器来检测压力和流量信号。监测装置进行数据采集、数据处理、数据分析和数据的无线传送。当管道发生泄漏时，系统将发出报警信号，通过无线电台或无线网桥自动将数据传输到最近控制站点，根据定位公式软件处理可自动计算出泄漏点的位置，并将最终处理数据通过网络传到数字化管理平台。数字化平台可以及时将收到的数据处理并显示，如果输油管线

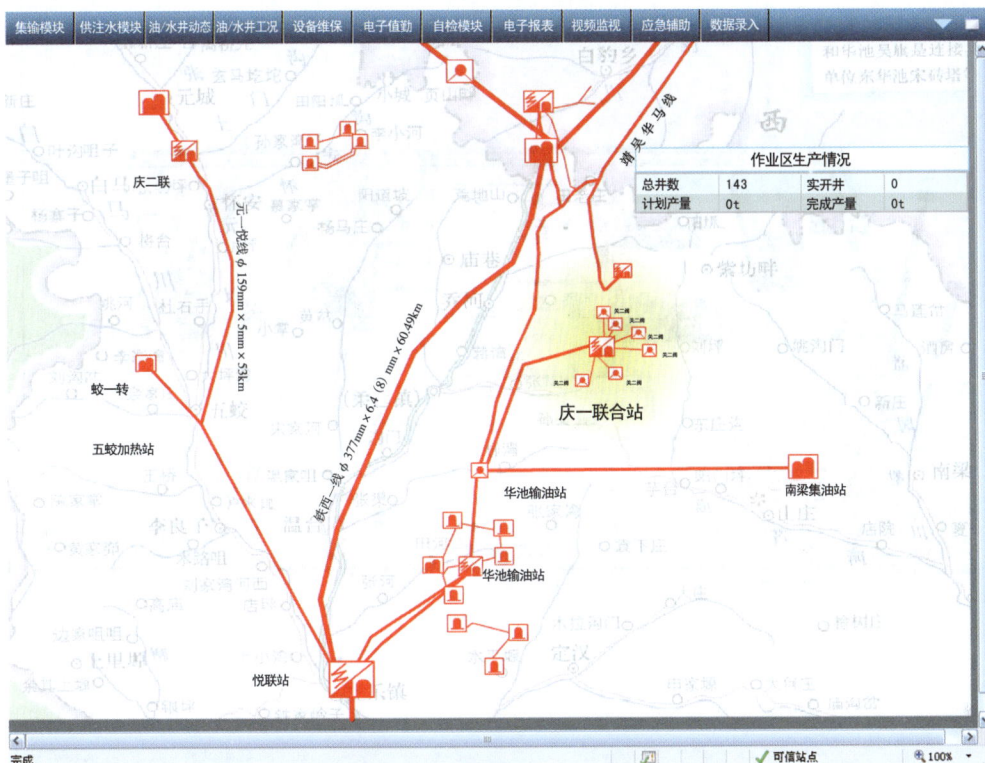

图 10-8　集输系统——采油厂

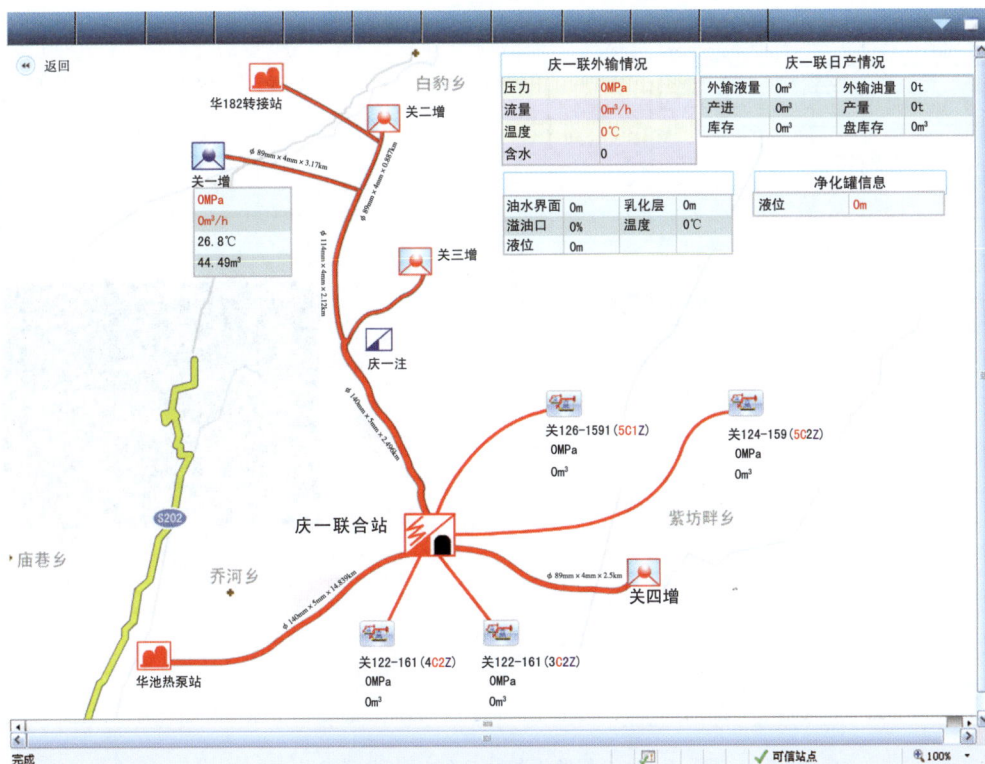

图 10-9　集输系统——作业区

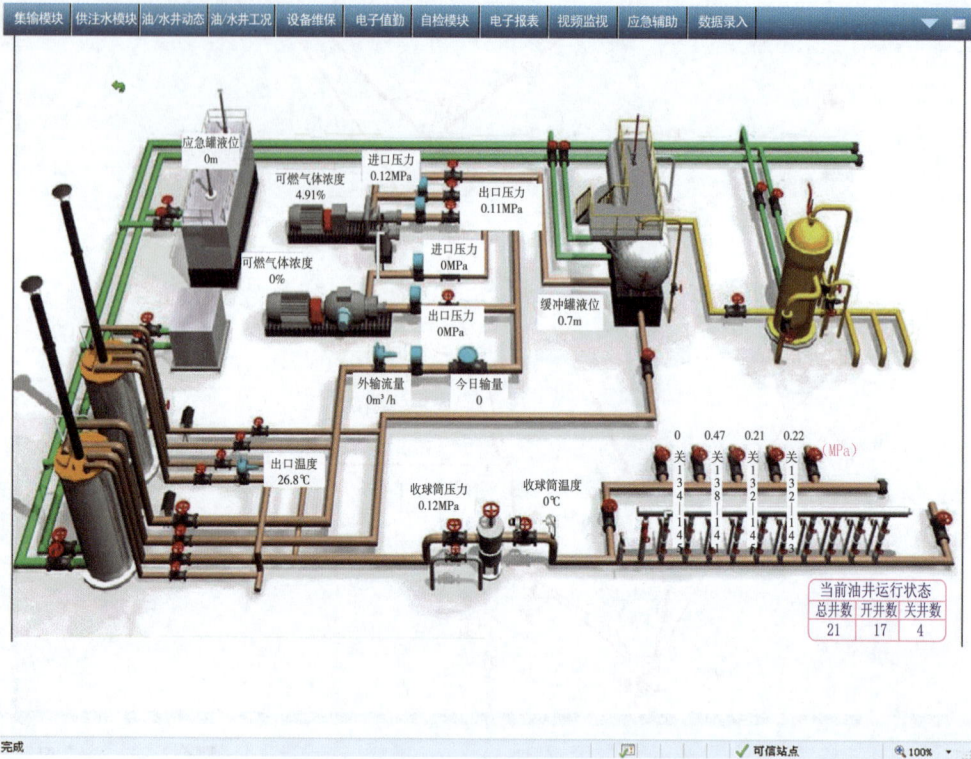

图 10-10　集输系统——增压点流程监控

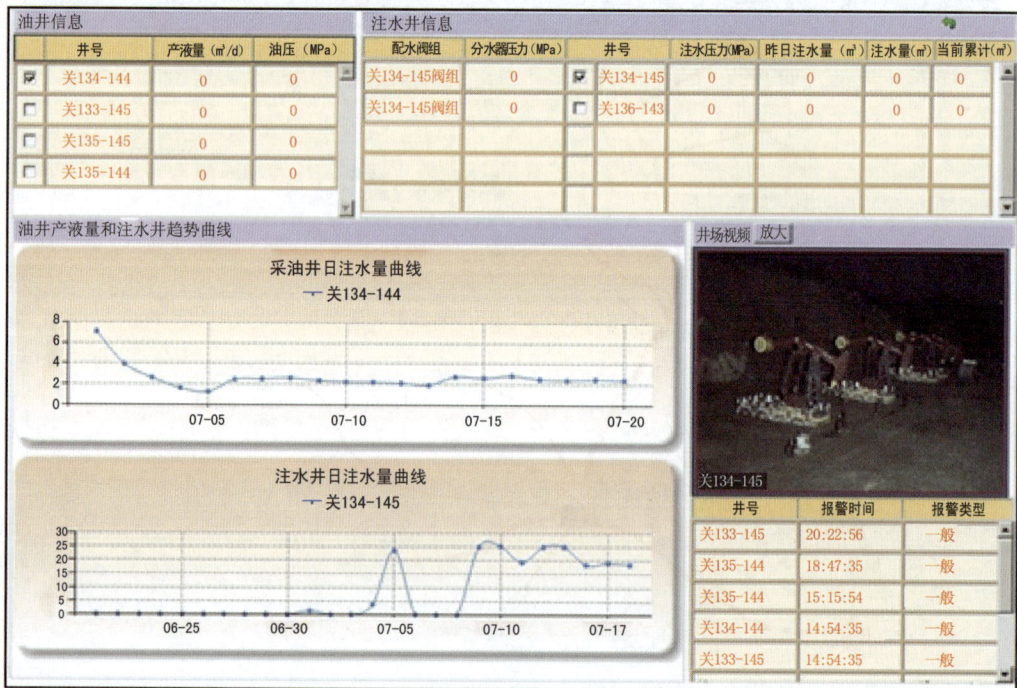

图 10-11　集输系统——增压点电子巡井

异常，该输油管网被标以醒目红色，正常输油用蓝色表示，未输油用黑色表示。在管理平台收到管线泄漏信号后，除管线颜色报警之外，还有声音报警提示，软件并作报警记录。

数字化生产管理平台是石油输送管道的中央实时监控机构，对管段的工艺参数实时监测，把 SCADA 系统收集的数据提供给计算机。把这种信息与该管道构型的模式结合起来，计算出能模仿真实管道实际液压行为的参数值。一旦有管道泄漏发生，该模式就再不会与 SCADA 数据保持一致。此时，控制中心将确定是误报警还是有实际泄漏。若这种评估确定有泄漏，则遥控关闭管道，并派遣巡护人员前往泄漏或断裂部位维修。本系统针对单个泵站主要实现以下目标：

①每个管段压力、温度及流量等参数的实时采集与监测；

②加压泵站泵运行状态检测与控制；

③每个管段渗漏监测与控制。

通过本系统的建立，能够实现输油管线管理的信息化、规范化、科学化和网络化，便于管道的维护保养。

（3）可导航查看站场、井场和管线运行情况。

由于油田整个生产系统过于庞大，地理环境复杂，工况恶劣，仅通过人员实地巡查管线，要翻越沟壑，趟过河流，投入人力很多，劳动强度很大。通过远程无线和有线监控，可以实时监视站场、井场、管线运行情况，可以全面监管生产运行。遇到突发管线泄漏时，平台软件可自动生成应急方案，可及时实施应急救援。

（4）关键运行参数超过设置报警限时，发送报警信息到相关岗位。

数字化管理生产平台可以实现 24h 对油井工况实时监测，诊断分析计量设计软件对接收信息和数据进行分析，并对油井工况监控和故障诊断结果进行实时报警，当关键运行参数超过设置报警限时，平台软件发出声光报警，并及时将报警信息发送到相关岗位，使之能够及时处理异常情况，减少生产损失。

（5）提供一个月内历史数据查询。

为了便于调阅历史记录，平台管理系统提供了历史数据库的支持，通过历史数据库，可以对系统平台涉及的各类历史数据进行查询、统计和分析。

（二）基本生产单元

基本生产单元分为：油井工况智能诊断、单井每小时功图计量一次、视频智能监控、供水注水系统诊断、油井和水源井远程启停、抽油机远程调冲次、远程注水量调配、自动投球、异常工况语音报警、变频连续输油、自动启停输油泵、管线故障提示、外输温度异常报警、缓冲罐运行液位设置、报表自动生成、操作信息记录和追溯。

二、供注水模块

注水系统主要包括注水阀组、注水管线、注水管串和注水方式等内容。利用注水井把水注入油层，以补充和保持油层压力的措施称为注水。油田投入开发后，随着开采时间的延长，油层本身能量将不断地被消耗，导致油层压力不断下降，地下原油大量脱气，黏度增加，流动性变差，油井产量大大减少。为了弥补原油采出后所造成的地下亏空，保持或提高油层压力是油田开发中的一项重要措施。而实施超前注水则是超低渗透油藏保持地层能量开采最有效手段，因而要实现油田长期稳产，并获得较高的采收率，必须对油田进行注水。

供水系统一般包括水源井、供水管线、水质处理、供水泵站等流程。

（1）模块设计功能如下：

①实时显示供注水管网、注水井、水源井运行状态和相关参数，可设置注水井注水压力和瞬时流量波动上下限。若实时数据超限，系统会及时报警，确保平稳注水。

②显示供注水系统生产运行参数：注水井总数、开井数、日配注量、日累计注水量、污水注入量、清水注入量和水罐储量。

③显示供注水系统运行状态：绿色表示运行正常，红色表示运行异常。

④可导航查看注水阀组运行情况：汇管压力、各注水井压力和流量。

⑤可导航查看水源井运行情况：井口压力、井口的瞬时流量和累计流量。

⑥关键运行参数超过设置报警限时，发送报警信息到相关岗位。

⑦提供一个月内历史数据查询。

⑧数字化管理系统的供注水模块对瞬时流量、累计流量、井口压力等数据进行实时监测，并支持远程配注。通过趋势曲线分析注水量及配注量的对比情况，超注、欠注情况一目了然。

（2）主要功能简介。

注水井远程配注数据查询：选择需要配置的注水井，在"井号"下拉框中选择实际井号，点击"设置"按钮后，程序即可查询到该井的注水量、注水压力（MPa）、昨日注水量（m³）、当前累计注水量(m³)、配水阀组名称、配注时间和分水器压力等参数，并绘制注水井注水趋势曲线，能够直观地反映注水。

生产曲线——注水井：选择注水井后，选中相应项前边的选择框，则呈现相应的趋势曲线。选择好起始时间后，点击设置起始时间，点击"历史"可以显示起始日期在取值范围内的趋势曲线，如果要连续观察实时变化的值，点击"实时"按钮即可。

注水井流量压力监测：查看注水井运行压力、瞬时流量、累计流量及其变化曲线。窗口上部用井口以及压力表形式显示注水井运行参数，下部显示水井运行参数压力曲线和瞬时流量，如图10-12所示。

注水井故障判识：查询时间段内注水井运行故障。注水井名称、时间段以及故障类型，显示对应的故障注水井名称。

阶段注水分析：根据一段时期内注水井压力，以及配注水量与实际注水量的变化分析注水效果。上部显示分水器压力、注水压力和油套压对比曲线，下部显示配注水量与日累计注水量对比曲线。根据压力趋势曲线，以及日配注量与日注水量对比曲线分析注水井阶段注水状况，确保注水井按计划注水，发现问题及时采取措施。

单井配注状况：支持单井配注状况查询以及管理单元所有水井配注状况查询。显示通信状态、日配注量、日注水量以及超欠注水量。通过表格数据，可以直观分析单井一段数据内的总体注水情况。

通过供注水管网图可一目了然地看到全厂供水管线的运行情况和供注水运行参数，如图10-13所示。

注水曲线：注水曲线分为历史曲线和瞬时曲线，通过对曲线的绘制，能够真实反映当前和近期注水情况，给后续生产提供参考。

图 10-12　供注水系统——注水井压力、流量等参数查询图

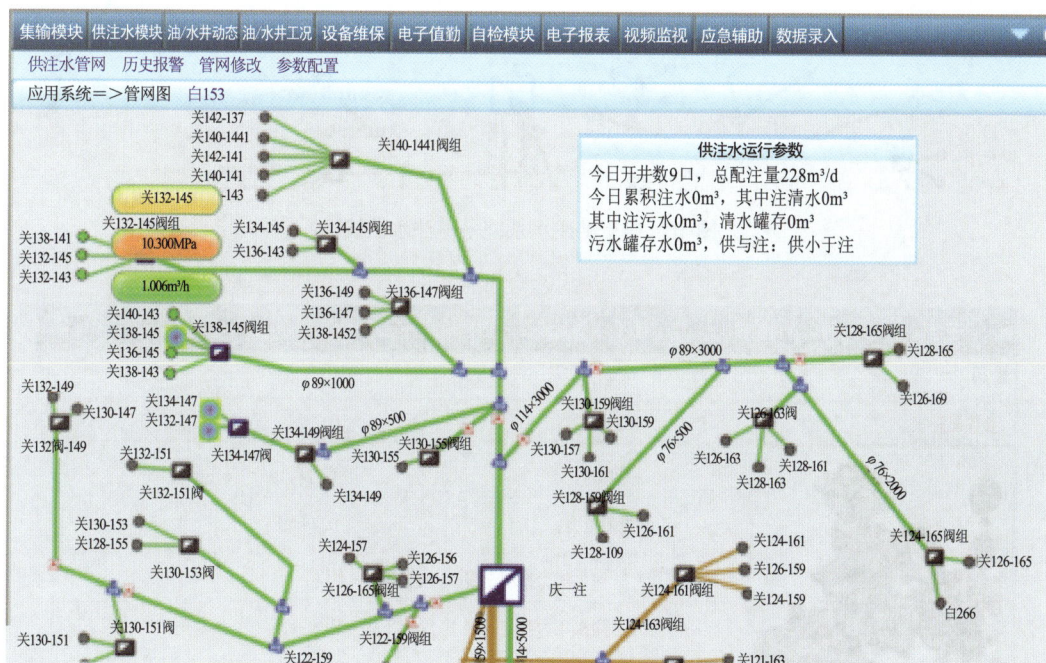

图 10-13　供注水系统——全厂供水管线总图

注水的主要参数：井号、当前是否开井、当前注水压力、配注量、注水瞬时流量和日累计流量。

为方便分析注水量和油井生产情况，可以通过压力和瞬时流量分别绘制注水压力曲线和注水瞬时流量曲线（图 10-14）。注水曲线可以按天、周或月进行绘制，以便分析历史

数据,这样可以指导后续生产。

注水报警:注水报警分为历史报警和实时报警,能够反映注水的压力是否正常,当注水压力超过设定的上限或下限压力值时,平台软件发出声光报警,并及时将报警信息发送到相关岗位,使之能够及时处理异常情况,减少生产中的损失(图10-15)。

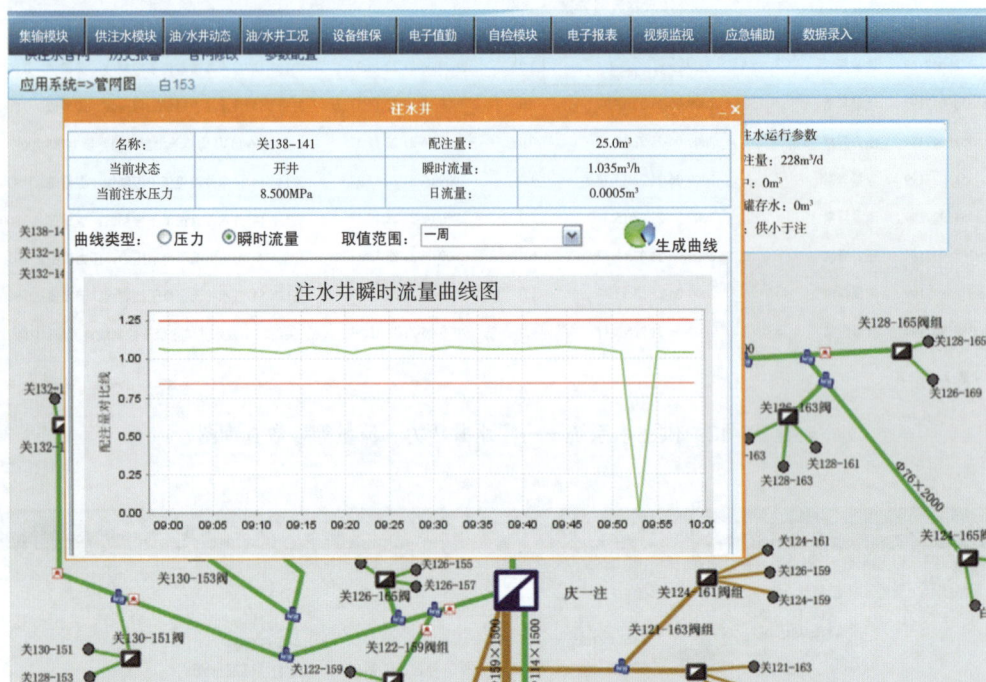

图 10-14 供注水系统——注水曲线

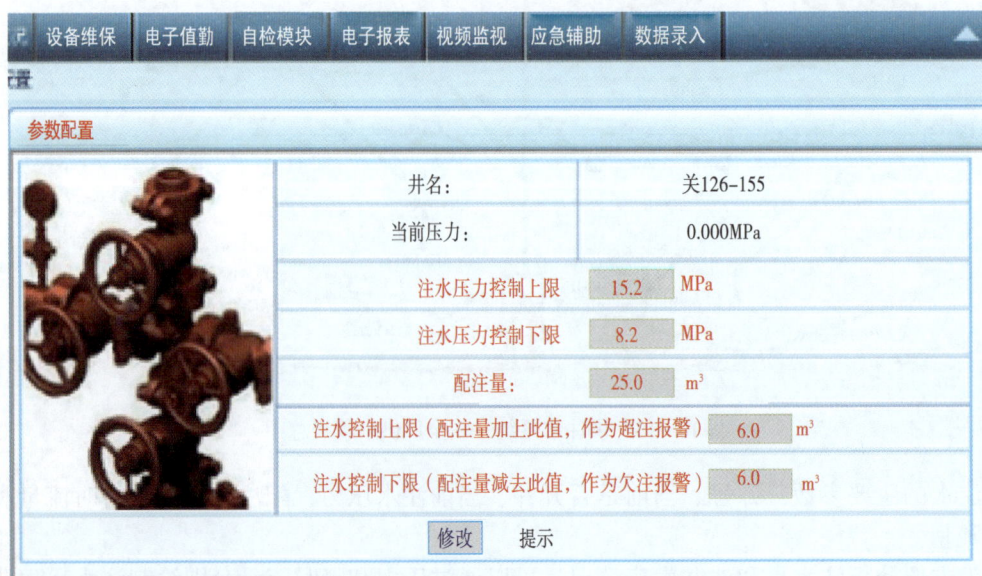

图 10-15 供注水系统——注水报警设置

三、油水井动态模块

油水井动态分析是利用油水井每天的生产日数据（动态）和部分静态数据（井属性和井位等），利用当日和历史生产数据，从单井、井组和区块三个层次进行分析和显示。当生产井的产液量、产油量以及含水发生较大变化时系统自动提示报警。另外，采用 B/S（浏览器/服务器）模式，在 IE 浏览器下可实现油水井生产报警及实用分析功能。

（一）单井分析及单井动态分析

单井分析：提供油水井历史数据查询，针对不同时段的生产数据进行对比分析，绘制注采曲线，进行趋势分析。

单井动态分析主要是分析油水井井下管柱工作状况是否正常，工作制度是否合理，生产能力和各项生产指标有无变化，以及增产、增注措施效果和油层运用状况等。

单井进行动态分析时需要下列资料。

（1）静态资料：井别、投产时间、开采层位、完井方式、射开厚度、地层系数、所属层系及井位关系等。

（2）动态生产数据及参数资料：日产液量、日产油量、含水率、日注水平、动液面深度，以及油井所用机型、泵径、冲程、冲次、投产初期及目前生产情况；注水井井下管柱、分层情况、注水压力、层段配注和实注水量等。

（3）曲线及图表：单井生产曲线、注水曲线、吸水剖面曲线、产液剖面曲线和注水指示曲线；横向图、油砂体平面图、构造井位图、油水井油层连通图；油砂体数据表、油井生产数据表、注水井生产数据表、油水井措施前后对比表等。

通过大量的历史数据及单井的动态和静态资料，再由专家系统提供的数学模型，我们便可以在数字化平台上分析出单井的产液量、产油量以及含水发生较大变化的原因。

在专家系统提供的数学模型上，利用当日和历史生产数据可对注水井进行动态分析。注水井动态分析的目的就是把注水井管理好，尽量做到分层注采平衡和压力平衡，保证油井长期高产稳产。

（二）注水井油管、套管压力变化分析

正注井的油管压力，表示注入水自泵站，经过地面管线和配水间到注水井井口的压力，也称为井口压力。

正注井的套管压力表示油管与套管环形空间的压力。下封隔器的井，套管压力只表示第一级封隔器以上油管与套管之间的压力。

由此可以看出，能够引起注水井压力变化的因素有：泵压变化，地面管线穿孔或被堵，封隔器失效，配水嘴被堵或脱落，管外水泥窜槽，底部阀门球与球座不密封等。

（三）井组分析

井组分析：绘制井组注采曲线，进行趋势分析。

数字化平台根据井口压力、瞬时液量、含水率和注水量等参数可以绘制采注曲线，进行趋势分析。通过智能专家系统的数据分析，可以生成方案，对井组生产状态进行调整，使压力符合开发要求，使产量符合采油速度，使产液量和注水量符合注采比，使生产制度适应开发调整方案，使注水井满足采油井生产的需要，使含水变化符合指标要求。理清井组各油水井各层的连通状况，确保有效注水和正常采油；进一步求证此前对油田地质情况的认识，以求尽可能全面掌握地下状况；挖掘油田生产潜力，确保油田稳产高产。

（四）区块分析

区块分析：绘制油井开井数、日产液量、日注水量等区块的综合曲线和开采现状图，分析区块生产趋势。区块分析能够总体把握整个生产，对作业统一调配，达到生产的优化。

当油水井的产液量、产油量、含水以及注水量的平均值超限时，系统自动报警提示，同时将报警信息下发给作业区，使之立即处理报警单井或报警井组，通过智能专家系统分析报警原因（图 10-16 和图 10-17）。

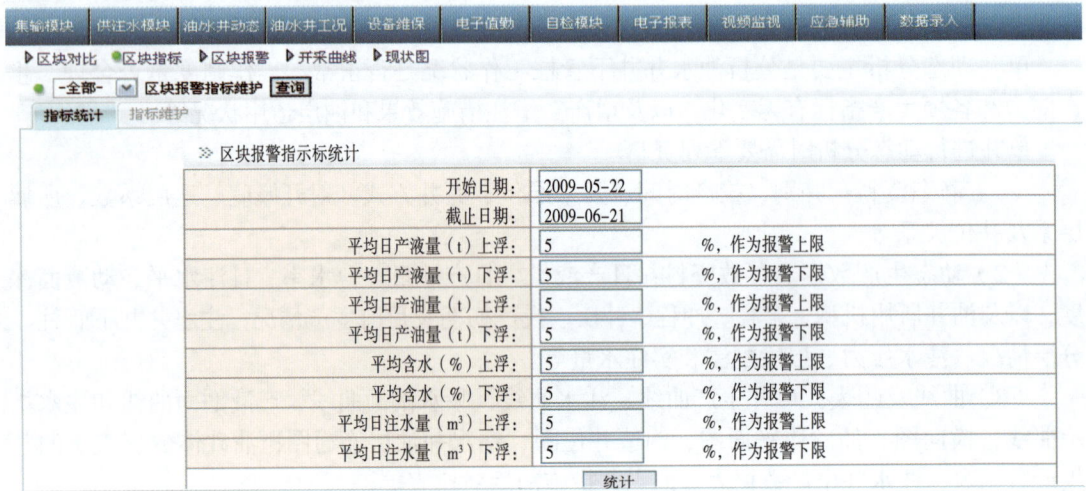

图 10-16　油水井动态模块——报警设置

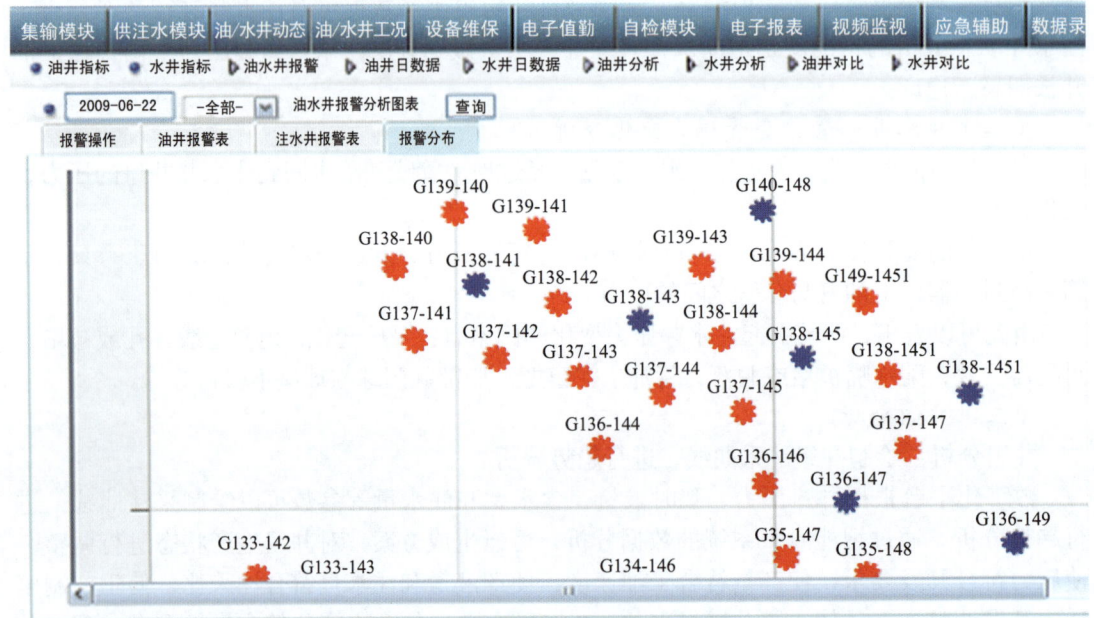

图 10-17　油水井动态模块——开采现状图

（五）油井示功图动态分析

如前所述，生产动态分析主要包括油井功图历史查询及叠加，以及最大最小载荷线绘制。由此可以对油井工况进行分析判断。通过示功图计算产液量，可以消除抽油杆柱的变形、杆柱的黏滞阻力、振动和惯性等的影响。

各种泵况功图的几何特征都突出表现在阀开启的位置变化，所以阀开启点和关闭点的位置确定，以及对阀开启滞后和关闭超前产生的无效冲程造成的排量损失的计算都很重要。

计算抽油井油管内的压力分布和密度分布，对于掌握抽油机井油管内气液两相流的流动型态、计算抽油泵的效率及抽油机井的产液量极为重要。

（六）功图历史查询及叠加

在数字化管理平台上可以调阅历史数据绘制功图，对单井生产进行动态分析。示功图的数据查阅可以按照时间的方式绘制某单井功图。选择任一增压站点任一口井，然后通过时间选择，可以查看任一时刻功图，也可以选择多个时刻查看功图叠加情况，可以分析井生产稳定情况，进而为调整井的工作制度提供依据。对功图进行操作时，载荷和详细信息会发生变化，观察其最大最小载荷变化情况，从中可以推断井筒结蜡和结垢情况，便于对井进行有效管理。

四、油水井工况模块

油水井工况分析是以油井功图法计量网络化系统为支撑，为数字化平台建设开发的一套数字化生产动态运行管理子模块。该模块可以实时显示油水井生产工作状态，具有工况动态分析、故障统计、故障分布、措施建议、报表生成、示功图历史查询及叠加和最大最小载荷变化趋势分析等功能。

采油厂、作业区各级技术管理人员，通过油水井生产工况动态分析系统，可以实时掌握所辖范围内油水井的工况统计分布情况，并可以通过故障井措施建议，对油水井进行及时有效管理。

对油水井工况进行实时诊断，显示油井示功图、泵功图、诊断结果和注水压力、注入量、注水井工况，并提出措施建议。

例如系统对油井故障的自动诊断，连抽带喷、固定阀卡死（不能打开）、泵严重磨损（不能关闭）、抽油杆断脱、气锁、完全液击、气体影响、供液不足、柱塞脱出工作筒、固定阀漏失、游动阀漏失、液体或机械摩阻、泵筒弯曲和泵上下碰等。这些可通过示功图和泵功图来诊断。

（一）显示油井生产参数

冲程、冲次、日产液、泵效和泵工作状况。

通过实时数据采集井口，分析抽油机的冲程、冲次和日产液量等工作参数，可以得知该井的生产状况。对自喷井、抽油机井、电潜泵井、螺杆泵井采集电压、电流、功率、载荷、冲次、冲程、井口压力、油温、生产时率、曲柄销子、转速、扭矩及巡井时间等生产参数的采集，再由智能专家系统进行具体分析。

功图法计量中的参数能够反映抽油机的工作状况，功图技术以示功图有效冲程的确定为突破点，依据示功图理论、泵功图工况识别及诊断理论技术的研究和应用效果，利用地面示功图计算分析单井产液量（图 10-18）。

通过功图参数可绘制出示功图曲线、油压图曲线、电流图曲线、无功功率图曲线、有功功率图曲线和功率因数图曲线，同时结合其他参数还可以反映油井另外的状况，如 RTU 卡在线状态、油井是否停电、曲柄销子脱落、三相电流缺相、油井停抽、皮带断和三相电流不平衡等。

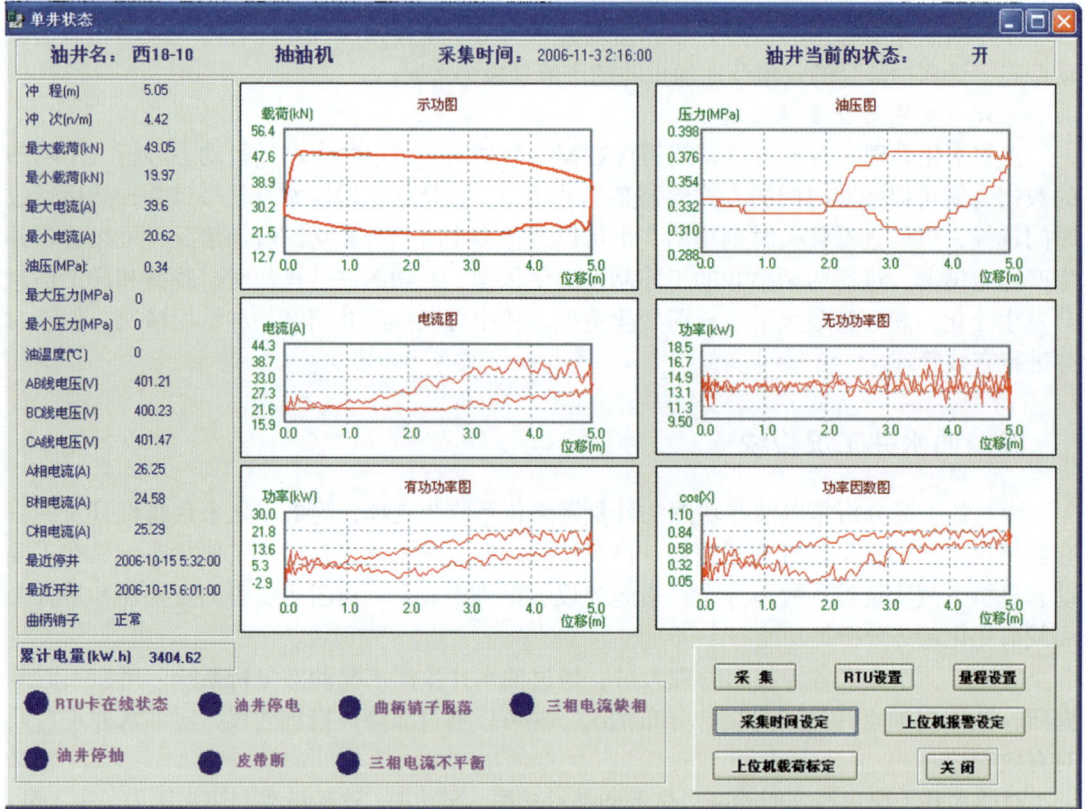

图 10-18　示功图

（二）油井工况

油井工况分析主要分为三部分：第一部分为实时生产数据，该部分显示该站所有井实时分析结果；第二部分为实时故障数据，该部分显示该站实时故障井数据，按设计要求，仅显示一级、二级故障，并上报平台预警模块，进行统一预警；第三部分为该站分析井实时功图显示。

通过工况分析之后，可以详细地了解油井的当前状态，显示该井所有详细信息，详细信息具体包括井名、所属站点、所属作业区、分析时间、工作状态、分析状态、生产层位、井型、抽油机型号、杆柱组合、泵径、泵挂、动液面、含水、油套压、冲程、冲次、悬点最大最小载荷、光杆马力、载荷利用率、泵工作情况、泵充满系数、泵效、泵有效冲程、日产液、日产油、水马力和液体举升效率等。

数字化管理平台的智能专家系统通过手动和自动录入的参数可以分析出某井当前和近期的生产工况。

登录系统之后，可以看到油井工况分析的四个子项：故障统计、故障分析、故障建议和生产日报。由厂、作业区、站可以查询到井场或单井生产工况，通过实时生产数据的冲程、冲次、日产液量、泵效及泵工作情况，可知道该井的工况；通过安装在悬绳上的负荷传感器采集油井的动态负荷；通过安装位移传感器采集油井的冲程周期，利用曲柄的圆周运动可折算出油井垂直的位移变化，从而得到油井的地面示功图，可以进一步地分析出每个冲程的示功图数据，根据示功图数据的变化，分布每个冲程泵内液体的充满程度，把泵筒作为计量容器，计算出每个冲程的抽汲量，经过累加，计算出单井的产液量，再根据含水率就可以得到油井的产油。通过对实时数据故障的分析，可以判定该井的故障级别和故障原因（图10-19）。

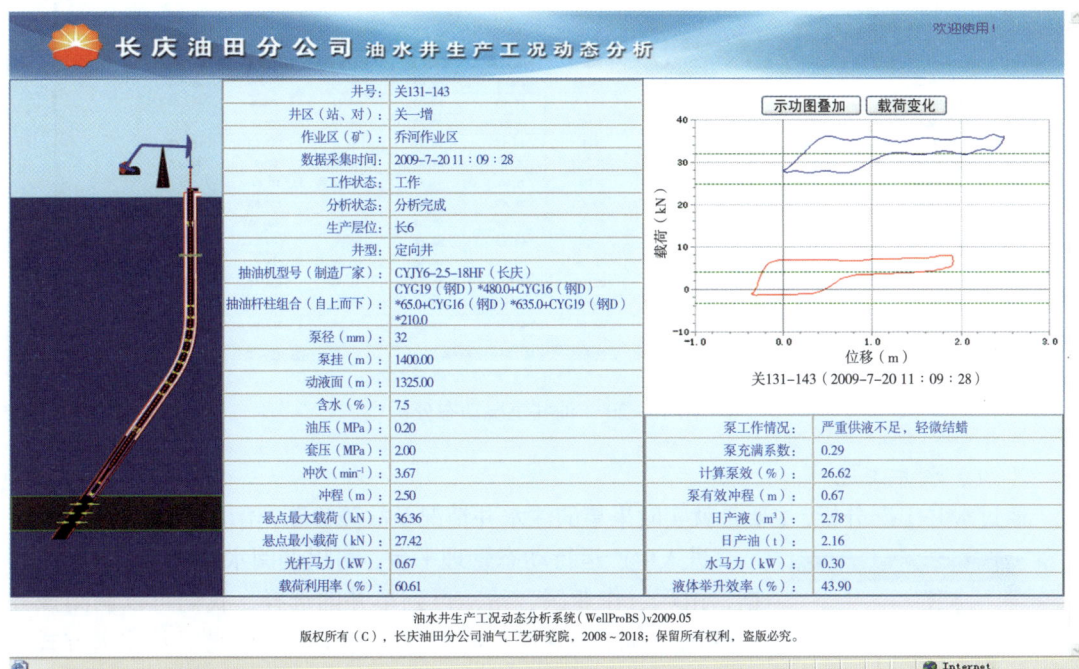

图 10-19 油井详细信息

（三）油井故障

为了能够直观地反映全厂各个作业区故障井统计情况，系统软件绘制了包括柱状图、饼状图及故障统计表，管理人员通过这些可以对全厂井故障统计情况有一个宏观把握，可以了解故障井占总井数百分比及一级、二级故障井数在全厂分布情况。作业区管理人员可以通过故障分布对本作业区故障井情况有一总体把握，能够了解本作业区各增压站点故障井所占比例及分布情况。

通过数字化平台可以详细了解任一个增压站点故障井统计情况，便于技术人员及时了解具体井故障情况，对具体井进行及时有效管理（图10-20）。

数字化平台可以通过选择作业区、增压站、故障等级和故障类型，了解任意一口故障井的故障情况。另外，还可以由单井的详细信息，了解该故障井所有的基础信息。这样能够很方便地管理查看所有故障的油井。

由单井详细信息，可以查看该井流量、压力变化曲线及注水指示曲线。生产动态分析主要包括油井功图历史查询及叠加，以及最大最小载荷线绘制，由此可以对油井工况进行分析判断。

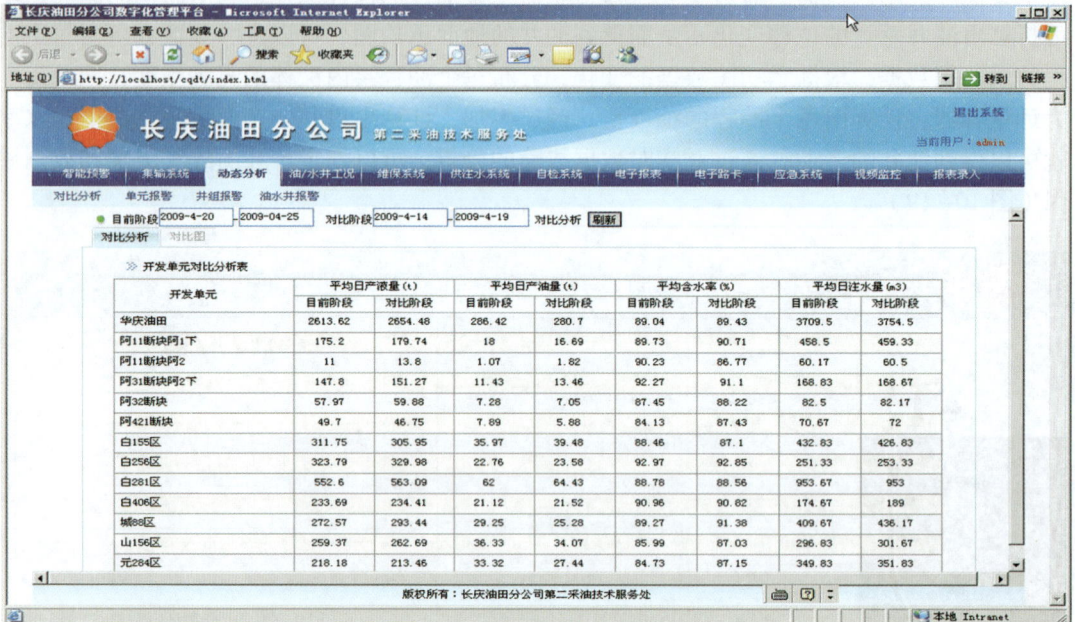

图 10-20　油井工况动态分析

（四）水井工况

通过水井工况分析，主要是就实时采集的注水井情况及故障诊断，给出合理的注水建议。

进入生产运行动态管理平台，可以调阅水井生产工况动态数据，由厂、作业区、站，再到单井的选择，我们可以调阅该井的油压、套压、管压瞬时流量、套压瞬时流量以及注水方式，通过最新采集的数据时间，能够分析出水井的最新工况。

（五）数据录入维护

油水井生产工况分析系统是以油井功图法计量网络化系统为支撑的数字化平台建设开发的新系统，因此数据录入前必须首先安装油井功图法计量网络化系统。

随着厂规模不断扩大，可能要添加新的油田区块、作业区、站点，首先需要收集齐全油田区块、作业区、站点的基础数据，需要收集的数据（图 10-21）罗列如下。

油田：油田名称、别名、厂、经度、纬度和海拔。

作业区（矿）：作业区（矿）、别名、厂、油田、经度、纬度和海拔。

井区（站、队）：井区（站、队）、别名、作业区（矿）、经度、纬度和海拔。

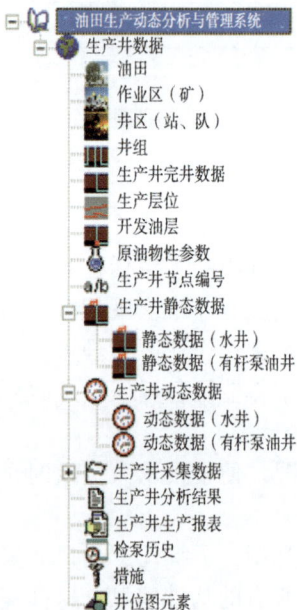

图 10-21　输入总目录树

在数据录入中，单井数据是最基本的数据，也是最重要的数据。新投产一口井，需要及时录入新井数据，在录入新投产井数据时首先需要收集齐全该井的基础数据，其基本录入以下数据。

（1）生产井完井数据：生产井名称、井型、井身数据和投产日期。

（2）开发层：生产井名称、生产层位、油层中深和油层有效厚度。

（3）静态数据：生产井名称、数据更新时间、抽油机型号、抽油杆柱组合、泵型、泵公称直径和泵挂。

（4）动态数据：生产井名称、数据更新时间、含水率、油压、套压和动液面。

（5）原油物性：井区（站、队）、生产层位、原油黏度、原油密度、原油体积系数、原油饱和压力、天然气压缩因子、含水率和油气比。

（六）注意事项

（1）前端载荷位移传感器需要进行标定，否则可能会出现静载荷线发生漂移，影响工况诊断结果准确性。

（2）油井的动态数据（油套压、动液面、含水等）和静态数据（修井后杆柱组合、泵径、泵挂调整的井）需要进行及时更新，否则会影响计量及工况诊断准确性。

（七）生产报表

在数字化管理平台上，厂级管理人员可以看到全厂油井生产情况，比如全厂开井数、采集井数、开井数、分析井数、日产液、日产油和含水等，并可以得到今日产量与昨日产量对比数据。

作业区管理人员可以由该界面了解不同增压站点的油井生产情况，比如各增压站总井数、采集井数、开井数、分析井数、日产液、日产油、含水以及液量、油量与昨日对比变化情况等。

作业区工作人员可以查阅站点单井日报数的详细资料，技术人员可以由此了解站点单井日生产情况（图 10-22）。

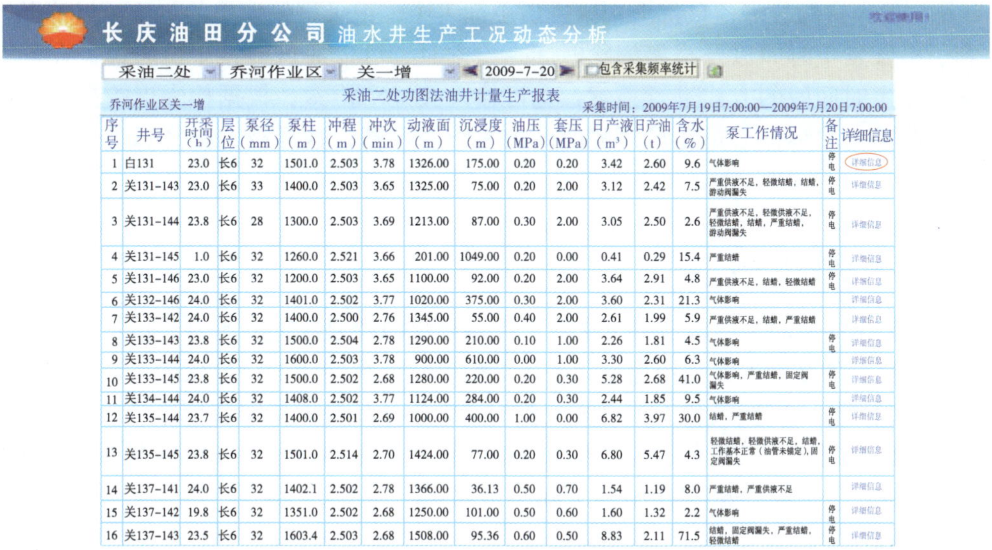

序号	井号	开采时间（h）	层位	泵径（mm）	泵柱（m）	冲程（m）	冲次（min）	动液面（m）	沉浸度（m）	油压（MPa）	套压（MPa）	日产液（m³）	日产油（t）	含水（%）	泵工作情况	备注	详细信息
1	白131	23.0	长6	32	1501.0	2.503	3.78	1326.00	175.00	0.20	0.20	3.42	2.60	9.6	气体影响	停电	详细信息
2	关131-143	23.0	长6	33	1400.0	2.503	3.65	1325.00	75.00	0.20	2.00	3.12	2.42	7.5	严重供液不足，轻微结蜡，结蜡，游动阀漏失	停电	详细信息
3	关131-144	23.8	长6	28	1300.0	2.503	3.69	1213.00	87.00	0.30	2.00	3.05	2.50	2.6	严重供液不足，轻微供液不足，轻微结蜡，结蜡，严重结蜡，游动阀漏失	停电	详细信息
4	关131-145	1.0	长6	32	1260.0	2.521	3.66	201.00	1049.00	0.20	0.00	0.41	0.29	15.4	严重结蜡	停电	详细信息
5	关131-146	23.0	长6	32	1200.0	2.503	3.65	1100.00	92.00	0.20	2.00	3.64	2.91	4.8	严重供液不足，结蜡，轻微结蜡	停电	详细信息
6	关132-146	24.0	长6	32	1401.0	2.502	3.77	1020.00	375.00	0.30	2.00	3.60	2.31	21.3	气体影响		详细信息
7	关133-142	24.0	长6	32	1400.0	2.500	2.76	1345.00	55.00	0.40	2.00	2.61	1.99	5.9	严重供液不足，结蜡，严重结蜡		详细信息
8	关133-143	23.8	长6	32	1500.0	2.504	2.78	1290.00	210.00	0.10	1.00	2.26	1.81	4.5	气体影响	停电	详细信息
9	关133-144	24.0	长6	32	1600.0	2.503	3.78	900.00	610.00	0.00	1.00	3.30	2.60	6.3	气体影响		详细信息
10	关133-145	23.8	长6	32	1500.0	2.502	2.68	1280.00	220.00	0.20	0.30	5.28	2.68	41.0	气体影响，严重结蜡，固定阀漏失	停电	详细信息
11	关134-144	24.0	长6	32	1408.0	2.502	3.77	1124.00	284.00	0.20	0.30	2.44	1.85	9.5	气体影响		详细信息
12	关135-144	23.7	长6	32	1400.0	2.501	2.69	1000.00	400.00	1.00	0.00	6.82	3.97	30.0	结蜡，严重结蜡	停电	详细信息
13	关135-145	23.8	长6	32	1501.0	2.514	2.70	1424.00	77.00	0.20	0.30	6.80	5.47	4.3	轻微结蜡，轻微供液不足，结蜡，工作基本正常（油管未锚定），固定阀漏失	停电	详细信息
14	关137-141	24.0	长6	32	1402.1	2.502	2.78	1366.00	36.13	0.50	0.70	1.54	1.19	8.0	严重结蜡，严重供液不足		详细信息
15	关137-142	19.8	长6	32	1351.0	2.502	2.68	1250.00	101.00	0.50	0.60	1.60	1.32	2.2	气体影响	停电	详细信息
16	关137-143	23.5	长6	32	1603.4	2.503	2.68	1508.00	95.36	0.60	0.50	8.83	2.11	71.5	结蜡，固定阀漏失，严重结蜡，轻微结蜡	停电	详细信息

图 10-22 生产报表

五、自检模块

自动巡检旨在实现对相关数字化仪器仪表设备以及相关网络设备的定时巡检，对监测到的故障设备进行报警提示，为后续维修保养、系统预警提供应用支持。对网络设备、现场仪表等相关设备定时自动巡检，对故障设备进行报警提示。

（1）显示仪表设备运行状态，如 RTU、PLC、电动机参数模块等。

（2）显示网络设备运行状况，如网络交换机、无线网桥等。

（3）显示设备运行状态：绿色表示正常，红色表示网络故障，蓝色表示仪表故障。

（4）记录报警发生的单位、报警点、报警内容、报警发生时间、接触报警时间及设备发生故障级别，同时将故障报警信息发送到相关岗位。

（一）网络设备

网络设备包括视频服务器、网络摄像机、PC 机、普通服务器、通信模块、路由器、交换机、光端机和通信线路等。

（二）仪器仪表

仪器仪表设备包括 RTU 电压故障、RTU 系统故障、RTU 站控中心与 RTU2 通信故障、一体化载荷位移传感器与 RTU 通信故障、一体化载荷位移传感器电池故障、电动机单相参数与 RTU 通信故障、电动机单相参数电压故障和电动机单相参数系统故障等。

进入数字化自检系统后，切换到设备自检模块，系统会自动巡查网络链路上的所有设备，检测其在线状态。如果某设备未处于在线状态，系统首先判定为网络故障，经检测其他设备处于在线状态，唯独该设备未通信，可判定是该设备故障。

（三）查看报警信息

当有报警信息时点击报警点，可浏览故障信息。故障信息包括：故障所属单位、发生故障设备名称、故障描述、故障发生时间、最后一次故障时间以及故障节点。

（四）故障数据查询

系统中发生过的故障信息都会记录进历史列表中，记录报警发生的单位、报警点、报警内容、报警发生时间以及报警解除时间。检索时，可以通过检索单位、报警设备的名称及报警发生时间段的方式进行检索，也可输入关键字检索。根据检索出的报警内容和报警点，能够指引维保人员在最短的时间内去维修设备，这样极大提高了工作效率，提高了产量。

六、设备维保模块

作为数字化油田的主要组成部分之一，设备维保模块是在同一平台、信息共享、多级监视、分散控制的基础上，利用信息化手段对数字化管理使用的一次仪表、数据采集器、摄像机、无线网桥、交换机和工控机等设备，建立一套具备设备安装信息录入及管理、维修维护保养信息记录、设备自检故障及时读取、设备维保到期预警和依据设备维保过程处理数据进行统计分析等功能（图 10-23 和图 10-24）。

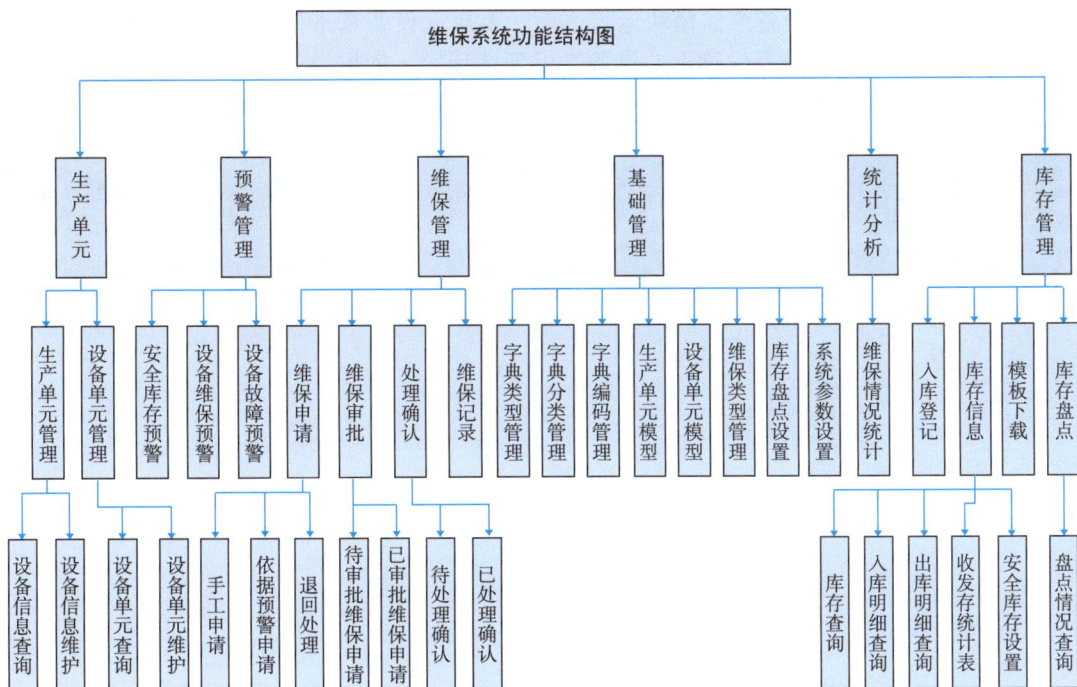

图 10-23　系统功能框架

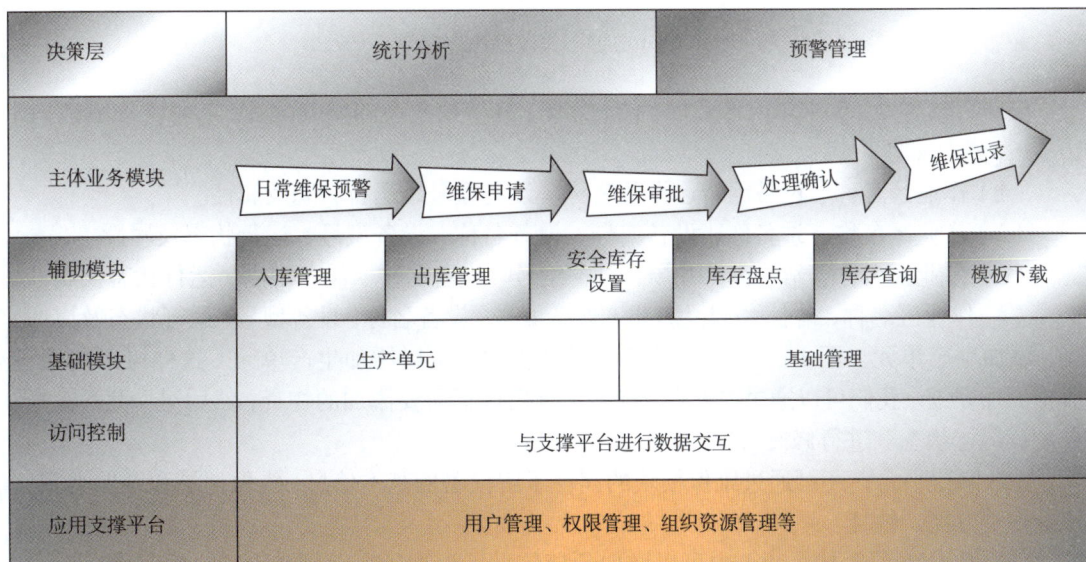

图 10-24　维保流程

（一）维保设备录入基本信息

功能介绍：可以对每个作业区、联合站、增压站、注水站、井场及单井等节点的数字化设备情况进行录入和管理。

维保操作流程：在设备维保模块运行之前，要录入设备基本信息，这样才能使维保正常运行，使设备自检故障及时读取、设备维保到期预警、依据设备维保过程处理数据进行统计分析（图 10-25）。

图 10-25　维保操作流程

根据实际需要，要求录入作业区、站、井场、井等所安装的相关设备，录入设备信息（图 10-26）包括如下内容：

（1）作业区名称、设备编号、设备名称、设备型号、运行状态及属性。

（2）作业区名称、站名称、设备编号、设备名称、设备型号、运行状态及属性。

（3）作业区名称、站名称、井场、设备编号、设备名称、设备型号、运行状态及属性。

（4）作业区名称、站名称、井场、井、设备编号、设备名称、设备型号、运行状态及属性。

添加生产单元（图 10-27）：设备维保模块中还可以添加生产单元，这样可以使设备信息更加详细。我们可以通过"大类"查出物资后选择所要添加的物资，然后对"设备标号、数量、运行状态"进行修改后保存。

在数字化平台上还可通过维保模块的属性了解设备的基本信息、维保记录和维保类型，使操作更方便、快捷。

在维保类型（图 10-28）中可以增加预警信息，根据预警级别来设置报警时间（d），即该设备到何时可能出故障，使维保人员便于对设备进行更换、保养、维修，同时对不再使用的设备可以从表中删除，对更换的新类型的设备可以修改其预警级别、预警期限和备注。这样可使软件更人性化，更方便使用。

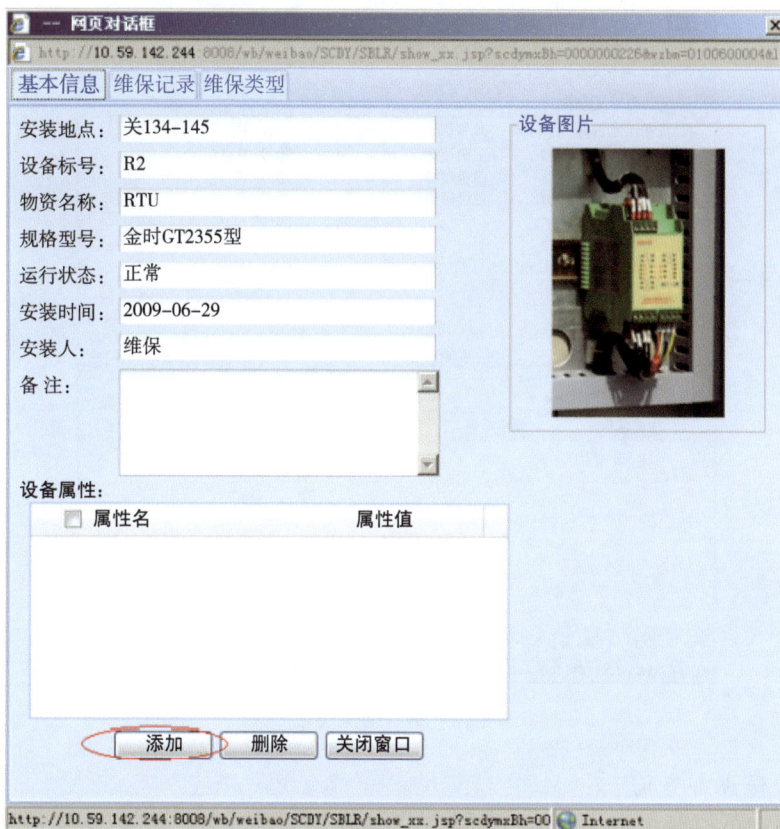

图 10-26 维保录入信息

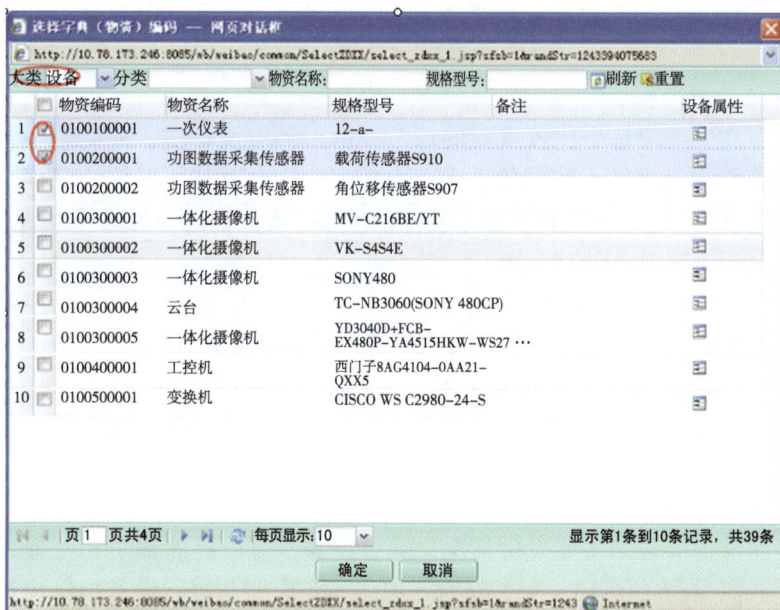

图 10-27 添加生产单元

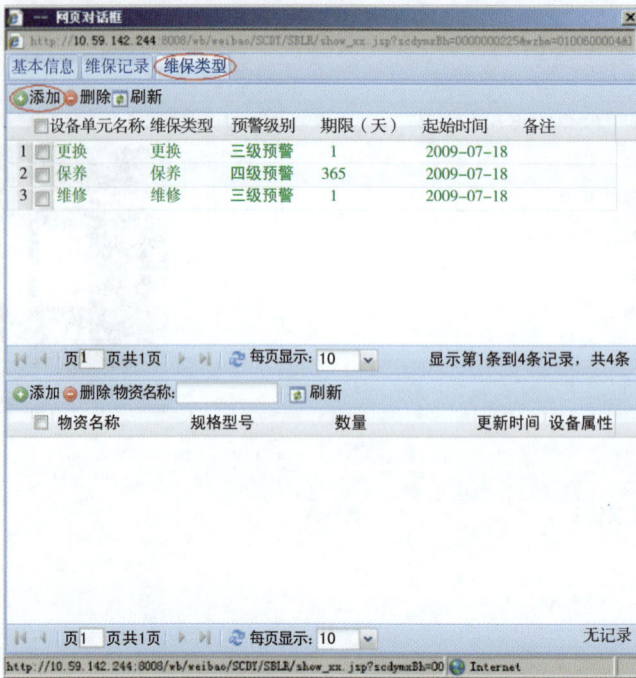

图 10-28　维保类型

（二）维保设备查询

功能介绍：可以对每个作业区、联合站、增压站、注水站、井场及单井等节点的数字化设备情况进行查询。

根据数据的类别、名称、设备标号及使用地点不同，可以按条件对数据查询。由于设备多，查询条件可能不明确，因此建立了模糊查询（模糊查询在数据量很大时，对计算机性能要求高）。

（三）维保管理

维保管理：在生产中是个比较重要的环节，由于油田设备多、种类繁杂、型号各异，资料统计难，将维保管理纳入数据化平台，由数字化平台对其数据统计保存，极大方便了工作人员，节省了人力物力，达到了事半功倍的效果。维保管理分为维保申请、维保审批、处理确认和维保记录四项（图 10-29）。

（1）维保申请：对审批退回的维保申请进行处理（例如，废除、重新申请）；依据设备维保、故障预警信息提交维保申请；人工判定并提交维保申请。

（2）维保审批：处理待审批的维保申请；查询已审批的维保申请。

（3）维保确认：确认已处理完成的维保申请和查询已处理确认的维保申请。

（4）维保记录：记录被维保设备的详细信息已备后续查阅。

（四）维保预警管理

维保预警能够提前告知将要发生情况，通过预警，可以提前预防和处理，减少生产中的损失。维保预警管理（图 10-30）分为三项：安全库存预警、设备维保预警、设备故障预警。

图 10-29　维保管理

图 10-30　维保预警管理

（1）安全库存预警：对达到安全库存的库存设备进行预警和查询已处理的安全库存预警信息。

（2）设备维保预警：对需要处理的设备维保工作进行预警和查询已处理通过的设备维保预警信息。

（3）设备故障预警：根据自检系统的设备故障信息进行预警和查询已处理的设备故障预警信息。

根据安装设备的生命周期和维修保养周期自动提示维护和更新。

（1）新设备信息录入、查询、修改管理，如图 10-31 所示。

（2）日常维保业务流程的管理，包括维保申请、维保审批以及维保记录的查询，如图 10-32 所示。

（3）对待维护保养和有故障设备进行预警，发送预警信息到相关岗位（图 10-33）。

图 10-31　设备维保模块——报警查询

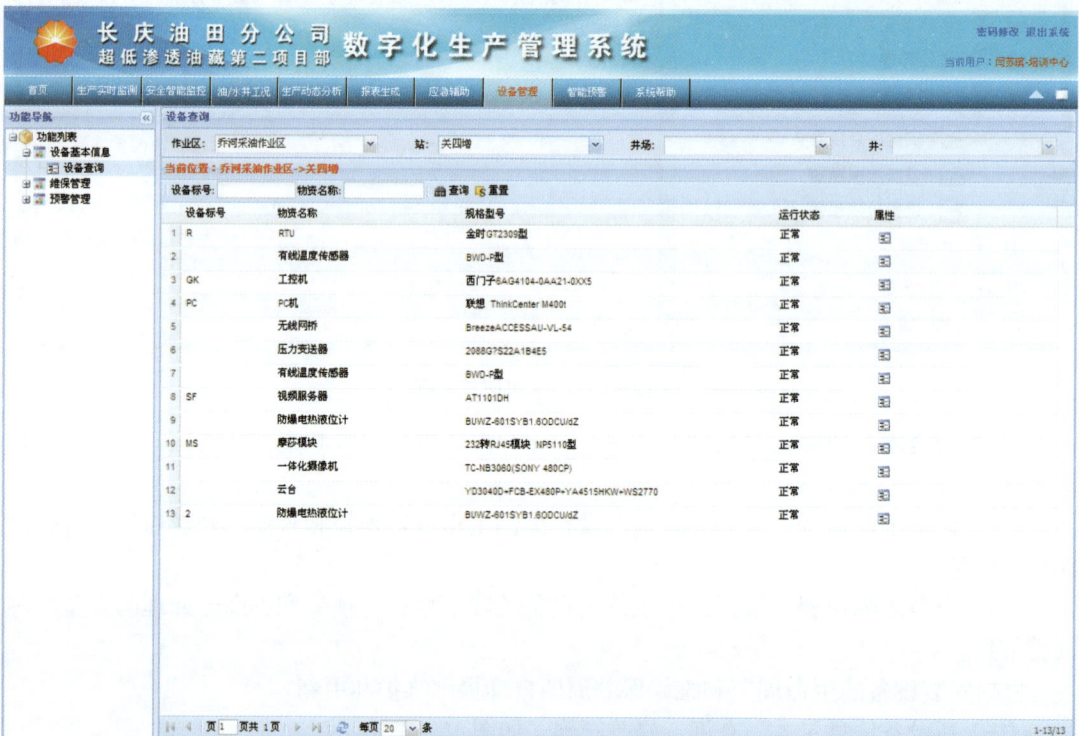

图 10-32　设备维保模块——设备登记

图 10-33 设备维保模块——设备报警设置

七、电子报表模块

（一）报表功能

电子报表是集报表/数据导入、报表定制/生成、报表存储管理、联机查询及打印于一体的报表电子化管理系统。报表系统能够定期接收其他系统传送的数据文件，并根据定制的规则将接收的数据文件转换成业务人员可识别的业务数据，业务人员根据业务数据进行报表定制，同时报表系统也可接收其他系统传送的报表，并根据配置的规则存放相应目录。业务人员可联机查阅及下载打印各自权限范围的报表。

电子报表是数字化油田的重要组成部分，利用信息化手段将油田生产中的原始数据，以表格的样式呈现出来，更直观、更全面、更清楚地把握从厂到单井的各个环节的生产状况，可以用来指导生产，也可以此为依据对数据进行再次加工，以满足生产的需要。

整个电子报表系统包括井报表、站报表、作业区报表和厂报表。井报表包括采油井生产日报、注水井生产日报和水源井生产日报；站报表包括注水站生产日报、增压站生产日报和联合站生产日报；作业区报表包括新投井日报、重点井日报、水平井单井日报、集输日报和生产动态日报；厂报表包括生产日报和生产调度。

（二）单井电子报表

采油井生产日报按录入类型分为手动录入和数据采集自动录入。

注水井生产日报主要分为井报表、站报表、作业区报表和厂报表四大类。

水源井生产日报：该日报的数据记录，能直观地发送油井的生产数据，其数据主要包括开井时间、日产液量、日产油量、日产数量、含水率、动液面高度和油井工况。由于生产井多、数据量大，为了便于数据整理、指导后续生产，电子报表提供了便捷的数据查询功能，通过日期可以查询所有井的某段时间内的数据，也可以查询指定井的数据，或根据多条件进行数据查询。这样就省去了人工大海捞针式的数据查询，提高了工作效率。在数据查询中还可以生产单位为查询条件进行查询。如按厂、作业区、站和井进行查询。井报表中的注水井生产日报、水源井生产日报等操作方法和功能与采油井生产日报类似（图 10-34）。

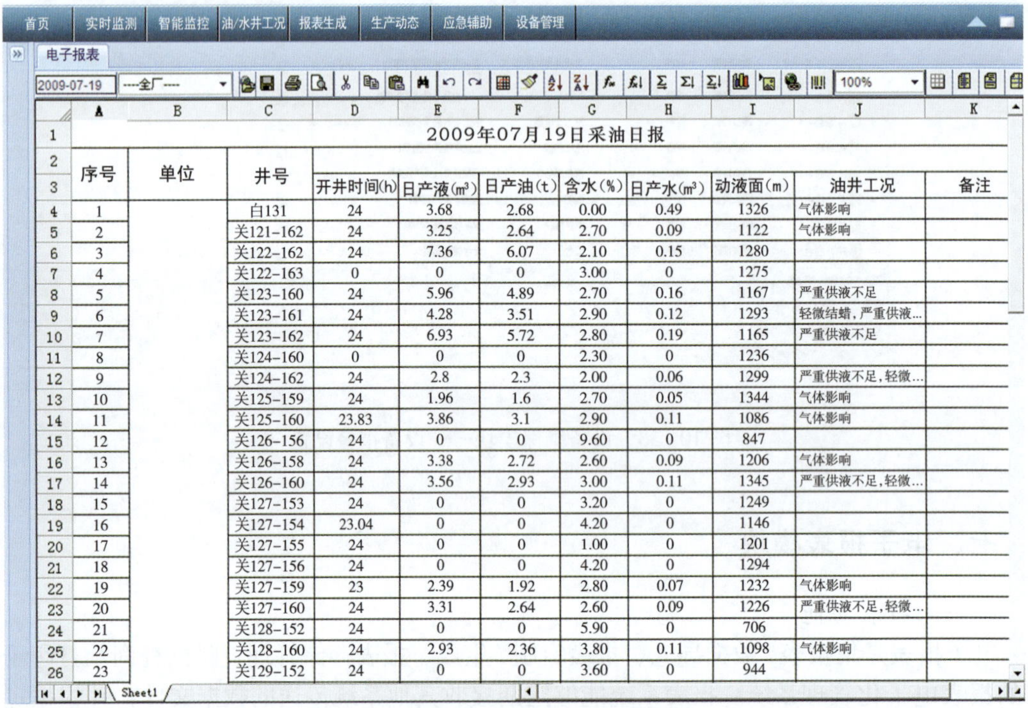

2009年07月19日采油日报										
序号	单位	井号	开井时间(h)	日产液(m³)	日产油(t)	含水(%)	日产水(m³)	动液面(m)	油井工况	备注
1		白131	24	3.68	2.68	0.00	0.49	1326	气体影响	
2		关121-162	24	3.25	2.64	2.70	0.09	1122	气体影响	
3		关122-162	24	7.36	6.07	2.10	0.15	1280		
4		关122-163	0	0	0	3.00	0	1275		
5		关123-160	24	5.96	4.89	2.70	0.16	1167	严重供液不足	
6		关123-161	24	4.28	3.51	2.90	0.12	1293	轻微结蜡，严重供液…	
7		关123-162	24	6.93	5.72	2.80	0.19	1165	严重供液不足	
8		关124-160	0	0	0	2.30	0	1236		
9		关124-162	24	2.8	2.3	2.00	0.06	1299	严重供液不足，轻微…	
10		关125-159	24	1.96	1.6	2.70	0.05	1344	气体影响	
11		关125-160	23.83	3.86	3.1	2.90	0.11	1086	气体影响	
12		关126-156	24	0	0	9.60	0	847		
13		关126-158	24	3.38	2.72	2.60	0.09	1206	气体影响	
14		关126-160	24	3.56	2.93	3.00	0.11	1345	严重供液不足，轻微…	
15		关127-153	24	0	0	3.20	0	1249		
16		关127-154	23.04	0	0	4.20	0	1146		
17		关127-155	24	0	0	1.00	0	1201		
18		关127-156	24	0	0	4.20	0	1294		
19		关127-159	23	2.39	1.92	2.80	0.07	1232	气体影响	
20		关127-160	24	3.31	2.64	2.60	0.09	1226	严重供液不足，轻微…	
21		关128-152	24	0	0	5.90	0	706		
22		关128-160	24	2.93	2.36	3.80	0.11	1098	气体影响	
23		关129-152	24	0	0	3.60	0	944		

图 10-34　采油生产日报表

（三）站电子报表

站报表功能分为注水站生产日报、增压站生产日报和联合站生产日报。所记录的数据为该站所有井的总生产数据，数据记录按照三个工作班做数据交接，下面详细的数据记录为增压站生产日报。

大罐检尺：交班人、接班人、本班产进、本班输出、罐号、起止时间、尺寸及液量。

输油泵运转：泵号、泵压、外输温度、运行状况、本班运转和累计运转。其中数据还包括油量外输及加热炉运行情况。

电子报表提供了便捷的数据查询功能，通过日期可以查询该站某段时间内的数据，也可以指定某站对其数据进行查询。站报表中的注水站生产日报和联合站生产日报等操作方法和功能与增压站生产日报类似（图 10-35）。注水站生产日报、增压站生产日报和联合站生产日报的数据均为手动录入。

（四）作业区电子报表

作业区报表主要分为新投井日报、重点井日报、水平井日报、集输日报和生产动态日报。

新井投产日报数据由手动录入，其录入数据为井号、单位、日期、投产初期液量、投产初期油量、投产初期含水率、目前液量、目前油量和目前含水率，这些数据可实际反映投产井近期的生产状况。通过数据的记录能够分析油井以后的生产情况。数据查询仅采用了日期查询的方式，如图10-36所示。

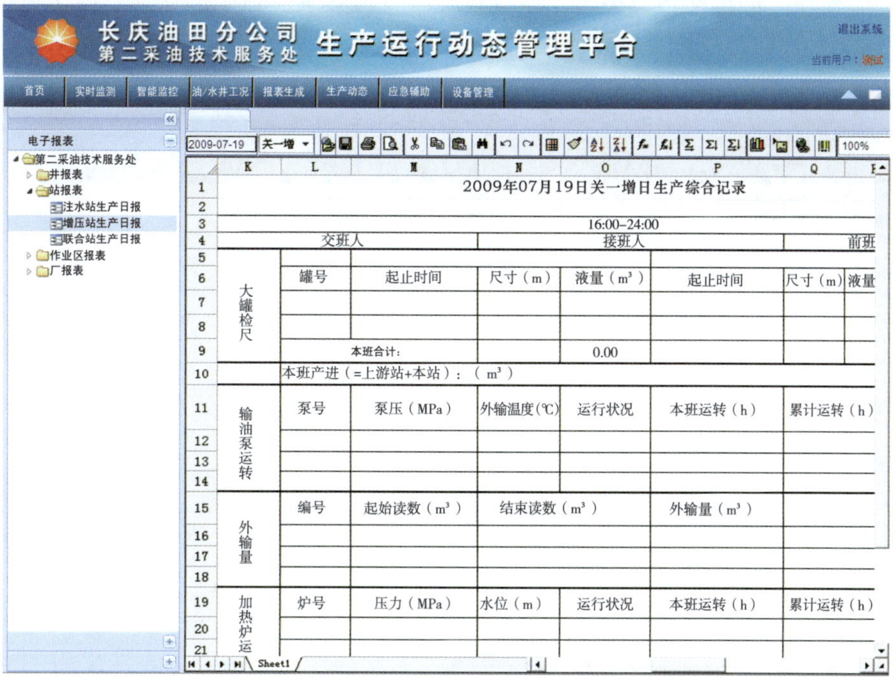

图10-35 增压站生产日报

图10-36 新井投产日报

（五）厂电子报表

厂电子报表分为生产日报和生产调度。主要用来记录作业区总的生产任务，如开井数量、总产液量和产油量以及含水率，通过每天的日报表来分析当前作业区的生产情况（图10-37）。

图 10-37　生产日报表

（六）数据动态分析

1. 单井生产曲线

单井生产主要有液量、油量和水量三个参数，通过对曲线的绘制可以直观地反映生产状况，为指导后续生产提供依据。

通过厂名、作业区和井场，可以在电子报表模块上调出某口井，通过井号可以绘制出该井某段时间的液量、油量和水量曲线图（图10-38）。这样可以方便地分析该井数据。

2. 油井生产曲线

通过计划产油量和实际产油量绘制出柱状图，分析实际和计划出现的正负偏差究竟出在何处，便于查找原因（图10-39）。电子报表系统根据需要自动生成井、站、作业区和采油厂的各类生产报表。

1）数据录入（人工）

（1）基础信息：组织机构信息，如管理单元（厂/处）、生产管理单元（作业区）、基本生产单元（站场）；实体信息，如站场、罐、井场、井、配水阀组等；措施信息，如管柱组合、抽油杆组合、完井方式、措施分类、注入方式、采出方式和原油物性参数等。

（2）属性数据：井别、井型、抽油机型号、抽油杆材料、抽油杆规格、油管材料、油

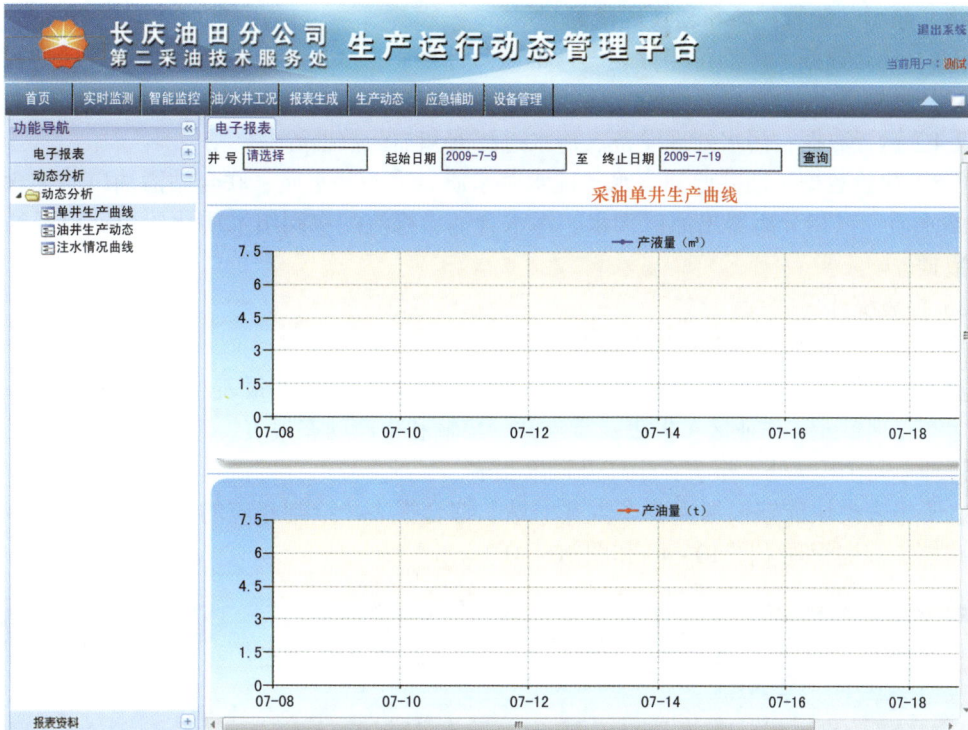

图 10-38 单井生产曲线

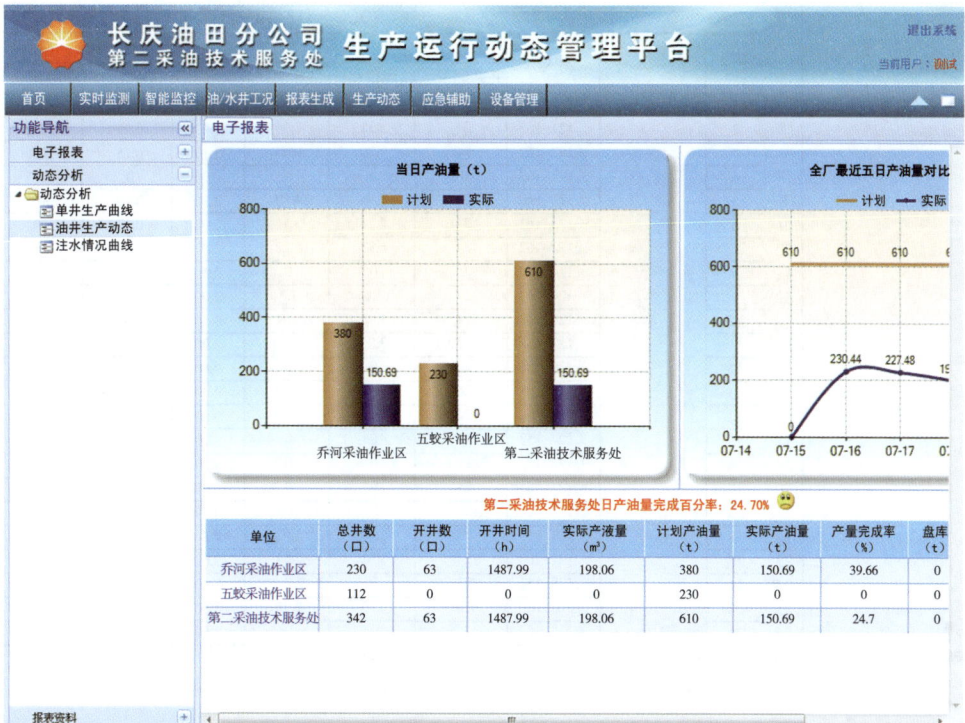

图 10-39 油井生产曲线

管规格、泵型、套管材料和套管规格等。

（3）计划数据：产油量年计划、产油量月计划、注水量年计划、注水量月计划和注水井配注月计划等。

（4）运行数据：污水处理设备、清水过滤器和加药数据等。

（5）化验数据：油井原油含水、注水井水质、水源井水质、联合站溢油口原油含水、注水站水质、三相分离器出油口含水、污水含油、稳流配水阀组水质化验数据以及油井动液面数据。

2）报表统计

井报表：采油井、注水井和水源井生产报表。

基本生产单元（站场）报表：注水站、增压站和联合站生产报表。

生产管理单元（作业区）报表：重点井、集输和生产动态报表。

管理单元（厂/处）报表：生产及调度报表。

电子报表模块能够根据需要产生井、站、综合报表，绘制相应的曲线，同时能够进行报表归档、查询管理（图10-40和图10-41）。

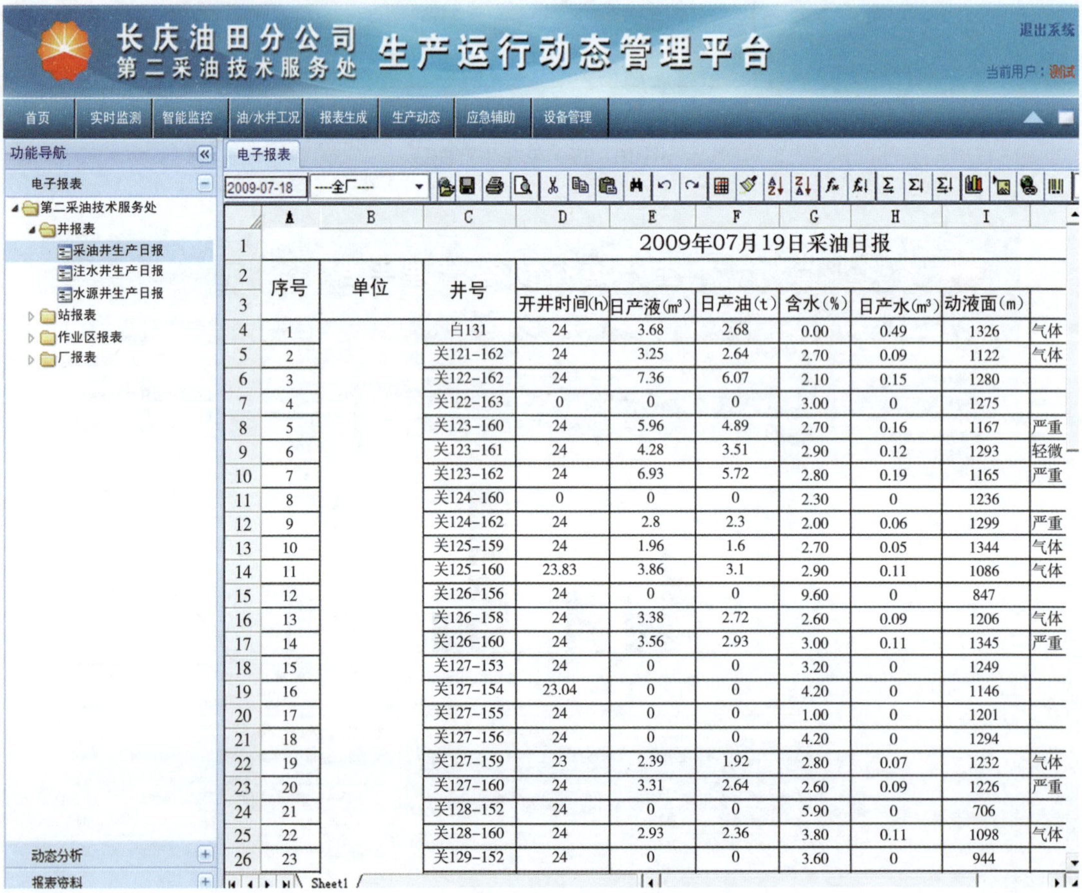

2009年07月19日采油日报

序号	单位	井号	开井时间(h)	日产液(m³)	日产油(t)	含水(%)	日产水(m³)	动液面(m)	
1		白131	24	3.68	2.68	0.00	0.49	1326	气体
2		关121-162	24	3.25	2.64	2.70	0.09	1122	气体
3		关122-162	24	7.36	6.07	2.10	0.15	1280	
4		关122-163	0	0	0	3.00	0	1275	
5		关123-160	24	5.96	4.89	2.70	0.16	1167	严重
6		关123-161	24	4.28	3.51	2.90	0.12	1293	轻微
7		关123-162	24	6.93	5.72	2.80	0.19	1165	严重
8		关124-160	0	0	0	2.30	0	1236	
9		关124-162	24	2.8	2.3	2.00	0.06	1299	严重
10		关125-159	24	1.96	1.6	2.70	0.05	1344	气体
11		关125-160	23.83	3.86	3.1	2.90	0.11	1086	气体
12		关126-156	24	0	0	9.60	0	847	
13		关126-158	24	3.38	2.72	2.60	0.09	1206	气体
14		关126-160	24	3.56	2.93	3.00	0.11	1345	严重
15		关127-153	24	0	0	3.20	0	1249	
16		关127-154	23.04	0	0	4.20	0	1146	
17		关127-155	24	0	0	1.00	0	1201	
18		关127-156	24	0	0	4.20	0	1294	
19		关127-159	23	2.39	1.92	2.80	0.07	1232	气体
20		关127-160	24	3.31	2.64	2.60	0.09	1226	严重
21		关128-152	24	0	0	5.90	0	706	
22		关128-160	24	2.93	2.36	3.80	0.11	1098	气体
23		关129-152	24	0	0	3.60	0	944	

图10-40 电子报表模块——采油井日报

图 10-41　电子报表模块——注水井日报

八、视频监控模块

摄像机对监控点进行 24h 全天候监控，当监控范围内有移动物体时，可触发闯入报警和声音报警，并且自动抓拍和录像，为以后调查提供依据。监控点可安装话筒用来采集声音，并且安装音箱，这样监控中心就可以和现场进行通话了。真正做到全天候全方位立体式监控。

监控点的视频监控摄像机将拍到的实时图像通过 AV 端子输入 MPEG4 图像编码器。图像编码器对输入图像进行压缩打包，通过网线输入监控端无线网桥。监控端无线网桥再通过定向天线传输到监控中心的定向扇面天线，然后经过天馈单元、中心端无线网桥传到中心局域网内，监测人员即可通过监视器观察到各处监控点的实时场景。一旦有不明车辆和人闯入，红外感应器会做出反应生成报警信号，触发警灯或报警器打开，监控中心也会得到报警信号，这时中心可以通过话筒和现场进行对话。报警会触发自动抓拍和自动录像，图片和视频会存储在硬盘录像机内，以供查询。

增压站、集输站、注水站、作业区和厂区视频监控距上位机路径短，布线容易，可以采用有线方式进行视频传输；而单井一般都是在地理环境差、施工难度大的区域，光纤不便于铺设。对于这种复杂的地理环境，我们可以架设无线收发装置——无线网桥来实现数据传输。无线网桥目前是一个很成熟的通信设备，其传输带宽高，有效传输距离达 10km，能够满足油田的实际传输要求。

采用巡检、特定监视等不同方式对站点、井场进行实时监控，同时进行图像记录（图 10-42 至图 10-44）。

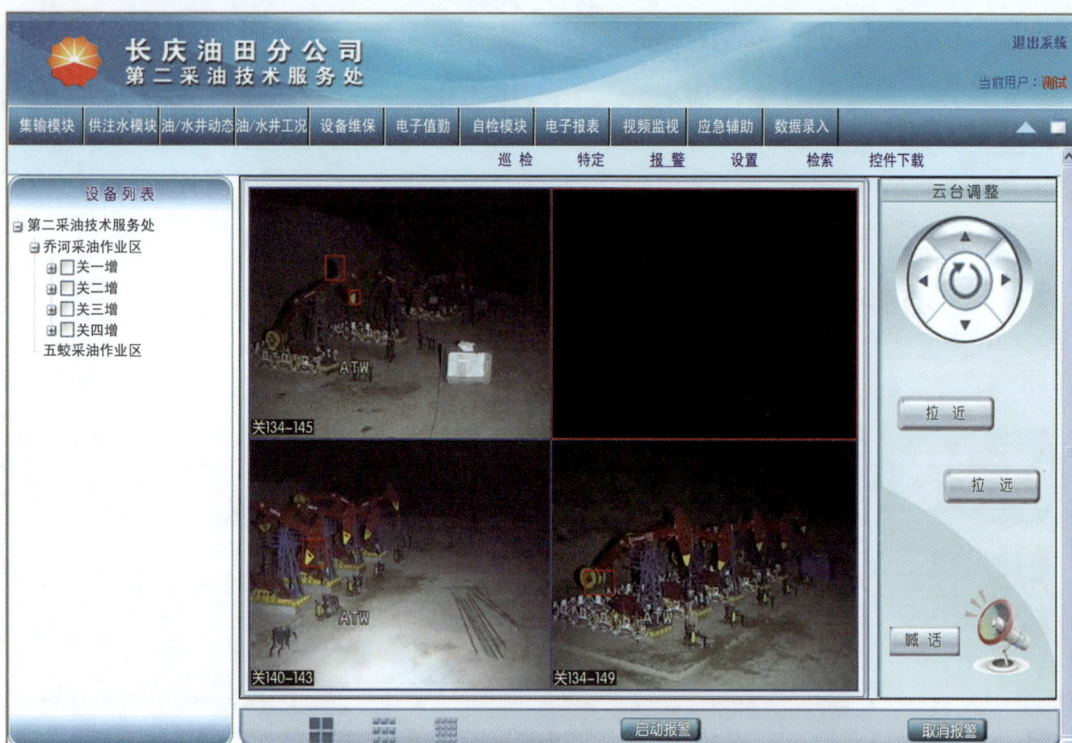

图 10-42 视频监控模块——实时监控

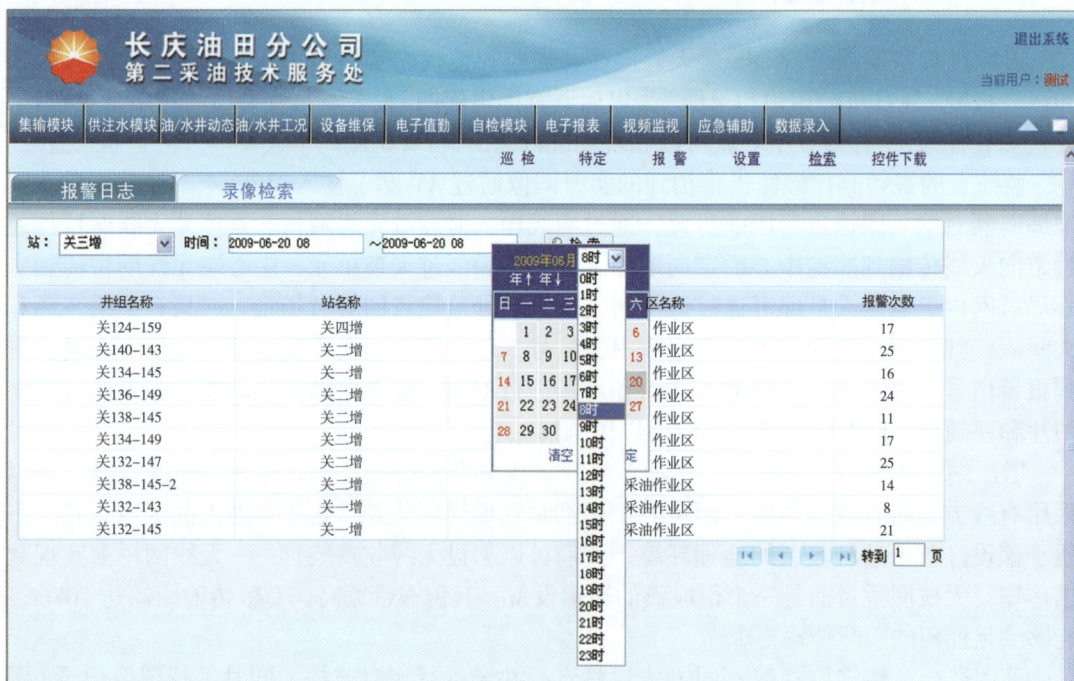

图 10-43 视频监控模块——报警查询

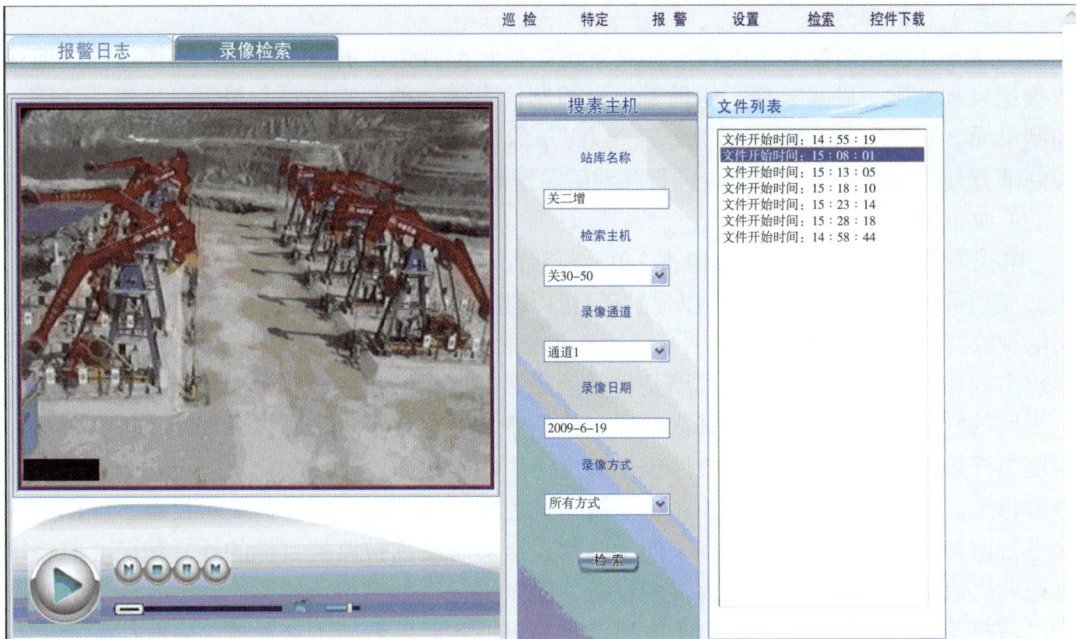

图 10-44 视频监控模块——录像回放

（1）显示所辖区域内站场、井场的实时视频图像。

（2）井场视频监视可以通过智能分析判断，自动记录进入井场的移动物体，同时语音示警。

（3）提供至少三种画面显示方式（4画面、9画面、16画面），可任意选择显示内容。

（4）可实现至少30d内历史录像、报警日志的检索查询。

（5）根据系统授权，对站点、井场的云台进行远程控制。

视频监控系统主要由前端部分、传输部分、控制部分和电视墙显示部分组成。

（一）前端部分

主要功能：前端完成模拟视频的拍摄，探测器报警信号的产生，云台、防护罩的控制，报警输出等功能。

主要设备：摄像头、电动变焦镜头、云台、防护罩、解码器、警灯和警笛等设备（设备使用情况根据用户的实际需求配置）。摄像头通过内置CCD及辅助电路将现场情况拍摄成为模拟视频电信号，经同轴电缆传输。电动变焦镜头将拍摄场景拉近、推远，并实现光圈、调焦等光学调整。防护罩给摄像机和镜头提供了适宜的工作环境，并可实现拍摄角度的水平和垂直调整。解码器是云台、镜头控制的核心设备，通过它可实现使用微机接口通过软件控制镜头、云台。

（二）传输部分

根据监视、监控点距离监控中心的距离采用不同的传输介质，大概可分为同轴线缆、网络、光缆、无线等传输方式。以上各传输方式各自有其优缺点。在实际工程中根据现场及用户需求采用。传输部分要求在前端摄像机摄录的图像进行实时传输，同时要求传输损耗小，具有可靠的传输质量，图像在录像控制中心能够清晰还原显示。

（三）控制部分

该部分是视频监控系统的核心，具有模拟视频监视信号的数字采集、图像压缩、监控数据记录和检索、硬盘录像、给前端发送控制信息等功能。它的核心单元是采集、压缩、控制单元，它的通道可靠性、运算处理能力、录像检索的便利性直接影响到整个系统的性能。控制部分是实现报警和录像记录进行联动的关键部分。

（四）电视墙显示部分

电视墙是由多个电视（背投电视）单元拼接而成的一种超大屏幕电视墙体，是一种影像、图文显示系统，可看做是一台可以显示来自计算机 VGA 信号、多种视频信号的巨型显示屏。向电视墙传送视频或者计算机 VGA 信号，电视墙便能显示清晰、色彩艳丽、高亮度的复杂全彩多媒体图形影像信息。电视墙是目前动态影像展示、宣传、广告的最佳方式。大屏幕电视墙的宣传表达能力极强，其高档、气派、豪华，常在电视台、体育场馆、证券市场、调度指挥等领域使用。而且电视墙也正被广泛应用于军工、工矿和化工等企业的安防中，全方位地、实时地进行视频监控。很多视频监控项目采用电视墙作为显示设备，使用电视墙进行监控有直观、方便的特点，便于监控人员实时发现被监控目标的异常状况。监控用电视墙一般采用专业监视器作为显示设备，配以钢板钣金喷塑墙体构成，有些还带有强制排风散热装置。在监控领域，由于电视墙监控只能实时监看，不能回放，因此往往需要与硬盘录像机及视频矩阵配合使用以形成完整的监控系统。

该部分完成在系统显示器或监视器屏幕上的实时监视信号显示和录像内容的回放及检索。系统支持多画面回放、所有通道同时录像、系统报警屏幕、声音提示等功能。它既兼容了传统电视监视墙一览无余的监控功能，又大大降低了值守人员的工作强度，且提高了安全防卫的可靠性。终端显示部分实际上还完成了另外一项重要工作——控制。这种控制包括摄像机云台、镜头控制、报警控制、报警通知、自动或手动设防、防盗照明控制等功能，用户的工作只需要在系统桌面点击鼠标操作即可。接下来的部分将对电视墙在视频监控领域的应用、技术发展演变、电视墙技术原理和电视墙结构等方面作一详细的介绍。

1. 电视墙在视频监控领域的应用

无论是在会展中心还是在会议室、作战室以及播控中心，电视墙的身影都是随处可见。例如在交通管理控制中，电视墙就通过信息集中操作来控制各处交通状况，在人们的生活中起着许多引导甚至决定性作用。本质上来说，电视墙就是把一系列的显示屏融合成一个巨大的、独立的视觉体验系统。对现实的模拟和冲击通常都使观众更加沉浸到它所表现的氛围中，这进一步增强了它的显现效果。由于核心技术的进步，电视墙在各个行业中正得到越来越广泛的应用。显示器分辨率不断提高，等离子和液晶尺寸逐渐变大，这些因素都大大增强了电视墙的效力，同时，也扩展了电视墙的应用范围。

Electrosonic 公司技术顾问吉姆·兰迪说："电视墙最关键的优势是能够定期地更新显示的媒体内容。电视墙可以不断地升级，这些墙采用了像 HDTV 这样的最新技术，有助于吸引消费者和其他的目标观众。"电视墙的另一个优势就是可以远程遥控，而不用现场的工作人员。这样，它的成本更低廉。

2. 电视墙技术的发展演变

多年以前，人们为了显示高分辨率、大画面的动态图像，采用 CRT 类电视机进行改装后，以搭积木的方式做成一面墙，通过控制器拼接后显示整屏动态节目。由于是采用电视机改装后组成的显示墙，因此把它称为电视墙。随着科学技术的快速发展，电视墙的内涵发生了很大变化，但人们仍习惯称这类产品为电视墙。这其中的变化分为显示单元的变化和控制系统的变化两大类。

1) 显示单元

按输出信号的种类，显示单元分为以显示 VGA 信号为主的 VGA 墙和以显示视频节目源为主的视频墙（video wall）两大类。按显示单元的工作原理，其可分为以下几大类。

（1）投影单元：有 CRT 背投单元、DLP 投影和液晶投影（拼接缝隙目前在所有组墙单元之中最少）。

① DLP 投影：分辨率高，显示的图像亮度高，图像清晰，但造价也最高，寿命周期相对较短。主要用于指挥自动化、工业控制、生产调度等行业。

②液晶投影：分辨率、清晰程度较高，但在亮度的均匀性和寿命上相对弱一些，造价比 DLP 要低。主要应用在会议和电教行业。

③CRT 背投单元：分辨率、亮度、图像清晰度均适中，造价在投影组墙显示单元里最低。主要用于广告、娱乐演播和企业形象宣传等，播放的内容以视频节目源为主。

（2）CRT 显示单元：是目前最传统的组墙显示单元。通常用 CRT 的显示器和电视机进行改装，其优点为显示清晰、色泽鲜艳、造价最低。但整屏拼接效果相对较差，拼接缝隙较大，只适合远处观看。

（3）液晶显示单元：由液晶显示器或液晶电视机改装而成，随着液晶面板上游厂商技术升级的加快，其单元尺寸增加很快，适合用户的尺寸目前已有 32in 和 42in。它的优点是墙体薄、时尚、辐射低、节能、分辨率高等；缺点是缝隙相对投影类显示单元要大一些，介于投影类和 CRT 类显示单元之间，造价也适中，但点距较小。

（4）等离子类显示单元：采用等离子电视机进行改装，有 VGA 的工作模式，但分辨率选择范围小。等离子显示单元的优点和缺点与液晶显示单元相似，只是其点距要比液晶显示单元大。

2) 组墙控制系统

传统的组墙控制器主要是靠硬件来实现的。它的特点是：启动速度快，播放模式单一。由于对单元调整的方法简单，所以整屏拼接的效果一般。另外，组墙控制器对显示单元数量控制单一，即通常的固定模式，如 3×3、4×4，变化较少。

新型的组墙控制器是以计算机控制为基础、多屏显示为核心，将计算机多屏显示与视频信号有机地结合起来，通过触摸屏技术或定义操作功能键，组成的一套先进、功能强大、操作简便的屏幕墙控制系统。它调整操作方便，有多种播放模式。可通过软件和硬件的两种方法对屏幕进行拼接。控制墙体单元数量灵活多样，整屏拼接效果好，并可进行网络化管理和控制，是此产品未来发展的方向。

3. 电视墙的原理及调试

随着观众对电视荧屏要求的提高，大屏幕电视墙在文艺、新闻、专题等节目中的应用越来越广泛。就目前大屏幕电视墙而言，有 CRT、LCD 和 DLP 三类。CRT 为 RGB 三枪投射方式，与目前电视机成像原理类似；LCD 为液晶显示方式；DLP 为数字电子微镜投射方式。这三种电视墙各有不同的应用场合。早期电视台使用 DMD 光路系统，通过投影透镜获得大屏幕图像 JDLP。投影系统主要包括有信号存储器、DMD、光源、滤光镜和分光棱镜、投影透镜等，其核心部分为 DMD，控制数字图像的生成。在一片 DMD 上有 848 减仪旧 = 508800 个可转动的铝合金微镜，每一个微镜对应一个像素。每个微镜都具有独立控制光线通断的能力，允许光线通过时，微镜"开"，则旋转 +10a；不允许光线通过时，微镜"关"，则旋转 −10a；在没有进入正常工作时，微镜处于 0°。

电视墙一般为 CRT，这种电视墙技术成熟、应用广泛，但它有不可弥补的缺陷，就是亮度较低，在一个单体中，中间亮，四角暗。LCD 依赖于偏振，光源中的 50% 的光由于偏振作用不能进入 LCD，所以亮度也不可能提高很多，且图像有明显的黑白竖条，一般不为电视台所用。目前，DLP 技术最先进，且最适合电视台使用。

不管是哪种类型的大屏幕电视墙，在演播室应用时都有其特殊性。下面从 DLP 原理出发，讨论在这种特殊环境下的调试方法。

DMD 微镜的旋转受数字视频信号的控制。数字视频信号为等幅的脉宽调制信号，用脉冲宽度大小来控制微镜对光线通断时间的长短。微镜保持在"开"状态的时间越长，则该镜所对应像素的亮度就越高。由于微镜开、关之间转换速度非常快，所以图像看不出闪烁。利用微镜的这种快速转换就可以控制像素的灰度和色彩的层次。DLP 光源的光线通过光路系统被引导投射到 DMD。在 DMD 上，处于"开"状态的微镜将反射光线通过投影镜头在银幕上形成正方形的像素，这样整个 DMD"开"状态微镜经反射、投影就在屏幕上形成了图像。以 DMD 的数量区分，DLP 有三种不同的模式，即单片 DLP 模式、两片 DLP 模式和三片 DLP 模式。三片 DLP 模式提供了最高的亮度。单片 DLP 模式，白色的光源通过聚光镜对焦到分色轮上，分色轮由 RGB 三色滤光片组成，通过分色轮后的光线照射到 DMD 上，随着分色轮的转动，RGB 三色光会顺序照射 DMD，分色轮和 RGB 三色信号同步，即当红光照射到 DMD 时，DLP 系统处理红光信号；同样蓝光或绿光照射到 DMD 时，系统处理蓝光或绿光信号。这样，人的肉眼会将 RGB 三色信号组合并感觉为彩色图像。采用 RGB 三色分色轮，白色光源的光会有 2/3 被滤光片吸收（因每次只能通过一个原色光），故在此模式中，黑白投影亮度是彩色投影的 3 倍。

在三片 DLP 模式中，不再需要分色轮，光源由分光棱镜分成 RGB 三基色，同时输出到三片 DMD 上，三片 DMD 分别处理 RGB 三基色。与单片 DLP 模式相比较，每一基色的图像时间延长到 3 倍，使光输出也提高到 3 倍。由于图像时间加长，允许采用更高的灰度等级，这样可进一步提高图像质量。这种模式适合用于较大的屏幕投影和较高亮度的场所。

两片 DLP 模式的投影机采用金属卤素灯作为 DLP 的光源，其输出光谱中红色光相对较少。两片 DLP 模式采用了单片 DLP 模式的分色滤光系统和三片 DLP 模式的光束分离系统，巧妙地解决了金属卤素灯输出光谱中红色光过少的问题。两片 DLP 采用洋红色和黄色双色滤光镜，洋红色滤光镜允许红光和蓝光通过，黄色滤光镜则允许红光和绿光通过，这样红光会长期通过滤光镜，而蓝光和绿光会交错通过。通过滤光镜之后，光线会射向一个双色分光棱镜组，分离出来的红光投射到一枚 DMD 上，而蓝光和绿光交替投射到另一枚 DMD 上。与单片 DLP 相比，两片 DLP 尽可能考虑色温平衡，才能逼真地还原彩色。在演播室中，发光体为灯光，无日光进入，这些灯光的色温都是标准的 3200K，所以，摄像机也一定要设置在 3200K 挡。

然而，对 DLP 大屏幕显示屏来讲，光源用的是卤素灯，色温 6500K，与日光基本相同，如不把色温调到 3200K，则通过摄像机，在电视机中看到的大屏幕的图像就是发青的图像，显然这不是我们所希望的。

众所周知，色温是表示光源光谱成分的概念。对铁、钨等标准黑体从热力学零度开始加温，随着温度的升高，黑体会发出有颜色的可见光，光的颜色随着温度的升高而逐渐发生变化。当对其加热到 800K 时，黑体出现暗红色的光；再加温，暗红色变为黄色；当加温到 5600K 时，颜色由黄色变为日光，即白色光，近似太阳光；继续加温到 25000K 时，颜色逐渐由白色变为蓝色。在电视节目制作中，人们总希望画面中的场景、人物色彩还原准确，色彩逼真，保证较高的画面色彩质量。要做到这一点，光源色温平衡是色彩再现的重要条件之一。所谓色温平衡，是指使用的光源色温与摄像机的色温一致，同一场景中几种不同的光源色温一致。摄像机自身有三挡滤色片可供选择使用，一是 3200K 挡灯光色片，二是 5600K 挡日光色片，三是 5600K+1/4ND（灰片）挡日光色片。摄像机用何种色温拍摄，取决于拍摄对象及周围环境的色温。摄像机在低色温挡，而拍摄的对象及周围环境为高色温，则拍摄出的图像发青；摄像机在高色温挡，而拍摄的对象及周围环境是低色温，那么拍摄的画面偏红。所以，摄像机的色温调整与拍摄对象及周围环境的色温要尽可能一致，大屏幕电视墙的调试是通过计算机 RS232 接口和 Vision 软件进行的，就调试方法而言，分为二类二行、场相位的调整和视频译码系统的调整。

当大屏幕电视墙的机械调整完毕后，首先进行的是行、场相位调整。它决定着各屏间的拼接是否正确。具体过程是：首先输入方格加圆的视频信号。大屏为组合显示方式。用尺测量和观察相结合，使方格横平竖直，圆不失真，并居于大屏的中央。

视频译码系统的调整涉及大屏幕图像的对比度、亮度、色温、非线性失真、色调和色饱和度。这些指标的调整用观察的方法显然是不合适的，通常采用调整测试框图的方法。框图中把摄像机设置在 3200K，在下面所提到的调试方法中，单体和组合屏都要调整，调单体时把摄像机对准单体，并与单体中心位置垂直，每一单体显示完整的图像；调整组合屏时，组合屏显示完整图像，摄像机对准组合屏中心位置。为防止由于摄像机的位置而影响大屏的调整误差，尽量让摄像机放远一些。若黑电平不对，调对比度；每一阶梯的电平幅度不对，就调 Gamma 校正。这三个指标是相互联系的，要进行反复调整，直至满意为止。调整色温时，大屏输入白色信号，在 RGB 调整菜单中，首先把 R 调到最大（因为光源的色温为 5600K，对应 3200K 红光就显得少了），然后根据摄像机中所显示的色温、矢量示波器中白色点的位置和彩色监视器的主观评价，对 G，B 两信号进行反复调试，直至满意为止。在调整各屏间的一致性时，要以红光最少的那块屏为基准，其他屏的红光就不能调到最大了。色度和色饱和度调整时，大屏输入彩条信号，观察矢量示波器中每一个矢量的变化。调整对比度、亮度和非线性失真时，输入阶梯波信号，根据示波器显示的波形进行调整。幅度不对时，对幅度和相位进行逐一调整。

在以上的调试过程中，一定要注意各屏间的一致性调整。各个指标的调试也不是孤立的，它们之间相互联系，所以反复调整是必然的。

大屏幕电视墙在演播室应用时，一定要注意色温的调整。在调试过程中，靠计算机和肉眼是很难达到预期效果的。所以，一定要在理解原理的基础上研究调试方法，使大屏幕电视墙在舞台上发挥应有的作用。

4. 电视墙的构造

在公共信息展示、监控显示系统中需要大尺寸、高分辨率图像信息显示，而标准的显示设备不能满足这个需求时，在显示系统工程上有了这样的解决方式：把多个显示单元整齐地堆叠拼接起来，构成了一个类似砖体墙的显示墙体结构，就产生了电视墙。大屏幕电视墙系统由电视墙单元、电视墙处理器和电视墙接口设备三部分组成。

1）电视墙尺寸的计算

电视墙的大小按照惯例由电视墙单元的个数（宽 $m \times$ 高 n）和单元的尺寸来计算。例如，4×3 50in 电视墙由宽 4 个、高 3 个，共 12 个 50in 电视墙单元组成，50in 电视墙单元的宽约 1000mm，高约 750mm，则电视墙的显示面积是宽（4×1000mm）$\times$ 高（3×750mm）=9000000mm^2。

2）电视墙单元

广义上说任何一个显示设备都可以做电视墙单元，但为了使图像看起来完整美观，需要将电视墙单元拼接起来，电视墙单元接缝是需要解决的首要问题。最早的采用 CRT 显像管拼接的 CRT 电视墙接缝是 90mm，LCD 液晶拼接的电视墙接缝是 10mm(最小 6mm)，等离子电视墙接缝是 50mm(2×242in 可以做到 3mm)，只有基于背投技术的背投电视墙拼缝可以小于 1mm。

3）背投电视墙

背投电视墙单元由投影机、背投幕和封闭的光学箱体组成。根据投影机采用的技术不同，可分为 DLP 背投电视墙、LCD 背投电视墙、CRT 背投电视墙和 LCOS 背投电视墙。

4）电视墙处理器

电视墙处理器是把一个完整的标准视频信号(Video，VGA，HDTV)，经过图像处理（分割、放大）输出 $m \times n$ 个标准的显示设备的图形处理设备。彩讯公司根据输入输出的信号和功能，推出视频电视墙处理器 TMC1000A 系列、高清电视墙处理器 TMC2800 系列和虚拟电视墙处理器 TMC3000 系列。

5）电视墙接口设备

电视墙接口是指视频信号(Video,VGA,HDTV)路由到电视墙的信号切换和传输设备，包括分配器、切换器、矩阵和长线驱动等。

6）报警部分

在重要工作区和主要道路出入口进行布防，在监控中心值班室（监控室）安装报警主机，一旦某处有物体跃入，探头即自动感应，触发报警，主机显示报警部位，同时联动相应的探照灯和摄像机，并在主机上自动切换成报警摄像画面，报警中心监控用计算机弹出电子地图并作报警记录，提示值班人员处理，大大加强了监控力度。

7）系统供电

稳定的电源供给对于保证整个视频监控系统的正常运转起到至关重要的作用，一旦电源受破坏即会导致整个系统处于瘫痪状态。系统供电可以采用集中供电和分散供电两种方式，用户可以根据实际需要进行选择。

九、电子值勤模块

（一）电子执勤系统简介

随着油田规模的不断扩大，生产安全是摆在我们面前的一个很重要的问题。为了保障生产，我们将具有网络数据传输功能的摄像头安装在通往油区的各重要路口。对重要路口过往车辆24h全天候实时监视，当有车辆通过路口时，可以抓拍车辆照片，分析车辆牌号，并将车辆信息实时传递到中心数据服务器。系统连接公司车辆信息库及GPS数据库对报警车辆做系统分析，生成分析结果后对可疑车辆报警。

车牌自动识别系统利用先进的光电、计算机、图像处理、模式识别和远程数据访问等技术，对监控路面过往的每一辆机动车的前部物证图像和车辆全景进行连续全天候实时记录，计算机根据所拍摄的图像进行车牌自动识别、监控，并能进行车辆动态布控，对被盗抢、肇事逃逸、作案嫌疑以及违法车辆进行报警，通过有线或无线网络将各个监控点有关信息传送到监控中心，实行信息共享。为违法查纠、事故逃逸与被盗抢等案件的及时侦破提供重要的信息和证据，是创建平安油田建设的重要措施和手段。

（二）执勤流程

在通过油区的路口安装摄像头。当有车辆驶过时，摄像头抓拍车辆图片，并分析车辆牌号，将车辆信息打包传送到系统服务器。平台实时监测系统服务器，当发现有新的车辆信息时，将新信息与油田公司GPS车辆库比对，判断车辆是否属于内部车辆，如果是内部车辆则不报警，非油田内部车辆则进一步分析。系统分为三级报警，红色报警条件为凌晨1点到4点进入油区的非油田内部车辆；橙色报警条件为无牌号车辆；黄色报警条件为除红色报警和橙色报警以后的非油田内部车辆报警（图10-45）。

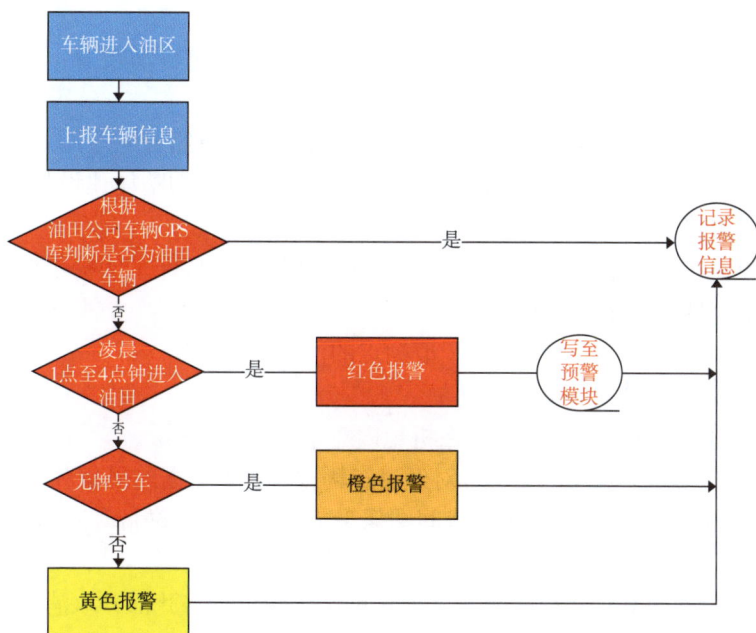

图10-45　执勤流程

（三）实时智能监测

电子执勤系统在监控软件示意图上标示各路卡位置，在没有车辆过往时路卡标识为绿色；当有非油田车辆通过路口时，路卡标识闪烁，提示管理人员有非油田车辆进入油区，并将红色报警信息经接口发送到预警系统，通过语音形式播放报警情况。

凡有车辆通过时，执勤系统均会记录车辆信息。对于未处理的报警信息，执勤系统会滚动显示未处理的报警信息，一直处于提示状态。根据报警所记录的信息，能够详细掌握通过车辆的通过时间、车牌号、车型、对报警信息是否处理。系统每日自动生成报警分析，对前一日早8点到当日早8点进入该路口车辆进行分析统计，形成内外部车辆对比分析和分时统计分析，并将报警信息分为红色报警、橙色报警和黄色报警三个等级，能够了解内部车辆和外部车辆在某段时间内的进出比例，掌握偷油车辆的进出规律，提高了油田人员监管的工作效率，降低了财产损失。

当系统发现有未处理的报警信息时，相应路口的报警标识会一直闪动报警，提示用户处理报警信息，对于已经报警而未及时处理的信息，可以手工改动处理信息和处理意见。

（四）电子执勤系统特点

对油区关键路口的过往车辆信息进行提示及查询，对特殊车辆的行驶路线进行判识。只对经过车辆或人员进行抓拍，对没有经过的路面不记录，每经过一辆车所存储的所有文件合计为200K，其中包括车牌照片、车辆全景照片和其他信息。电子执勤系统具有下列特点。

（1）存储占用空间小。

（2）回放速度快：只存储了有用的信息，浏览方便快捷。

（3）车牌自动识别：能够将经过车辆的车牌号清楚展示，并告知车辆信息，例如车辆为内部车辆还是外部车辆。

（4）可以设置黑名单：对列入黑名单的车辆经过路卡时自动报警，告知值班人员，可以采取措施。

（5）技术领先：目前已经为成熟产品，在各大城市、道路普遍应用。

（6）易扩展：可以直接通过网络传输采集数据，为后期的整体建设打好基础。

①显示油区道路图和电子值勤点的分布情况。

②实时采集通过电子值勤点车辆信息，进行车牌识别，特殊车辆提示监控。

③智能提示特殊车辆运行路径。

④统计分析油田内外部车辆通过电子值勤点的信息。

（五）电子执勤系统设备配置

车牌自动识别器（图10-46）安装在机柜内对车牌进行识别。

（1）视频图像采集前端(图10-47)对经过车辆进行车牌数据的采集和车身全景的抓拍。

（2）夜间补光灯(图10-48)用于夜间图像采集补光，如只进行车牌识别则不需要此设备。

（3）值班室操作台和计算机一套，如使用网络传输可以将此部分取消。

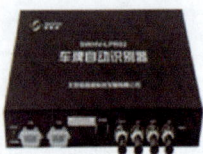

图10-46 车牌自动识别器

图10-47 摄像机

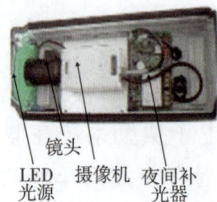

图10-48 摄像机内部结构

（六）电子执勤系统技术指标

（1）识别符合 GA36－92《中华人民共和国公共安全行业标准》（92 式牌照）和 GA36.1－2001（02 式牌照）标准的民用车牌照和 04 式新军车牌照与 07 式新武警车牌照的汉字、字母、数字和颜色等信息。

（2）支持标准双层牌识别。

（3）全天候连续工作，适应白天、黑夜、雨雪天气环境。

（4）触发方式类型：视频触发、硬件触发、软件触发。

（5）CPU 性能：1s 处理 25 帧全图图像的车牌识别。

（6）单车牌识别时间小于 0.4s。

（7）整体识别率大于 95%，车牌定位率大于 99%，车牌字符识别率不小于 99%。

（8）车辆检测率大于 99%，彩色图像可以实现 JPEG 格式，不小于 16 位。

（9）允许车辆行驶速度：0~200km/h。

（10）支持双路模拟视频输入，提供全景抓拍功能。

（11）支持测速雷达接入。

（12）通信接口：RS232 串口，10/100M 自适应以太网口。

（13）输出信息：车辆大图、车牌小图、二值化图、车牌号码和车牌颜色。

（14）支持平台：Windows98/NT/2000/XP 与 LINUX。

（15）工作环境温度：－20 ～ +85℃（处理单元），工作湿度不大于 95%。

（16）系统功耗小于 30W，供电方式为 AC220V/50Hz ± 10%。

（17）识别器尺寸 236mm × 139mm × 36mm，机箱防护等级为 IP66。

（18）平均无故障时间：MTBF 不少于 30000h。

（19）配套摄像机技术指标要求。

（20）CCD：彩色不小于 1/4in。

（21）最低照度不大于 0.5lx。

（22）分辨率：768 × 576 或 720 × 576。

（23）快门：1/60 ～ 1/100000s。

（24）自动补光补偿，强光抑制，白平衡。

（25）频闪光源寿命不少于 20000h。

（七）电子执勤系统操作指南

路卡监控点配备计算机，通过软件系统实时存储或查询车辆信息，达到记录和存储的功能。

1. 图片实时查询

功能说明：实时显示指定监视路口的最新抓拍车辆信息。

功能实现：系统实时显示选定监视路口抓拍车辆的图片及识别信息。系统不仅能够识别被抓拍车辆的车牌，而且同时显示抓拍车辆的车牌和全景图片，提供被抓拍车辆更全面的信息。系统界面如图 10-49 所示。

2. 图片历史查询

功能说明：查询指定监视路口抓拍识别车辆的历史信息。

功能实现：通过选择监视路口、日期等条件，查询监视路口选定日期所有抓拍车辆车牌识别的历史图片数据信息。系统界面如图 10-50 所示。

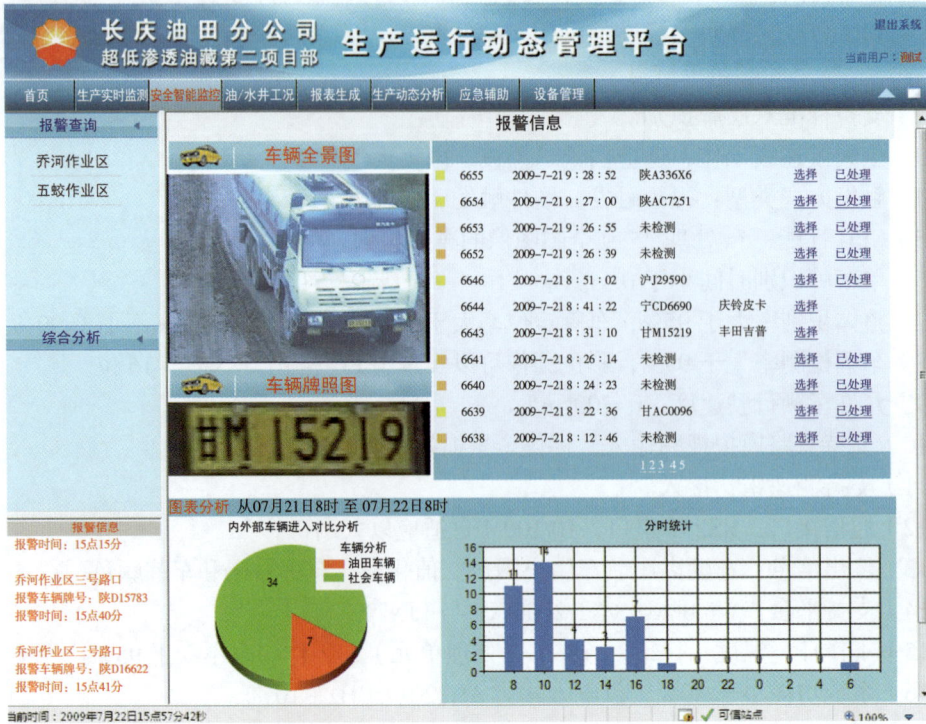

图 10-49　电子执勤系统图片实时查询

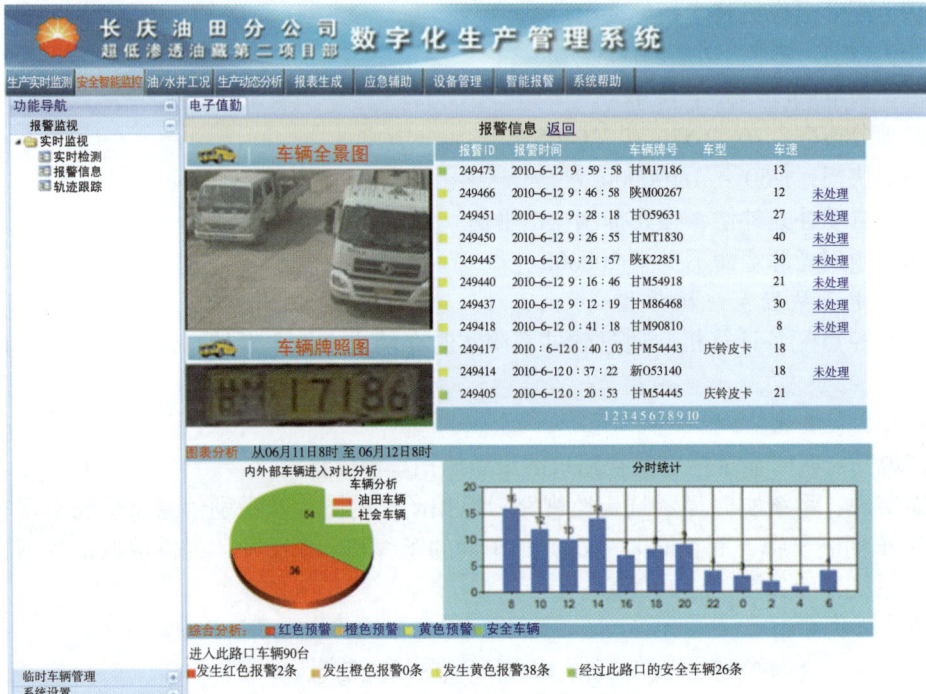

图 10-50　电子执勤系统图片历史查询

十、应急辅助模块

提供紧急事件发生地周边可利用的救援信息，如医疗、消防、内部车辆、应急物资、应急队伍以及应急力量等，可快速检索各类应急预案。

系统结构：按照本项目的设计要求，本系统主要是针对管线泄漏、拦截特殊车辆、数字化设备异常等紧急事件，在 GIS 系统显示紧急事件描述信息（位置、时间、现状、波及范围、人员伤亡状况等），提供相关事件应急参考预案（风险点提示、注意事项、携带工具提示、车辆物资提示等）为应急救援提供参考。

在应急模块应用中，我们要用到地理信息系统（GIS）、空间数据引擎（SDE）、互联网地图服务（IMS）和互联网条件下的服务器/客户端系统配置（B/S）。

（一）地理信息系统

地理信息系统有时也称为地学信息系统或资源与环境信息系统。它是一种特定的十分重要的空间信息系统。它是在计算机硬、软件系统支持下，对整个或部分地球表层（包括大气层）空间中的有关地理分布数据进行采集、储存、管理、运算、分析、显示和描述的技术系统。

在油田自动化系统中地理信息系统（GIS）是一个重要内容，由于油田网节点多，设备分散，其运行管理工作常与地理位置有关，引入油田地理信息系统，可以更加直观地进行运行管理。其内容主要包括设备管理（FM）和用户信息系统（CIS）。设备管理，是将厂部、作业区、联合站、注水站、增压站、集输站、井场、单井以及设备等节点数据反映在地理背景图上。用户信息系统（CIS），借助 GIS 大量用户信息，迅速判断故障的影响范围，GIS 通过调用 CIS 和 SCADA 功能，迅速查明故障地点和影响范围，选择合理的操作顺序和路径，显示处理过程的进展情况。另外，GIS 还具有辅助油田发展规划设计功能等。

（二）空间数据引擎

空间数据引擎（SDE）是一种空间数据库管理系统的实现方法，即在常规数据库管理系统之上添加一层空间数据库引擎，以获得常规数据库管理系统功能之外的空间数据存储和管理的能力。空间数据引擎在用户和异种空间数据库的数据之间提供了一个开放的接口，它是一种处于应用程序和数据库管理系统之间的接转技术实施。油田使用不同厂商的 GIS，可以通过空间数据引擎将自身的数据提交给大型关系型 DBMS，由 DBMS 统一管理；同样，油田也可以通过空间数据引擎从关系型 DBMS 中获取其他类型 GIS 的数据，并转化成油田可以使用的方式。

（三）互联网地图服务

随着卫星定位、遥感、地理信息系统和网络技术的进步，承载大量地理信息的互联网地图在油田得到了应用，方便了油田的巡护监管。

应急辅助子模块包括工程、管线和站库查询、树状导航查询、图层和向点图层追加数据五部分。

（1）工程：根据所要显示的目的和意图来叠加不同的图层以表现不同的主题和专题。同时可以对图层用各种形象的符号表示，更直观地表示专题。

（2）管线和站库查询：查询所属采油厂的管线和站库，以及管线和站库所在的采油厂。

（3）树状导航查询：逐级体现属于油田中的区块，区块中的采油井，以及区块中的供水站，形成一个树状的查询。

（4）图层：GIS中的数据按照点、线、面的实体划分，以单一实体类型的图层方式进行组织。每一图层代表一种特定实体类型，或为点图层，或为线图层，或为面图层。图层的叠加也是基于透明可见的原则，叠加在最上面的图层优先显示。

（5）向点图层追加数据：在已有点图层的基础上追加新的点数据。可以通过两个图层文件的合并达到追加的目的，也可以在点图层的基础上，通过加入存有空间位置属性的数据库文件达到追加点数据的效果。

（四）应急辅助模块功能描述

在登录油田数字化平台之后可以进入应急辅助模块，一幅事故突发区域的地图便被调用，能够使监管人立刻知道当前事故发生地的具体位置和能够尽快到达救援地的最佳路径。

应急辅助模块又分11个子模块，每个模块都有特定的功能，这些模块分别为：添加故障点、医疗资源检索、消防资源检索、车辆资源检索、应急预案查看、应急物资查看、应急电话查看、应急队伍查看、周边政府信息、应急力量查看和模块维护。

（五）地图工具

1. 数字地图概述

数字地图是纸质地图的数字存在和数字表现形式，是在一定坐标系统内具有确定坐标和属性的地面要素和现象的离散数据，在计算机可识别的可存储介质上概括的、有序的集合。数字地图是以地图数据库为基础，以数字形式存储在计算机外存储器上，可以在电子屏幕上显示的地图。

在计算机技术和信息科学高度发展的当今，仅靠纸质地图和一些零散的数字地图提供信息以无法满足需要，取而代之的是在飞机、舰船导航、新武器制导、卫星运行测控和部队快速反应、军事指挥以及经济建设的各个行业中的应用。基于区域性或全国性的数字地图及各种各样的地图数据库管理系统和地理信息系统，这些系统共同的特点是：信息丰富多样，提供信息正确及时，修改、检索、传输信息方便快速，并可以对系统中的数据作进一步的分析操作，最后输出人们关注的专题信息。数据库技术的应用和信息系统的建立使传统的纸质地图的应用产生了质的飞跃，也为地图产品开辟了一个新的应用天地。但要建立一个数据库管理系统或者地理信息系统，首要解决的问题是地图信息的获取即数字地图的生产问题。

通常我们所看到的地图是以纸张、布或其他可见真实大小的物体为载体的，地图内容绘制或印制在这些载体上。而数字地图是存储在计算机的硬盘、软盘或磁带等介质上的，地图内容通过数字来表示，需要通过专用的计算机软件对这些数字进行显示、读取、检索、分析。数字地图上表示的信息量远大于普通地图。

数字地图可以非常方便地对普通地图的内容进行任意形式的要素组合、拼接，形成新的地图，可以对数字地图进行任意比例尺、任意范围的绘图输出。它易于修改，可极大地缩短成图时间；可以很方便地与卫星影像、航空照片等其他信息源结合，生成新的图种；可以利用数字地图记录的信息，派生新的数据。如地图上等高线表示地貌形态，但非专业人员很难看懂，利用数字地图的等高线和高程点可以生成数字高程模型，将地表起伏以数字形式表现出来，可以直观立体地表现地貌形态。这是普通地形图不可能达到的表现效果。

2. 数字地图的特征

地图遵循一定的数学法则，具有完整的符号系统，是地理信息的载体。数字地图是把地图符号以数字的形式表现出来，其具有如下特点。

1）动态性

电子地图具有实时、动态表现空间信息的能力。电子地图的动态性表现在两个方面：一是用具有时间维的动画地图来反映事物随时间变化的真实动态过程，并可通过对动态过程的分析来反映事物发展变化的趋势，如城市区域范围的动态沿革变化，河流湖泊水涯线的不断推移等；二是利用闪烁、渐变、动画等虚拟动态显示技术来表示没有时间维的静态现象以吸引用户的注意力，如通过色彩浓度动态渐变产生的云雾状感受描述地物定位的不确定性，通过符号的跳动闪烁，突出反映感兴趣地物的空间定位等。

2) 交互性

电子地图具有交互性，可实现查询、分析等功能，以辅助阅读、辅助决策等。在电子地图中，才能真正实现人机交互。由于电子地图的数据存储与数据显示相分离，地图的存储是基于一定的数据结构以数字化形式存在的，因此，当数字化数据进行可视化显示时，地图用户可以对显示内容及显示方式，如色彩和符号的选择等进行干预，将制图过程与读图过程在交互中融为一体。不同的用户由于使用电子地图的目的不同及自己对地图内容的理解不同，在同样的电子地图系统中会得到非常不同的结果。也就是说，电子地图的使用更加个性化，更加满足用户个体对空间认知的需求。除了用户可以对地图显示进行交互探究外，电子地图提供的数据查询、图面量算等工具也为用户获取地图信息建立了非常灵活的交互式探究手段。

3）超媒体集成性

超媒体是超文本的延伸，即将超文本的原则扩充至图形、声音、视频，从而提供了一种浏览不同形式信息的超媒体机制。在超媒体中，由于节点之间采用了链连接，信息的组织采用了非线性结构，可以通过链方便地对分散在不同信息块间的信息进行存储、检索和浏览，其更符合人的思维习惯。电子地图以地图为主体结构，将图像、文字、声音等附加媒体信息作为主体的补充融入其中，通过图、文、声互补，地图图形信息的先天缺陷可得到数据库的弥补。通过人机交互的查询手段，可以获取精确的文字和数字信息。

3. 地理坐标

地理坐标就是用经纬度表示地面点位的球面坐标。地理坐标系统中的经纬度有三种提法：天文经纬度、大地经纬度和地心经纬度。在地图学中，常以大地经纬度来定义地理坐标。地面上任意点的位置，可用大地经度、大地纬度和大地高表示。大地经度，向东 0° ～ 180° 为东经，向西 0° ～ 180° 为西经。大地纬度，由赤道向南北两极量度，向北 0° ～ 90° 为北纬，向南 0° ～ 90° 为南纬。

4. 地图空间数据结构

空间图形数据的基本要素为点、线、面和体，表达地图要素的图形都可以看做是点的集合。拓扑结构就是基本要素点、线、面和体之间具有邻接、关联和包含的拓扑关系。这种关系从总体上反映了空间实体间的结构关系，对地图信息的数据处理和空间分析有重要意义。

（六）数字地图在油田数字化管理中的应用

1. 井口车载 GPS 导航系统

随着信息产业的飞速发展，油田行业也正在加紧数字化的建设，从电子巡井、远程设备控制与操作，到作业的标准化建设。然而，在数字化建设的同时，我们依然存在技术员定期到井口巡查和检查设备，可是由于井区的地形复杂性，以及井口分布的不规律性，造成找井难的弊端。目前采用的依然是最简单、最原始的办法，就是靠人脑记忆来解决这个问题。可是一旦油井数量大、地形更复杂，则导致难以记忆、容易混淆的状态。同时也存在着人力资源变动的风险性，种种原因导致了找井难和效率低下的问题。

鉴于目前存在的问题，通过借助数字地图，建立井口 GPS 数据导航系统，该系统可以提供每个井口精确详细的 GPS 数据和道路导航数据。因此，基于这个系统我们可以更加便捷、快速实现寻井，提高工作效率，加快实现油气田的数字化建设进程。

2. 数字地图在油田管理系统中的应用

数字地图在油田管理指挥系统中发挥重大作用，因此数字地图如何更好地利用主要体现在我们如何对工具栏中的操作按钮进行操作。本部分将对工具栏的设计做一个详细的说明，包括每个工具按钮的含义、如何操作以及每个工具按钮的功能。操作地图工具栏包括放大、缩小、平移、全图、测距、定位，突出水体、删除等功能，如图 10 - 51 所示。

图 10 - 51 操作地图工具栏

（1）放大：就是增大地图显示的比例尺。当需要更清晰地观察地图局部区域信息的时候，可以利用"放大"功能按钮。操作时首先用鼠标点击"放大"按钮，然后在地图上点击需要放大的区域，地图将放大点击位置，也可以利用鼠标滚珠进行放大，鼠标滚珠向上为放大，放大时以地图中心为放大点。

（2）缩小：就是减小地图显示的比例尺。有时需要缩小地图比例尺，确定所要查看的区域，或者需要对已放大的地图缩小时需要利用此功能。在进行操作时首先用鼠标点击"缩小"按钮，然后在地图上点击需要缩小的区域，地图将缩小点击位置，也可以利用鼠标滚珠进行缩小，鼠标滚珠向下为缩小，缩小时以地图中心为缩小点。

（3）平移：在做地图操作的时候如果需要挪动地图，点击"平移"按钮，在地图上点击鼠标左键进行拖拽即可。

（4）全图：当地图进行了其他操作之后，比如放大或缩小之后，需要还原到原始地图的样子，点击"全图"即可。

（5）测距：在地图上，如果需要知道两点之间的距离，则可以通过"测距"按钮来完成。具体操作是：点击"测距"按钮，鼠标移动到地图上时鼠标将成为一把尺子的图标，在地图上点击需要测量的两点，鼠标会出现"右键结束"的提示，若需要测量多个点之间的距离，点击多个点即可，测量结果如图 10 - 52 所示。

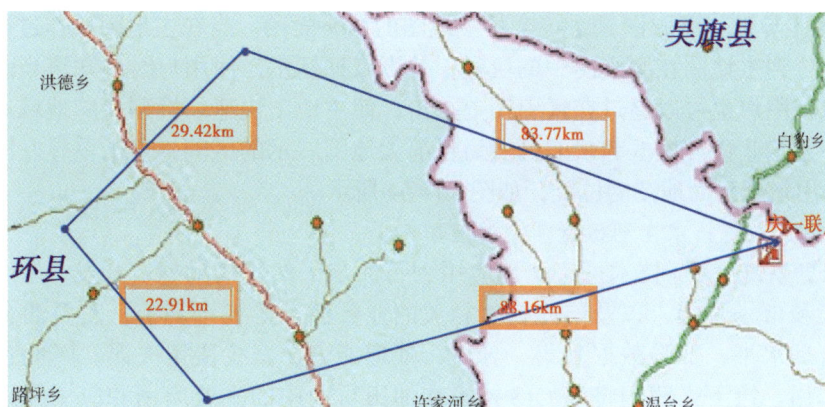

图 10 - 52　测距

（6）定位：为了更快地寻找需要查看区域的地理信息，可以采用检索的方式实现。具体操作时先点击下拉框，选择要定位的地区，在后面的文本输入框填入要定位的名字或者包含字，点击"定位"按钮，地图将进行定位，把光标移动到定位的点上。

（7）突出水体：点击突出水体旁边的复选框，地图上将加载水源的位置，如图 10 - 53 所示。

图 10 - 53　突出水体

（8）删除：如果在地图上做了操作或者是留下了标记，点击"删除"按钮，将清除地图上的标记信息。

（9）鹰眼导航：鹰眼图是系统全景主地图的缩略简图。当在主地图操作过程中，鹰眼图也同步定位到主地图在鹰眼图中的位置，并以红框标示，使用户时刻知道当前操作位于全图的位置。用户也可以通过在索引图上点击，使主地图快速切换到相应地域进行显示。在地图左下角，蓝色方框框起来的区域为目前大地图展示的区间，点击鼠标左键，拖动蓝色方框可以用来挪动大地图的位置，如图 10 - 54 所示。

3. 地理信息系统技术在油田行业上的应用

地理信息系统 (GIS) 技术可广泛地应用到石油与天然气的勘探、开发、生产、运输、炼油、化工和市场营销，以及与此自然相关的业务活动等各个环节，对石油企业提高工作效率和管理水平，加强数据采集、分析、处理能力，减少决策失误，降低企业风险发挥重要的作用。接下来我们将对 GIS 技术在油田行业中的主要应用和应用前景进行比较详细的阐述。

图 10 - 54 鹰眼图

1）GIS 在石油物探中的实际应用

地理信息系统可以根据部署地震测线的坐标数据，在计算机中自动生成带坐标的测线图，将之叠加在数字地形图上，可以清楚地看到测线所经过的地物。如果测线直接经过村镇、湖泊或高价值经济作物种植区等区域，可以及时作出适当的调整。

有了地理信息系统强大的图形编辑功能，物探工作人员可以方便地在电脑中进行地理位置的查询、地理底图的任意裁剪，并在地理底图的基础上编辑、叠加其他的构造、部署等信息，大大提高了勘探人员编图的效率，提高了编图的精度。

地理信息系统可以进行多源二维图形数据的叠加分析，比如可以将同一地区的地震、重磁、电法等资料分析成图后，进行比例尺及坐标配准，再进行二维叠合，不同勘探数据所圈定的油气显示区域重叠的部分，可能就是最有利的油气显示区。

2）GIS 在油田统计中的应用

（1）井位部署、产量分布及油井动态的可视化。通过 GIS 系统，将所有油井都分级分类以符号的形式标注在油田地图上，不同产量的区域用不同的颜色标注，统计人员结合地理位置表述可以对油井分布区域、井下作业、生产能力及产量、井距疏密程度、停躺井情况等数据有直观的了解和判断。并且可以通过地图缩放改变显示内容，进一步定向查询详细信息，例如，查询某一单井的井位坐标、产液量等详细数据。

（2）油气集输站、注水站等库站运行情况的可视化。例如，站库能力数据、库存动态变化、注水情况均可通过在地图上标注符号或以不同颜色来反映运行状况。

（3）油品销售量、流向、收入的可视化。在地图上标示诸如柱状图、饼图、流向图等各种效果的统计图，直观反映各产品的销售状况、产品的市场分布、市场覆盖图、市场流向等与地域有关的特征。

3）GIS 技术在油气管道风险评价分析中的应用

目前，GIS 技术广泛地应用于资源管理与配置、城市规划和管理、地籍管理、区域经济分析、局部环境分析等方面。基于 GIS 的空间分析模型方法在管道风险评价分析与决策中并没有取得很好的进展，主要原因在于：第一，对于管道的评价方法本身就不是很完善，多数评价还是以人的主观评价为准；第二，在采集真实可靠的评价原始数据方面存在许多困难，要么是数据缺乏真实性，要么是很难找到管道的所有工作历史参数；第三，即使评价所需的全部工作历史参数都能收齐，但也必须花费大量人力将其录入数据库才可使用。所有这些都大大地削弱了 GIS 在管道风险评价方面的应用，因此为提高管道的管理水平以及适应国际发展趋势，引入 GIS 技术势在必行。如何将 GIS 技术运用到油气管道的风险评价中，主要应考虑两个方面：第一，考虑如何将一个传统的风险分析模型与 GIS 空间分析模型链接，研发新的分析模型；第二，考虑如何将 GIS 作为一种主要的工具来对管道的运营状况进行更高级的模拟分析。

4. GIS 在石油行业的应用前景

今后，石油行业 GIS 应用发展趋势将主要体现在以下几个方面：

（1）数字油田、数字管道已成为 21 世纪石油行业信息化建设的发展方向和趋势。大部分石油巨头已开始在这方面投资，而地理信息系统作为数字油田、数字管道的重要组成部分，在石油行业的信息化建设中将发挥重要的作用。

（2）GIS 与企业现有系统的集成。为提升现有的 GIS 使用价值，越来越多的企业将GIS 与其他系统，如设备维护管理系统、电子文档管理系统以及 ERP 系统进行集成，以充分发挥 GIS 的潜在功能。

（3）基于互联网的应用。目前 GIS 应用系统已显示出向基于浏览器的解决方案发展的趋势，并趋向于包括门户和商业智能在内的更加全面的解决方案。

（4）移动 GIS。石油行业具有工作点多、面广、地域辽阔、野外工作多的特点，使其更加重视在便携式工具上进行应用的能力。手提电子设备以及移动技术的出现，使一些技术领先的石油公司能为现场工作人员提供数据库访问、制图、GIS 和 GPS 综合应用的能力。

（七）发布应急事件

当遇到紧急事件时，可在地图上发布应急事件，来展示应急事件的发生点，以及指导应急救援工作的执行。当事故抢险完毕后点击按钮，解除报警信息，解除后事件信息菜单栏事故信息将不再显示，地图上的事故闪烁信息也将消失。

（八）检索应急资源

应急资源的检索包括了医疗资源检索、消防资源检索、车辆资源检索。

（1）消防资源检索。通过消防资源检索，地图上将加载消防资源信息，在互联网地图上便可显示出消防等信息的位置，同时要将消防资源的信息加载，按照离事故点由近到远的距离显示。

（2）医疗资源检索。通过医疗资源检索，互联网地图上将加载医疗资源信息，同时将就近的医院、卫生所等信息的位置显示，同时将加载医疗资源的信息按照离事故点由近到远的距离显示。

（3）车辆资源检索。通过车辆资源检索，输入搜索半径检索车辆信息，地图上将加载车辆资源信息，同时将最近的医疗车辆等信息的位置显示，将加载车辆资源的信息按照离事故点由近到远的距离显示。

（九）应急辅助信息

应急辅助信息包括：应急预案查看、应急物资查看、应急电话查看、应急队伍查看、周边政府信息和应急力量查看。

（1）应急预案查看。通过应急预案系统可以查看预案的具体内容，做出更好的事故应对。

（2）应急物资查看。通过应急物资查看能够了解当前的应急物资信息，比如应急物资的名称、所属部门、应急物资数量和存放地点等。

（3）应急电话查看。通过电话查看系统能够知道所需要的联系人或联系部分，能够及时沟通事故发生情况，商讨对策。

（十）模块维护

模块维护包括：医疗资源维护、消防资源维护、车辆资源维护、应急预案维护、应急物资维护、应急电话维护、应急队伍维护、周边政府维护和应急力量维护。

十一、智能预警模块

智能预警模块采用先进的设备状态智能预警技术，通过对系统数据库实时、历史数据的挖掘，将传统的系统设备故障事后预警转变成更加先进的故障事前预警。此外，通过平台系统中设备状态智能预警技术的实现，构建起厂级、作业区级、站级的系统设备性能管理平台，为系统和设备的故障分析和将来更加先进的检修作业模式打下基础。

以客户端形式驻留运行在网上任何计算机中，定期扫描是否有预警信息，当检测到各模块的预警信息时，自动弹出界面，用语音播放报警信息，督促相关人员处理预警信息。比如，某加热炉出口温度过高，超过上限0.14℃，集输模块便发出预警，提示某集输站加热炉出口温度过高，属II级报警。

预警历史记录信息能够随时查阅，其所记录内容主要包括报警所属模块、报警级别、报警类型、报警地点和报警设备等。

（1）预警信息的接收和处理。

登录数字化平台之后，客户端实时接收当前时间发生的预警信息，收到之后自动弹出到电脑左面右下角并语音读出相关报警内容，并弹出到预警信息窗口。比如，油井严重结蜡，系统会自动提示结蜡井、结蜡级别等。通过查看详细记录，可以连接到相关的预警模块，可以看到更详细的预警信息，点击"处理"按钮可以输入处理结果或意见。如果预警信息未被处理就被关闭了，那么可以从历史记录信息中找到未被处理的预警信息，对数据重新处理。

（2）预警信息与岗位对应关系的配置。

预警岗位设置表与岗位之间的关系配置，是为了能把预警信息按岗位分类并准确地发送到不同岗位的在职人员，以便在最短的时间内处理产生的预警。预警岗位信息设置主要描述了预警类型、预警级别、预警节点类型和预警岗位。

（3）预警周期设置。

为了能使每条预警信息都被处理，一个都不能少，这个周期从服务端启动开始计算，到达设置的时间间隔，服务端程序将把数据库中所有未被处理的预警信息重新发送到对应岗位，并语音读出相关内容，默认时间为72h。

通过设备状态智能预警技术在数字化平台系统中的应用，实现了由传统的故障事后处理向更加先进的故障事前预警和处理方式的转变，另外也充分挖掘和利用了数字化平台系统数据库平台中海量实时、历史数据的价值，数字化平台系统中设备状态智能预警技术的采用，从油田生产的安全性角度丰富和完善了数字化平台系统的价值和应用，为下一步更加优化的主动检修方式提供了基础准备。

第十一章　超低渗透油田数字化管理关键技术

超低渗透油田数字化建设，必须根据超低渗透油田开采和地面集输的特点，在第十章中数字化平台和应用模块的基础上，自主研发一些必要的数字化关键技术装置，在生产前端起到必不可少的重要作用。在数字化建设过程中，一些关键的技术装置对完善生产前端数字化起到了重要作用。其主要有自动投球、收球装置、抽油机远程启停控制系统、集成增压橇装装置、变频连续输油技术以及油井工况自动诊断等关键技术。

第一节　电子巡井技术

电子巡井技术系列由油气水井数据采集、功图分析及油水井远程控制三项技术组成。

一、电子巡井的功能

电子巡井具有下列功能：
（1）人工巡护→电子路卡。
（2）关键路口视频拍照实时监测通过车辆。
（3）车牌识别，特殊车辆提示监控。
（4）智能提示特殊车辆可能去的井场及到达时间。
（5）系统联锁跟踪车辆通过视频装置路口情况（图 11-1）。

数字化标准站控系统中的电子巡井是数字化标准站控系统的主要组成部分，由油水井监测模块、井场视频及外物闯入报警模块、历史数据查询模块、故障判识模块、变频控制等几部分组成。油水井管理以各个井场为独立单元，对所辖的油井和水井进行管理。通过已建的有线／无线网络，增压点可以实现对油水井生产状况的远程、实时监控。

油井采集的示功图可以应用于功图计量分析诊断。功图计量的诊断信息可以确保油井最大限度有效生产。如诊断出"结蜡"或"杆断"结论等信息可以为分析人员及时提供第一手有效资料，方便管理人员及时处理异常，确保安全、有效生产。安装远程启停装置实现了油井的远程启停控制，大大减少了人工停机、启机的工作量，提高劳动效率，节约用工成本。

利用形象的生产曲线，描述出每口井当日及历史的油井日产液量趋势，用来分析油井产液量的变化状况及趋势。注水阀组及注水井管理方面对瞬时流量、累计流量、井口压力等数据进行实时监测，并支持远程配注。通过趋势曲线分析注水量及配注量的对比情况，超注、欠注情况一目了然。井场视频及外物闯入报警模块主要是依靠视频服务器，实现了井场视频实时监控、外物闯入报警、闯入目标智能锁定、语音自动提示、远程语音警告等多项功能，为井场无人值守提供了有利条件。井场安装自动照明装置，在夜间光线不足的情况下，自动开启照明。同时也可远程控制井场照明灯，既节省能耗，又保证了夜晚光线充足，视频监测清晰可见。

　　站控系统电子巡井分油井电子巡井和水井电子巡井两部分。点击菜单上的"电子巡井"按钮，弹出电子巡井画面，如图 11 - 2 所示。

图 11 - 1　电子巡井

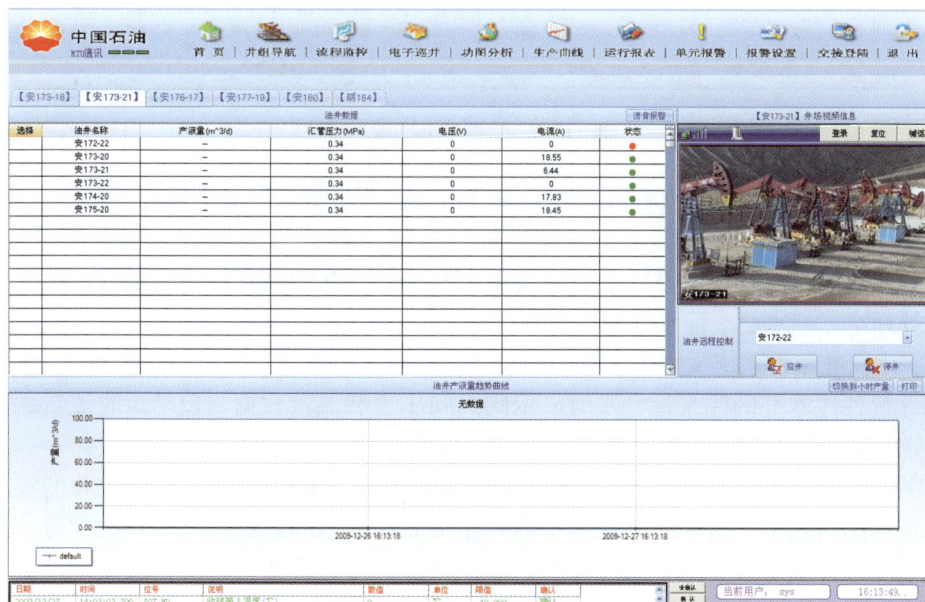

图 11 - 2　站控电子巡井图

（1）油井。

①实时数据显示。采集各个油井的数据。默认设置为每10min轮流更新一遍最新数据。如果该井处于停机状态，则"通讯状态"下方相应的绿灯会变成红色；如果通信发生故障，导致数据读取失败，则"通讯状态"下方相应的绿灯会变成浅绿色。

②功图对比与分析。功图对比与分析功能可以对任意时间段内的历史功图进行查询和分析。根据地面功图诊断该井状态，还可以对同一口井在不同时间段的功图进行对比。点击菜单上的"功图分析"按钮，进入历史功图对比与分析画面，如图11-3所示。

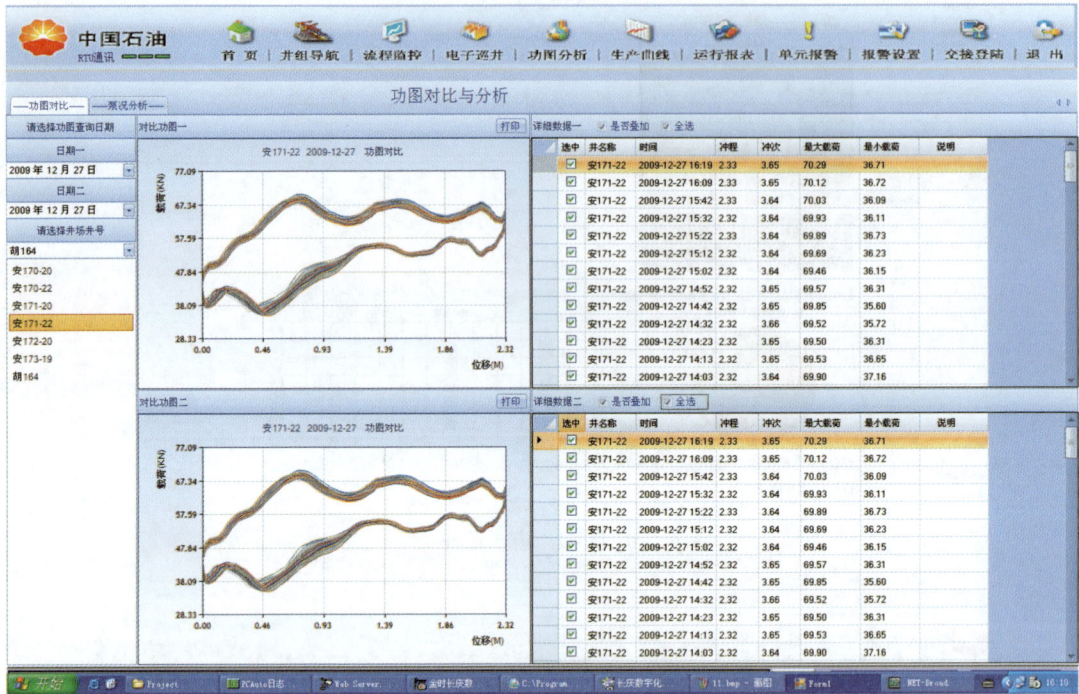

图11-3 站控油井工况判断

③泵况分析。点击功图分析旁边的"泵况分析"按钮，进入泵况分析画面，如图11-4所示。

（2）水井。

数字化站控系统的注水系统主要是指从水源至注水井的全套设备及流程，包括水源泵站、水处理站、注水站、配水站和注水井。

数字化标准站控系统中的电子巡井的水井部分专指井场的注水橇的配水间，用来调节、控制和计量各注水井的注水量。实时显示阀组间压力和流量数据（包括瞬时流量、累计流量和设定流量），实现了远程配注和注水流量数据的自动计量。

数字化标准站控系统中阀组间配注功能主要实现注水阀组内的每口注水井的实时数据显示，包括阀组名称、时间、分水器压力、注水曲线显示的选择、注水井的井号、注水的瞬时流量和累计流量及管压。通过注水曲线的选择，可查看注水井的注水流量曲线。其主要功能为：可显示日注水趋势曲线；可进行日配注水量的设定。

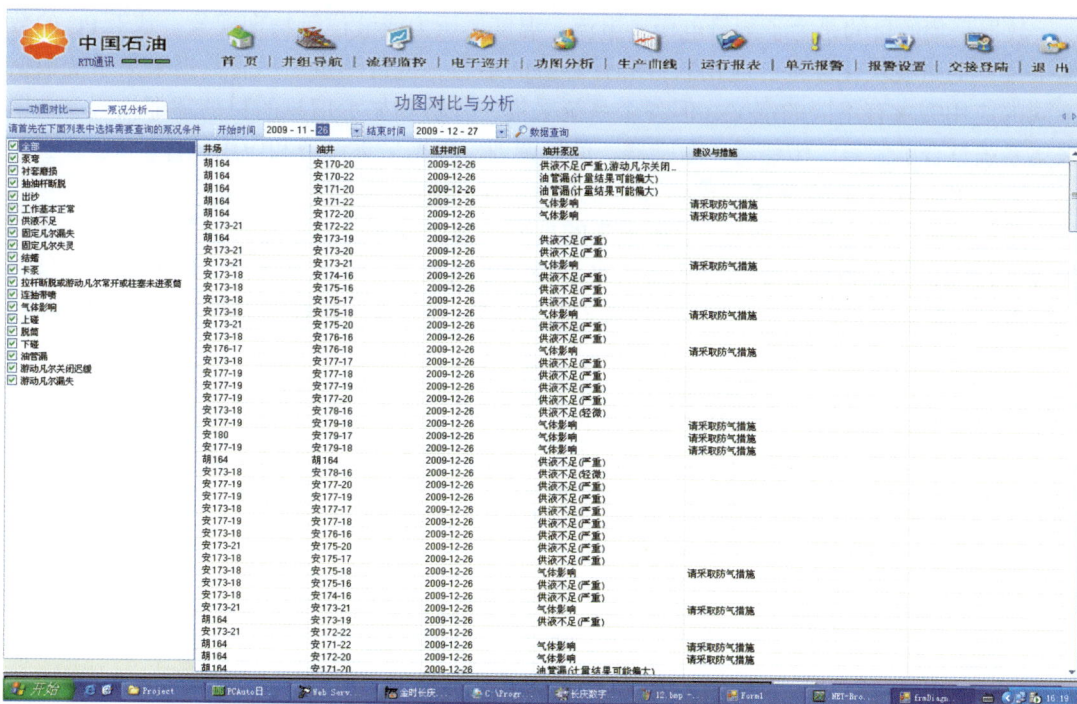

图 11-4 站控油井工况诊断示意图

二、油水井数据采集技术

创建"接口统一、协议统一、驱动统一"的"三统一"接入技术，打破接入难点，实现接入关键技术突破，首次实现异构控制器无缝接入，提出了 16 位设备地址的 MODBUS 协议扩展规范，实现 8 位、16 位控制器兼容，同时解决了标准 MODBUS 协议对控制器接入数量限制的问题。

（一）数据采集概念

数据采集又称数据获取，是利用一种装置，从系统外部采集数据并输入到系统内部的一个接口，是指从传感器和其他待测设备等模拟和数字被测单元中自动采集信息的过程。数据采集系统是结合基于计算机的测量软硬件产品来实现灵活的、用户自定义的测量系统。数据采集技术广泛引用在各个领域，比如摄像头和麦克风，都是数据采集工具。

被采集数据是已被转换为电讯号的各种物理量，如温度、水位、风速、压力等，既可以是模拟量，也可以是数字量。采集一般是指采样方式，即隔一定时间（称采样周期）对同一点数据重复采集。采集的数据大多是瞬时值，也可以是某段时间内的一个特征值。准确的数据测量是数据采集的基础。数据测量方法有接触式和非接触式，检测元件多种多样。不论哪种方法和元件，均以不影响被测对象状态和测量环境为前提，以保证数据的正确性。数据采集含义很广，包括对面状连续物理量的采集。在计算机辅助制图、测图、设计中，对图形或图像数字化过程也可称为数据采集，此时被采集的是几何量（或包括物理量，如灰度）数据。

数据采集的目的是为了测量电压、电流、温度、压力或液位等物理现象。基于 PC 的数据采集，通过模块化硬件、应用软件和计算机的结合，进行测量。尽管数据采集系统根据不同的应用需求有不同的定义，但各个系统采集、分析和显示信息的目的却都相同。数据采集系统整合了信号、传感器、激励器、信号调理、数据采集设备和应用软件。

（二）数据采集的原理

在计算机广泛应用的今天，数据采集的重要性是十分显著的。它是计算机与外部物理世界连接的桥梁。各种类型信号采集的难易程度差别很大。实际采集时，噪声也可能带来一些麻烦。数据采集时，有一些基本原理（图 11 - 5）要注意，还有更多的实际问题要解决。

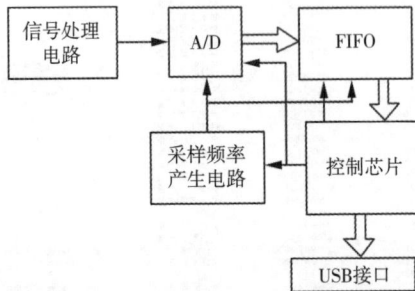

图 11 - 5　数据采集原理图

采样频率、抗混叠滤波器和样本数是数据采集的重要参数，假设对一个模拟信号 $x(t)$ 每隔 Δt 时间采样一次。时间间隔 Δt 被称为采样间隔或者采样周期。它的倒数 $1/\Delta t$ 被称为采样频率，单位是采样数 /s。$t=0, \Delta t, 2\Delta t, 3\Delta t, \cdots, x(t)$ 的数值就被称为采样值。$x(0)$，$x(\Delta t)$，$x(2\Delta t)$ 都是采样值。根据采样定理，最低采样频率必须是信号频率的两倍。反过来说，如果给定了采样频率，那么能够正确显示信号而不发生畸变的最大频率称为奈奎斯特频率，它是采样频率的一半。如果信号中包含频率高于奈奎斯特频率的成分，信号将在直流和奈奎斯特频率之间畸变。采样率过低的结果是还原的信号频率，看上去与原始信号不同。这种信号畸变称为混叠（alias）。出现的混频偏差（alias frequency）是输入信号的频率和最靠近的采样频率整数倍的差的绝对值。采样的结果将会是低于奈奎斯特频率（$f_s/2=50\text{Hz}$）的信号可以被正确采样；而频率高于 50Hz 的信号成分采样时会发生畸变，分别产生了 30Hz、40Hz 和 10Hz 的畸变频率 F_2、F_3 和 F_4。计算混频偏差的公式是：混频偏差 =ABS（采样频率的最近整数倍 - 输入频率），其中 ABS 表示绝对值。为了避免这种情况的发生，通常在信号被采集（A/D）之前经过一个低通滤波器，将信号中高于奈奎斯特频率的信号成分滤去。这个滤波器称为抗混叠滤波器，如图 11 - 6 所示。

采样频率应当怎样设置，也许可能会首先考虑用采集卡支持的最大频率。但是，较长时间使用很高的采样率可能会导致没有足够的内存或者硬盘存储数据太慢。理论上设置采样频率为被采集信号最高频率成分的 2 倍就够了，实际上工程中选用 5 ~ 10 倍，有时为了较好地还原波形，甚至更高一些。

通常，信号采集后都要去做适当的信号处理，例如 FFT 等。这里对样本数又有一个要求，一般不能只提供一个信号周期的数据样本，希望有 5 ~ 10 个周期，甚至更多的样本，并且希望所提供的样本总数是整周期数的。这里又发生一个困难，并不知道或不确切知道被采信号的频率，因此不但采样率不一定是信号频率的整数倍，而且也不能保证提供整数周期的样本。所有的仅仅是一个时间序列的离散函数 $x(n)$ 和采样频率。这是测量与分析的唯一依据。数据采集卡、数据采集模块、数据采集仪表等，都是数据采集工具。

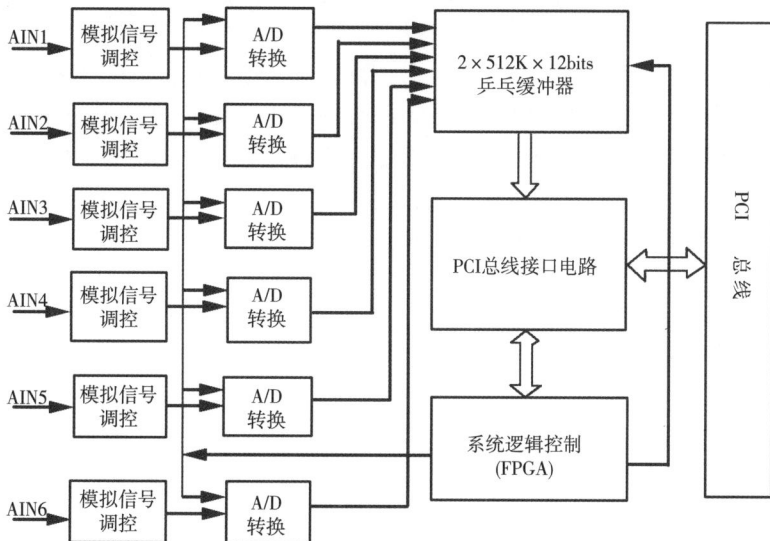

图 11-6 多通道数据采集卡原理图

（三）自动化控制数据采集软件

1.SCADA 系统概述

SCADA（supervisory control and data acquisition）系统，即数据采集与监视控制系统，是以计算机为基础的生产过程控制与调度自动化系统，可以对现场的运行设备进行监视和控制，以实现数据采集、设备控制、测量、参数调节以及各类信号报警等各项功能。它可以应用于电力系统、给水系统、石油、化工等领域的数据采集与监视控制以及过程控制等诸多领域。在电力系统以及电气化铁道上又称远动系统。由于各个应用领域对 SCADA 的要求不同，所以不同应用领域的 SCADA 系统发展也不完全相同。

在电力系统中，SCADA 系统应用最为广泛，技术发展也最为成熟。它作为能量管理系统（EMS 系统）的一个最主要的子系统，有着信息完整、提高效率、正确掌握系统运行状态、加快决策、能帮助快速诊断出系统故障状态等优势，现已经成为电力调度不可缺少的工具。它对提高电网运行的可靠性、安全性与经济效益，减轻调度员的负担，实现电力调度自动化与现代化，提高调度的效率和水平方面有着不可替代的作用。

SCADA 在铁道电气化远动系统上的应用较早，在保证电气化铁路的安全可靠供电、提高铁路运输的调度管理水平方面起到了很大的作用。在铁道电气化 SCADA 系统的发展过程中，随着计算机的发展，不同时期有不同的产品，同时我国也从国外引进了大量的 SCADA 产品与设备，这些都带动了铁道电气化远动系统向更高的目标发展。

SCADA 在油田工程中占有重要的地位,依石油管道的顺序控制输送、设备监控、数据同步传输记录，监控管道沿线及各站控系统运行状况。各站场的站控系统作为管道自动控制系统的现场控制单元，除完成对所处站场的监控任务外，同时负责将有关信息传送到总调度控制中心并接受和执行其下达的命令，且将所有的数据记录存储。除此之外，现在的SCADA管道系统还具备泄漏检测、系统模拟、水击提前保护等新功能。

2.SCADA系统发展历程

SCADA系统自诞生之日起就与计算机技术的发展紧密相关。SCADA系统发展到今天经历了四个阶段。

第一代是在20世纪70年代，基于专用计算机和专用操作系统的SCADA系统，如电力自动化研究院为华北电网开发的SD176系统以及在日本日立公司为我国铁道电气化远动系统所设计的H-80M系统。这一阶段是从计算机运用到SCADA系统。

第二代是在20世纪80年代，基于通用计算机的SCADA系统，在第二代中，广泛采用VAX等其他计算机以及其他通用工作站，操作系统一般是通用的UNIX操作系统。在这一阶段，SCADA系统在电网调度自动化中加入了经济运行分析，把自动发电控制（AGC）与网络分析结合到一起构成了EMS系统（能量管理系统）。第一代与第二代SCADA系统的共同特点是基于集中式计算机系统，并且系统不具有开放性，因而系统维护、升级以及与其他设备联网构成很大困难。

第三代是在20世纪90年代，按照开放的原则，基于分布式计算机网络以及关系数据库技术的能够实现大范围联网的SCADA/EMS系统。这一阶段是我国SCADA/EMS系统发展最快的阶段，各种最新的计算机技术都汇集进SCADA/EMS系统中。这一阶段也是我国对电力系统自动化以及电网建设投资最大的时期，国家计划未来3年内投资2700亿元改造城乡电网，可见国家对电力系统自动化以及电网建设的重视程度。

第四代SCADA/EMS系统的基础条件已经具备，在21世纪前期。该系统主要特征是采用Internet技术、面向对象技术、神经网络技术以及JAVA技术等，继续扩大SCADA/EMS系统与其他系统的集成，达到综合安全经济运行以及商业化运营的需要。

SCADA系统在油田数字化系统的应用技术上已经取得了突破性进展和迅猛发展。由于油田数字化系统与电力系统有着不同的特点，在SCADA系统的应用发展上与电力系统并不完全一样。

3.SCADA系统发展

SCADA系统一直在不断完善和不断发展，其技术进步一刻也没有停止过。当今，随着电力系统以及铁道电气化系统对SCADA系统需求的提高以及计算机技术的不断发展，为SCADA系统提出了新的要求，概括地说，有以下几点。

1）SCADA/EMS系统与其他系统的广泛集成

SCADA系统是电力系统自动化的实时数据源，为EMS系统提供大量的实时数据。同时在模拟培训系统中，MIS系统需要用到电网实时数据，而没有这些电网实时数据信息，所有系统都成为"无源之水"。今后SCADA系统如何与其他非实时系统的连接成为SCADA研究的重要课题。目前，SCADA系统已经成功地实现与DTS（调度员模拟培训系统）、企业MIS系统的连接。今后SCADA系统与电能量计量系统、地理信息系统、水调度自动化系统、调度生产自动化系统以及办公自动化系统的集成成为SCADA系统的发展方向。

2）变电所综合自动化

以RTU、微机保护装置为核心，将变电所的控制、信号、测量、计费等回路纳入计算机系统，取代传统的控制保护屏，能够降低变电所的占地面积和设备投资，提高二次系统的可靠性。变电所的综合自动化已经成为有关方面的研究课题，我国东方电子等公司已经推出相应的产品，但在铁道电气化上还处于研究阶段。

3）专家系统、模糊决策、神经网络等新技术研究与应用

利用这些新技术模拟电网的各种运行状态，并开发出调度辅助软件和管理决策软件，由专家系统根据不同的实际情况推理出最优化的运行方式或故障原因，以达到合理、经济地进行电网电力调度，提高输电频率。

4）面向对象技术、Internet 技术及 JAVA 技术的应用

面向对象技术（OOT）是网络数据库设计、市场模型设计和电力系统分析软件设计的合适工具，将面向对象技术运用于 SCADA/EMS 系统是目前技术发展的趋势。

随着 Internet 技术的发展，浏览器界面已经成为计算机桌面的基本平台，将浏览器技术运用于 SCADA/EMS 系统，将浏览器界面作为电网调度自动化系统的人机界面，对扩大实时系统的应用范围、减少维护工作量非常有利。在新一代的 SCADA/EMS 系统中，传统的 HMI 人机界面将保留，主要供调度员使用，新增设的 Web 服务器供非实时用户浏览，以后将逐渐统一为一个人机界面。

JAVA 语言综合了面向对象技术和 Internet 技术，将编译和解释有机结合，严格实现了面向对象的封装性、多态性、继承性和动态联编四大特性，并在多线程支持和安全性上优于 C++，以及其他诸多特性，JAVA 技术的引入将导致 SCADA/EMS 系统的一场革命。

4. 自动化软件（组态软件）介绍

在工业控制软件中，我们经常提到组态一词，组态英文是"Configuration"，其意义究竟是什么呢？简单地讲，组态就是采用应用软件中提供的工具、方法，完成工程中某一具体任务的过程。在组态概念出现之前，要实现某一任务，都是通过编写程序（如使用 BASIC,C,FORTRAN 等）来实现的。编写程序不但工作量大、周期长，而且容易出错误，不能保证工期。组态软件的出现，解决了这个问题。对于过去需要几个月的工作，通过组态几天就可以完成。

组态的概念伴随着集散型控制系统（distributed control system，DCS）的出现才开始被广大的生产过程自动化技术人员所熟知。在工业控制技术的不断发展和应用过程中，PC（包括工控机）相比以前的专用系统具有的优势日趋明显。这些优势主要体现在：PC 技术保持了较快的发展速度，各种相关技术已经成熟；由 PC 构建的工业控制系统具有相对较低的成本；PC 的软件资源和硬件资源丰富，软件之间的互操作性强；基于 PC 的控制系统易于学习和使用，易于得到技术方面的支持。在 PC 技术向工业控制领域的渗透中，组态软件占据着非常特殊而且重要的地位。

自动化软件主要包括人机界面软件（HMI），像 Intouch、iFix、组态王等。基于 PC 的控制软件，统称软 PLC 或软逻辑，像亚控的 KingAct 以及即将推出的组态王嵌入版、西门子的 WinAC 等，还包括生产执行管理软件，许多专家也将这一类软件归为 MES（ manufacturing execution system），如 Intellution 公司的 iBatch 和 Wonderware 公司的 InTrack 等。另外，与通用办公自动化软件相比，自动化软件还应包括相应的服务技术。自动化软件主要具备如下功能及特征：工业过程动态可视化；数据采集和管理；过程监控报警；报表功能；为其他企业级程序提供数据；简单的回路调节；批次处理；SPC 过程质量控制；符合 IEC1131 −

3 标准。

组态软件是指一些数据采集与过程控制的专用软件，它们是在自动控制系统监控下的软件平台和开发环境，灵活的组态方式，为用户提供快速构建工业自动控制系统监控功能和通用的软件工具。组态软件支持各种工控设备和常见的通信协议，并提供分布式数据管理和网络功能。

组态软件是指一些数据采集与过程控制的专用软件，它们是在自动控制系统监控层一级的软件平台和开发环境，能以灵活多样的组态方式（而不是编程方式）提供良好的用户开发界面和简捷的使用方法，其预设置的各种软件模块可以非常容易地实现和完成监控层的各项功能，并能同时支持各种硬件厂家的计算机和 I/O 产品，与可靠性高的工控计算机和网络系统结合，可向控制层和管理层提供软、硬件的全部接口，进行系统集成。随着它的快速发展，实时数据库、实时控制、SCADA、通信及联网、开放数据接口、对 I/O 设备的广泛支持已经成为它的主要内容，随着技术的发展，监控组态软件将会不断被赋予新的内容。对应于原有的人机界面软件的概念，组态软件应该是一个使用户能快速建立自己的HMI 的软件工具或开发环境。在组态软件出现之前，工控领域的用户通过手工或委托第三方编写 HMI 应用，开发时间长，效率低，可靠性差；或者购买专用的工控系统，通常是封闭的系统，选择余地小，往往不能满足需求，很难与外界进行数据交互，升级和增加功能都受到严重的限制。组态软件的出现，把用户从这些困境中解脱出来，可以利用组态软件的功能，构建一套最适合自己的应用系统。

组态软件具有专业性。一种组态软件只能适合某种领域的应用。人机界面生成软件就称为工控组态软件。其实在其他行业也有组态的概念，人们只是不这么称呼而已。如AutoCAD，PhotoShop，办公软件 (PowerPoint) 都存在相似的操作，即用软件提供的工具来形成自己的作品，并以数据文件保存作品，而不是执行程序。组态形成的数据只有在其制造工具或其他专用工具才能识别。但是不同之处在于，工业控制中形成的组态结果是用在实时监控的。组态工具的解释要根据这些组态实时运行结果而定。从表面上看，组态工具的运行程序就是执行自己特定的任务。虽然说组态不需要编写程序就能完成特定的应用，但是为了提供一些灵活性，组态软件也提供编程手段，一般都是内置编译系统，提供类BASIC 语言，有的甚至支持 VB 语言。

5. 组态软件的组成功能和特点

组态软件主要包括人机界面软件、基于 PC 的控制软件以及生产执行管理软件。

组态软件具有下列功能：

（1）工业生产过程的动态可视化控制。

（2）生产过程中生产数据的采集和管理。

（3）生产过程监控报警。

（4）报表功能。

（5）基于网络数据的上传和相应控制。

组态软件具有下列特点：

（1）延续性和可扩充性，用通用组态软件开发的应用程序，当现场（包括硬件设备或系统结构）或用户需求发生改变时，不需作很多修改即可方便地完成软件的更新和升级。

（2）封装性（易学易用），通用组态软件所能完成的功能都用一种方便用户使用的方法包装起来，用户不需掌握太多的编程语言技术（甚至不需要编程技术），就能很好地完成一个复杂工程所要求的所有功能。

（3）通用性，每个用户根据工程实际情况，利用通用组态软件提供的底层设备（PLC、智能仪表、智能模块、板卡、变频器等）的 I / ODriver、开放式的数据库和画面制作工具，就能完成一个具有动画效果、实时数据处理、历史数据和曲线并存、具有多媒体功能和网络功能的工程，不受行业限制。

6. 自动化软件（组态软件）的发展历史

自 20 世纪 80 年代初期诞生至今，自动化软件（组态软件）已有 20 年的发展历史。应该说组态软件作为一种新的应用软件，是随着 PC 机的兴起而不断发展的。80 年代的组态软件，像 Onspec、Paragon500、早期的 FIX 等都运行在 DOS 环境下，图形界面的功能不是很强，软件中包含着大量的控制算法，这是因为 DOS 具有很好的实时性。90 年代，随着微软的 Windows 3.0 风靡全球，以 Wonderware 公司的 Intouch 为代表的人机界面软件开创了 Windows 下运行工控软件的先河。由于 Windows 3.0 不具备实时性，所以当时，80 年代已成名的自动化软件公司在操作系统上按兵不动，或将组态软件从 DOS 向 OS/2 移植，人们这样做的原因，是大家都认为工控软件必须具有很强的实时性和控制能力，必须运行在一个具备实时性的操作系统下，如 DOS，OS/2 和 WinNT（1993 年才推出）等软件。历史证明，在当时的硬件条件下，上位机做人机界面切中了用户的需求，Wonderware 公司因而在不长的时间内成为全球最大的独立自动化软件厂商，而在 80 年代靠 DOS 版组态软件起家，后来向 OS/2 移植的公司后来基本上都没落了。

7. 自动化软件国内外市场发展状况

在全球范围内，自动化软件市场已比较成熟。目前，全球知名的自动化软件厂商不足 20 家，但头 6 家占据了整个市场 75% 的份额。国内市场可细分为高端和中低端。高端市场基本上由国外品牌的软件占有，像一些国家级的大项目、大型企业的主生产线控制等，高端市场的特点是装机量小，但单机销售额大，目前国外品牌的软件年装机量没有一家能超过 1000 套。中低端市场基本由国产软件占有，亚控的组态王独占鳌头，占据了 60% 以上的份额，年装机量 5000 套左右，但单机销售额只有国外品牌的 1/10 ~ 1/2。国内有近 10 家自动化软件公司，与国外软件相比，国内自动化软件最大的差距并不是在技术和品牌上，而是在企业的经营策略上，比如国内不少自动化软件厂商不懂差异化经营，主要竞争手段就是低价和免费服务；许多厂商还抱着"只要有市场占有率，利润自然来"的产品时代的观念，不惜代价扩大市场占有率，这使得国内虽然厂家众多，但大多处于亏损或维持状态，不能健康发展，也不能够保证给用户带来长期的利益。

8. 自动化软件的发展趋势

在自动化软件赖以发展的诸多因素中，既有技术层面的，也有商业层面的，但制造业的需求是决定性的。制造业的发展，带来了对自动化软件需求的提升，也决定了自动化软件将由过去单纯的组态监控功能向着更高和更广的层面发展。需求决定产品，只有满足需求的产品才有生存的空间，这是不变的规律。自动化软件也是如此。未来，自动化软件的发展将主要表现为如下一些特征。

1）开放性技术

自动化软件正逐渐成为协作生产制造过程中不同阶段的核心系统，无论是用户还是硬件供应商，都将自动化软件作为全厂范围内信息收集和集成的工具，这就要求自动化软件大量采用标准化技术，如 OPC，DDE，ActiveX 控件和 COM/DCOM 等，这使得自动化软件演变成软件平台，在软件功能不能满足用户特殊需要时，用户可以根据自己的需要进行二次开发。比如组态王 6.0 提供了 4 个开发工具包，就是让用户可以进行二次开发。自动化软件采用标准化技术还便于将局部的功能进行互连，在全厂范围内，不同厂家的自动化软件也可以实现互连。

2）构造全厂信息平台

ERP 是国内炙手可热的话题，但目前的 ERP 主要应用在商业企业的财务、销售、物流等方面。在国内外的企业生产中，还没有多少企业能够将生产信息和 ERP 系统整合到一起，使生产效率和市场效益最大化，也就是说在工业现场和 ERP 之间存在着鸿沟，如何使实时历史数据能够进入企业信息管理系统，是现代信息工厂迫在眉睫的需求。随着大型数据库技术的日益成熟，全球主要的自动化厂商已发展了相关平台，使自动化软件向着生产制造和管理的信息系统的方向发展。自动化软件已经成为构造全厂信息平台承上启下的重要组成部分。在未来企业的信息化进程中，自动化软件将成为中间件，因为自动化软件厂商既要了解企业工艺、控制、生产制造需求，又能完成现场历史数据的记录、存储及在为 ERP 提供生产实时数据方面有着得天独厚的优势。于 2003 年推出了的组态王 7.0 标准版和企业版，企业版是以大型工业实时数据库为基础，具有丰富 MES 功能的软件包。

3）瘦客户技术

2001 年是许多网站的"冬天"，网站的倒闭并不意味着网络技术本身存在问题，恰恰相反，网络技术尤其是瘦客户技术却给自动化软件带来了"春天"，因为自动化软件正在并且已经从单机向客户服务器方向发展，使得通过 Internet/Intranet 观察和控制生产过程的需求成为可能并且急剧增长。瘦客户技术使得用户可以在企业的任何地方只要通过一个简单的浏览器，敲入用户名和密码就可以方便地获取信息，而且，在企业 IT 人才和资源比较缺乏的情况下，使用瘦客户技术可以使系统安装和维护费用大幅度降低，因为只需要对服务器端进行维护升级。2001 年，在贵州铝厂的热电厂，北京长峰公司利用组态王的 Internet 版将上千个数据点汇总到一起，并且通过 Intranet 向外发布，允许 100 个用户同时浏览查看，取得了良好的效果。

4）无线的人机界面解决方案

数字终端已具备越来越强的功能和智能化，像现在可以看到的预装了 WinCE 的 PDA，具备非常好的图形能力。蓝牙技术发展迅速，据专家预测，其未来的传输距离可达 100m。另外，以 XML 为基础的 WML 语言标准已经建立。这些技术的发展为无线的人机界面解决方案提供了先决条件。和其他技术相比，无线的人机界面能够以更低的费用、更快的连接，更容易获取重要的生产信息，如紧急报警、重要事件、生产过程中的重要参数等。典型的无线 Web 产品由手持式 PC 和预装的 HMI 客户端软件组成。目前在手持式 PC 上，WinCE 的市场占有率上升很快，相比之下，原来的 Palm 操作系统市场逐渐萎缩。

5）软硬件整体解决方案

家乐福是大家都很熟悉的一家法国公司，1963 年，其第一家超级市场在巴黎郊区开业，

30年内，家乐福已发展成为一个年销售额290亿美元、市值约200亿美元的国际连锁超市集团。在家乐福产生之前，法国拥有高度分散的小商店系统。每个城镇的街区有自己的肉店、糕饼店和各种各样的专卖店。它们对客户来说是一个十分低效的商业机制。客户需要花数小时跑很多店采购。家乐福之所以能迅速发展并成功，关键是它为客户提供了优异的效率，这就是现在一种比较成功的商业模式，即所谓的"一站式购买"，在工控行业则是软硬件整体解决方案。西门子、GE、RockWell是传统的PLC提供商，但短短几年时间，它们都在HMI市场获得巨大成功，如西门子的WinCC更是超越众多老牌的产品跃居世界第二。Wonderware在1998年被英国Invensys并购，Intellution在1995年被爱默生电气并购，这都是软硬件整体解决方案的最好例证。所以，自动化软件厂商与硬件厂商合作，为用户提供软硬件整体解决方案将是未来自动化软件发展的一大特征。

6）大规模定制

目前全球自动化软件厂商大多基于微软的Windows平台，技术也类似，产品功能上难以形成巨大的差距，暂时不可能产生垄断性的核心技术，即决定性的技术优势已经难以建立。所以，个性化方案和服务在竞争中日益重要。随着现代工业"小批量、多品种"特征的形成，今后的自动化软件将朝着针对特殊行业和生产过程的大规模定制方向发展。即用特殊定制的产品来代替标准化的产品。如亚控针对电力的输配电行业的特殊需求开发了组态王电力版。

7）以客户为导向的软件设计

如何站在客户的角度来设计软件是所有自动化软件厂商都应面对的挑战，自动化软件涉及从控制、人机界面到生产管理的多个层次，相应存在着多个模块，比如亚控目前有组态王和软逻辑两大产品模块，保持不同模块的一致性，能有效地减少用户学习的时间。相同的数据结构也便于产品在企业内集成。这种一致性不仅表现在外观和感受上，还表现在兼容性、平台、编程工具、数据访问、控制引擎、E‑Business等诸多方面。例如，西门子的WinCC和编程软件STEP7使用了相同的数据结构，这样用户只需将系统中的数据点定义一次。

8) 云计算技术

当今世界炒得最热的是云计算技术。云计算（cloud computing）是透过网络将庞大的计算机处理程序自动拆分成无数个较小的子程序，再交由多部服务器所组成的庞大系统搜寻、计算分析之后将处理结果传给用户。通过这项技术，网络服务可以在数秒之内，为服务对象处理数以亿计的信息，可达到"超级计算机"的效能。云计算这个名词可能借用了量子物理中的"电子云"（electron cloud），强调说明计算的弥漫性、无所不在的分布性和社会性特征。

目前，谷歌、IBM、雅虎、亚马逊和微软五家公司率先开发了商业应用云计算。美林预计，未来5年，云计算在全球的市场总额将超过950亿美元，亚马逊、软营（Salesforce）、IBM、甲骨文和微软都开始为企业开发软硬件服务，未来全球软件市场的12%将转向云计算。

但是云计算技术在将来开发应用中，还存在许多困难，政府、企业资料的保密性，网络运行的安全性都制约着云计算的应用。因此，云计算技术发展的前景还很难预料。

云计算技术将来结合油气田勘探、开发、地面工程建设的实际，如何在海量数据中查询、计算、处理、分析，并探索开发适合的应用软件，进一步推动油田数字化管理的水平，还有很长的路要走。

三、功图分析技术

（一）功图法量油技术开发背景

当今国内大部分油田油井单井计量以双容积单量为主，双容积单井计量系统由于地面流程复杂，控制部分易损坏，故障率高，电磁执行机构漏失严重，计量误差较大，且地面流程一次性投资大，维护困难，又不能实现计量数据远传和实时检测，人为影响因素多等，导致油田地面建设投资大，设备管理复杂，资料录取准确性低，管理水平低。功图法油井计量技术，主要针对目前容积法玻璃管液位计量系统存在非连续性、地面建设投资及维护费用高等问题，利用抽油机井功图计算产液量。

2000年以来，国内一些油田相继开发的一些小区块或出油点，地理位置较为偏远，油井分散，数量少、产量低，部分区块含水较高。若按常规模式建立完善的地面流程会造成亏损经营，采用了功图法量油方法，但技术很不成熟。

为了降低投资、节约成本，提高油田管理水平，通过对国内外油田单井计量的方式、方法和技术现状的调研，结合超低渗透油田新区开发实际需要。在油田地面建设中引入了功图法油井计量技术，在功图法计量通信平台上形成多项功能的拓展，通过自动诊断抽油井运行情况等监控功能实现了油田的信息化管理，促进了整个地面系统自动化水平的提高。

（二）功图法油井计量技术研究思路

功图法量油技术是对传统的双容积单井计量方式的挑战，它最大的优势在于可简化油气集输流程，实现多口油井产液量的实时在线测量。采用常规的油井计量工艺配套较为烦琐，而功图法计量技术的研究和应用简化了地面流程，促使地面系统自动化水平进一步提高。

功图法量油的前提：一定要获取准确可靠的地面示功图。

低压测试仪器测取的功图资料不能满足该技术要求。功图法量油所需功图须是一定时间连续测取功图的有效平均值，因此功图的测试仪器必须实时在线。

实现方式：移动存储式监测技术和油井参数远程遥测技术，改进力学模型，提高计算精度。

（1）精细井眼轨迹描述，更加符合实际井身曲线。

采用三次样条插值方法确定相邻两个测点之间任意一点处的井斜角和方位角，应用曲率和挠率分别描述三维井身轨迹曲线在某点的弯曲程度和扭曲程度，基于 OpenGL 技术实现井眼轨迹三维可视化（图 11-7 和图 11-8）。

（2）考虑杆柱轴向变化，无限逼近真实受力状态。

对定向井来说，抽油杆的空间形态不规则，各个单元之间的轴向均有差异，所以在用前一个单元的结果作为下一个单元的起点进行迭代时，轴向必须进行位移与内力的分解变换，把上一个单元终点的位移、速度、加速度与所受内力在下一个单元内作一个映射。

（3）添加新型抽油机运动分析模型，更加贴近生产实际。

运用抽油机运动分析的数值计算方法，建立了异相曲柄复合平衡抽油机、调径变矩抽油机、弯梁变矩抽油机等新型节能抽油机的运动分析模型（图 11-9 和图 11-10）。

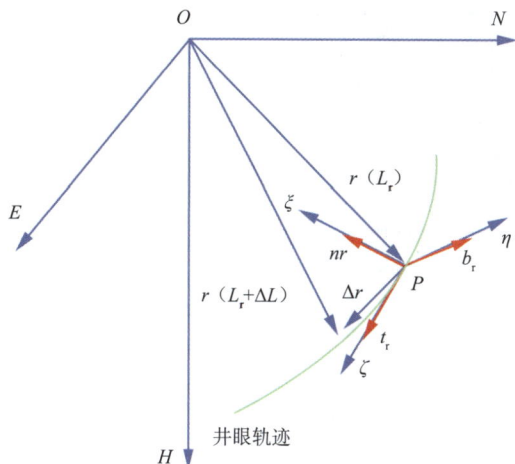

图 11-7 井眼轨迹上某测点邻近的结构

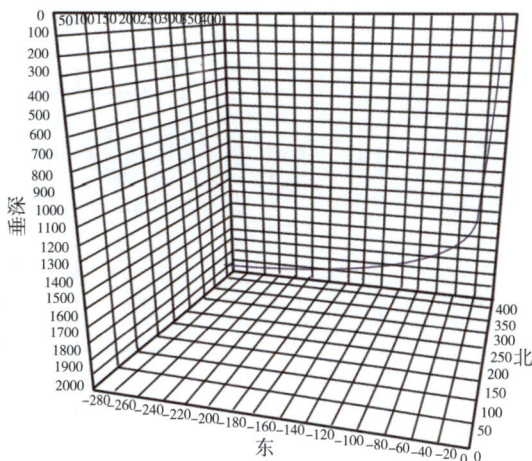

图 11-8 采用三次样条插值法模拟的实际井身轨迹

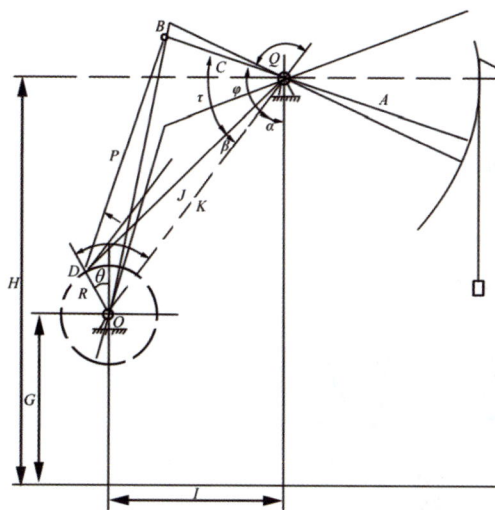

图 11-9 弯梁变矩抽油机运动简图

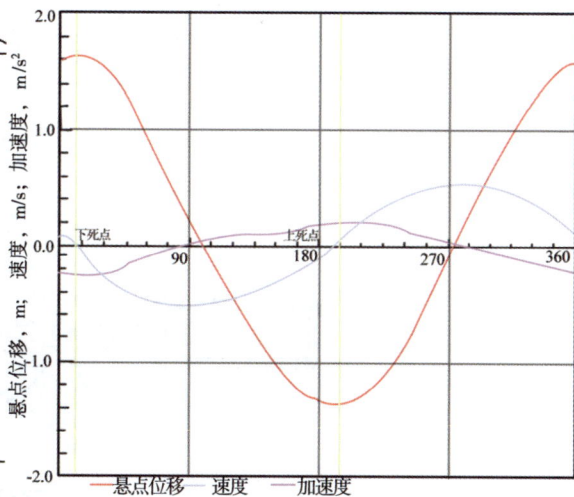

图 11-10 悬点位移、速度、加速度

（三）功图法油井计量技术理论研究

1.基本原理

功图法量油技术是依据抽油机井深井泵工作状态与油井产液量变化关系，把定向井有杆泵抽油系统视为一个复杂的振动系统（三维振动系统包含抽油杆、油管和液柱三个振动子系统），研究建立了定向井有杆泵抽油系统的力学、数学模型及算法。该系统在一定的边界条件和一定的初始条件（如周期条件）下，对外部激励（地面功图）产生响应（泵功图），从而计算在不同井口示功图激励下的泵功图响应，采用矢量特征法对泵功图进行分析及故障识别，确定泵的有效冲程，得出油井地面折算有效排量（图 11-11 和图 11-12）。

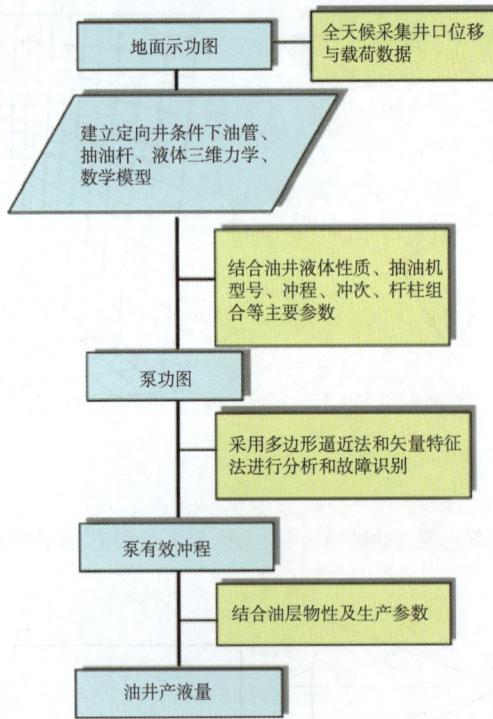

图 11 - 11　功图法油井计量系统技术原理图

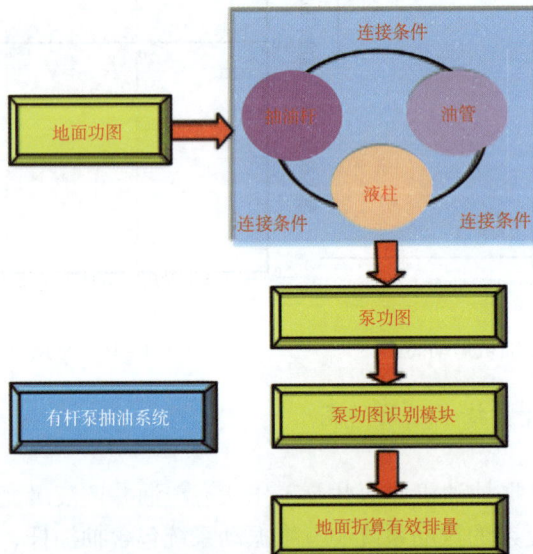

图 11 - 12　功图法油井计量系统技术原理图

2. 主要研究内容

1）定向井有杆泵系统模型研究

把定向井有杆泵系统视为一个复杂的三维振动系统，考虑抽油杆、液柱及油管三个子系统在三维空间的振动耦合和与抽油杆位移、速度、应变、应力和载荷之间随时间变化的因素，建立相关模型。

（1）建立抽油杆、液柱和油管三个振动子系统的空间三维模型。

（2）考虑以上三个子系统在三维空间的振动耦合及液柱可压缩性。

（3）用有限单元法及有限差分法将抽油杆及油管结构离散化，建立了油管、杆振动的有限元方程与有限差分法结合的计算模型及方法。

2）泵功图识别研究

采用多边形逼近法和矢量特征法对泵示功图进行工况识别、分析，考虑气体、结蜡等因素对泵功图有效冲程的影响，准确判断泵有效冲程，解决了以往功图法计量误差大的问题，使计量精度有了显著提高，这与以往的用示功图面积法求解油井产液量有实质上的差别。

3）数据采集研究

考虑超低渗透油田具有低渗透、低压、低产特性，以全天候实测示功图作为数据源，计算油井平均产量，能更加真实地反映油井实际出液情况。

4）功图法油井计量系统研制

研究、开发测试技术、通信技术和计算机技术，并配套为一体，抽油机油井功图法自动计量与监测系统，解决了油井示功图现场测试时间及数据连续录取这一关键难题，实现了抽油机井远程自动监测、实时示功图数据采集、油井工况诊断、产液量计量等功能。

（四）功图法油井计量系统研制

1. 系统组成

系统采用分散数据采集、集中处理结构。主要由多个数据采集点（硬件）和数据处理点（软件）两大部分组成。根据通信传输方式的不同，可分为有线传输和无线传输两种监测方式。

功图数据采集主要由安装在抽油机井口的载荷传感器、位移传感器和数据采集控制器（RTU）组成。

2. 主要软件介绍

1）系统监测软件

自动采集及监测软件是安装在数据处理点（控制中心）的控制软件。其作用是通过控制程序执行对数据采集点硬件设备的监测参数按照一定的逻辑顺序进行对话，获取现场抽油机井载荷、位移、电流、电压、压力、温度等实时监测数据，从而达到监测和控制现场设备的目的。

2）计量分析软件

在理论分析的基础上研发了有杆泵抽油系统计量软件。

软件采用BORLANDC++BUILDER6.0等有着RAD功能的OOP可视化编程软件进行编程，其中运用了动态链接库和插件技术。

3）结构及功能

采用模块化数据结构，主要由五大模块组成，即油井诊断计量分析、油井数据库、示功图管理、抽油机分析和井身数据管理。

各个模块功能相对独立、风格统一，便于维护和升级。采用多媒体、数据库和网络技术，对复杂的理论计算进行封装，使软件界面简洁，便于操作和应用。

四、油水井远程控制

目前远程控制能做到油井远程启停、油井远程调冲次、注水井远程调配注、水源井远程启停，如图 11-13 所示。

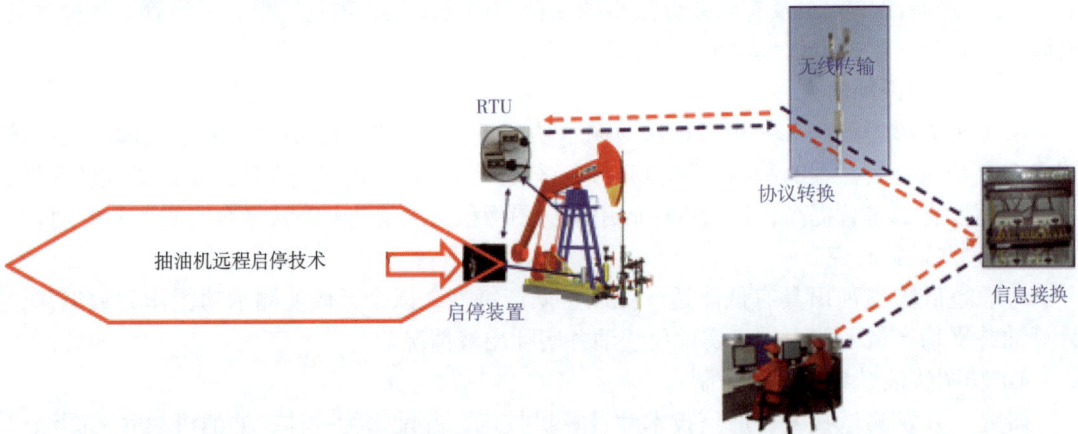

图 11-13 油水井远程控制

（一）油井远程启停

抽油机控制器是针对油田抽油机控制而生产的远程控制终端（RTU），它采用了先进的工业级产品作为控制器或接口模块，具有功能性强、集成度高、可靠性高、应用灵活、操作方便等特点。

控制器由控制模块、接口模块、电源模块、电台及显示器、键盘、控制继电器等组成。其结构合理、安装牢靠，易于扩展和维护。油井远程启停技术具有下列功能：

（1）检测功能。抽油机示功图、电流图检测，油井各种压力、油温检测，抽油机电压、电流检测，抽油机启停状态检测，密封圈漏油检测，控制器门开关检测等（图 11-14）。

（2）控制功能。抽油机空抽控制，间抽控制，连喷带抽控制，报警停机控制，运行时间控制。

（3）远程通信功能。抽油机启停的远程遥控，远程读取、设定工作参数。

（4）现场操作功能。通过显示器、键盘、手操器或笔记本电脑可现场显示示功图、电流图，现场读取、设定工作参数。通过手操器或笔记本电脑现场读取控制器数据，可存储，可回放显示。

（5）数据保护功能。自动记录抽油机工作过程，保存工作状态信息，存储历史记录。在掉电时，设定参数不丢失。

（6）报警功能。自动判断抽油机工作是否正常，给出报警信息，同时根据预先的设定采取相应的停机或开机动作。

（7）错误判断功能。自动判断控制器错误及连接仪表错误，给出错误信息。

（8）开机报警功能。具有开机报警功能，保证现场工作人员的安全。

（9）测量参数组态功能。用户可根据现场情况和实际要求设定输入量参数，使其具有特定的含义，实现不同的检测和控制需要。

（10）自检功能。可检查控制器的硬件故障，可检测系统通信效率情况。

（11）初始化功能。可对控制器进行初始化，并设定参数。

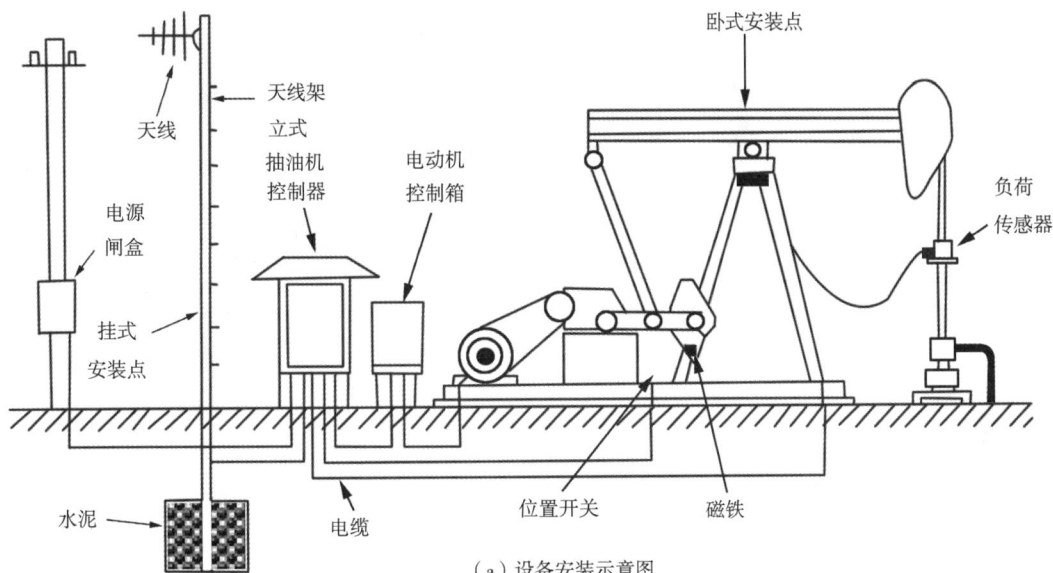

（a）设备安装示意图

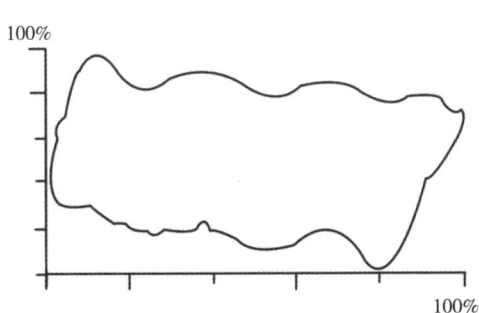

（b）示功图

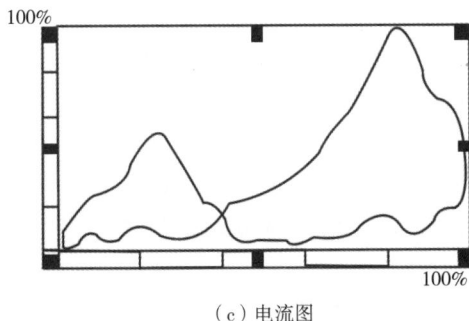

（c）电流图

图 11-14 油井远程控制启停

鉴于鄂尔多斯盆地地理及地貌的特点，井场供电主要为自架设线路，井场用电功耗大，以及井场实际的需要，就要求对个别单井实现间断性抽油，所以就需要实现远程的抽油机启停作业。油井安装远程启停模块，实现油井的远程启停。为了安全起见，该功能设置了一定的权限。首先选择需要启停的井号，点击"启井"或"停井"按钮，要求输入操作密码。

系统嵌入实时视频监控画面，为更加安全可靠地操作奠定基础。用视频观察井场的实际情况，如果有施工人员在油井附近需要执行操作，操作人员可以通过程序中的视频喊话功能，提示井场作业人员进入需要操作的油井。工作人员需要选择执行操作的油井名称，点击"启井（停井）"即可执行油井的启动（停止）操作，输入启停井密码，确认后才能进行下一步工作。

（二）注水井远程调配注

站控能够对注水量进行设定。选择需要设定的注水井，在"设定配注"栏内输入日配注量，点击"注水量设定"按钮，要求输入操作密码。输入正确后，如果显示"操作成功"，则配注值已经写入控制器中。如果显示"操作失败"，需要重新进行设定。

第二节　电子值勤技术

电子值勤由井场智能闯入分析、车辆识别预警和 GPS 管理技术综合形成。为加强井场的安全性，降低开发成本，实现井场无人值守，井场的安全管理就成为数字化管理的核心问题。于是研发了通过视频监控自动识别井场异常，当有人员进入井场时，能进行智能报警，自动发送语音，提醒闯入人员离开；同时将报警井场画面变大，语音提醒井场有异常，达到电子巡井的目的。

一、视频监控技术概述

在井场闯入报警技术中采用的视频报警系统以数字化、网络化视频监控为基础，基于计算机视觉技术对监控场景的视频图像内容进行分析，提取场景中的关键信息，并形成相应事件和报警的监控方式，是新一代基于视频内容分析的监控报警系统。它能对视频图像中的目标进行自动监测、识别、跟踪和分析，并通过电脑程序的自动筛选，过滤掉大量用户不关心的视频监控录像。通过分析、理解视频画面中的内容，为用户提供对监控和报警有用的关键信息。由此可见，视频报警分析技术改变了传统视频监控的被动接受感受模式，变被动为主动地对监控现场的视频录像进行实时分析。在油田数字化建设中，视频监控系统主要具备非法闯入报警功能，逆向行驶（行走）报警功能，遗留物报警功能，徘徊报警功能与红外及可见光图像融合、图像增强、图像去抖动、目标的锁定与跟踪功能。

二、井场闯入报警技术功能

视频智能闯入分析技术是对动态背景下的动态物体进行判识，是井场智能视频监控技术研发的核心，通过建立抽油机运动算法模型，默认抽油机运动及运动所产生阴影为静态，于是监测背景变化为"静态"环境。

（1）将井场视频数据通过无线传输通信方式传入所属增压站或转油站内。

（2）可同时监视、操作、存储 12 个通道画面。

（3）当有人员进入井场时，能进行语音报警，并将报警井场画面变大。

（4）提示操作人员对进入井场人员进行识别，可以进行变焦操作，将进入井场人员脸部看清楚，并存储相应照片文件。

（5）如果是工作人员，则撤销报警，画面变小。

（6）如果是外部人员，则提示需要通过语音通道播放的音频文件（5 个），或选择通过麦克风远程语音警示。

（7）软件提供视频转发功能，供平台用户访问视频，不需要再次连接视频服务器，加大通信带宽。

（8）视频服务器在有报警产生时，能输出 DO 信号，将报警接入工控软件。

三、井场闯入报警原理及组成

井场闯入报警系统采用了模拟摄像机＋智能网络视频服务器（DVS）的监控方式，系统主要由一体化摄像机和智能网络视频服务器组成，主要功能是实现井场实时视频的采集，将视频数据打包成 TCP/IP 包上传监控中心，对井场视频画面进行分析，对井场的非法闯入进行移动侦测，并发出报警。系统主要由前端部分、传输部分、控制部分、电视墙显示部分、报警部分和系统供电六部分组成。

第三节   智能化设备技术

由现代通信与信息技术、计算机网络技术、行业技术、智能控制技术汇集而成的针对某一个方面应用的智能集合，形成智能化设备技术。如数字化抽油机、智能稳流配水装置、自动投球设备及自动收球等设备都是随油田生产开发的进一步需求逐步形成的一系列智能化设备。

一、 数字化抽油机

将油井功图数据采集模块、变频控制器和原配电柜进行集成，预置角位移传感器、一体化载荷悬绳器和标准穿线系统，结合功图诊断技术，自动实现抽油机合理冲次和平衡的智能分析与调整，如图 11 - 15 所示。数字化抽油机包含数字化抽油机控制柜、一体化载荷悬绳器、标准化布线系统、自动平衡调节技术和变频控制调参技术。

数字化抽油机具有下列三大优点：

一是智能平衡功能。依据实时测试的数据智能分析平衡状态，靠电动装置

图 11 - 15   数字化抽油机

就可实现自动平衡调节，大大降低了安全风险，减小劳动强度，提高采油时率。

二是变频节能。自动采集油井功图并运用功图量油技术计算出产液量，依此优化参数，自动变频调节冲次，提高了泵效。

三是无混凝土基础。

二、 智能稳流配水装置

智能稳流配水装置由智能配水仪、压力变送器、协议箱等组成，如图 11 - 16 所示。

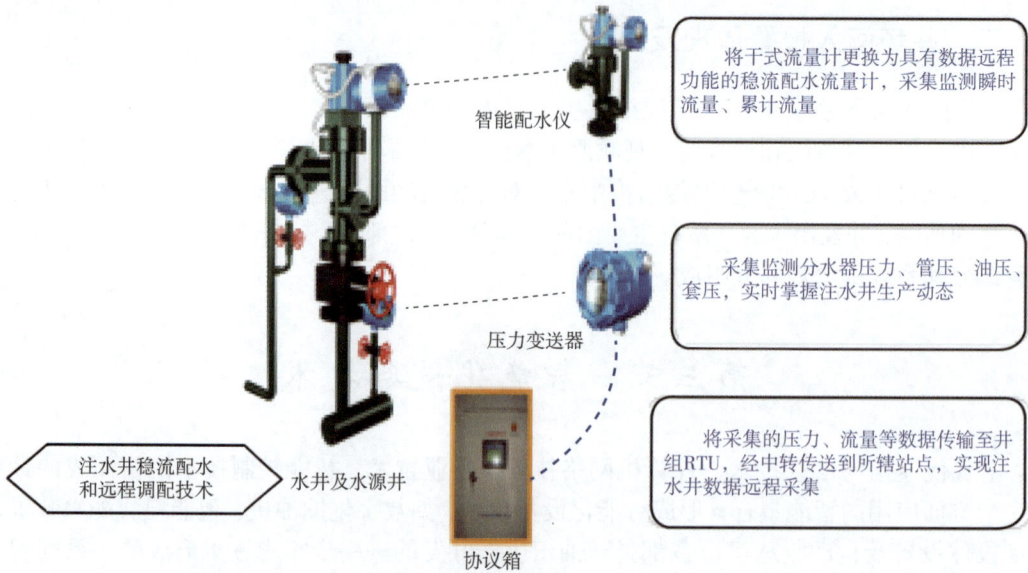

图 11 - 16　智能稳流配水装置

三、 井场智能保护

单井截断阀，电磁阀远程截断，紧急情况下高、低压自动保护。在正常生产情况下，管线压力基本为一恒定值，当压力变化波动大时，智能提醒值班人员管线运行可能有异常。值班人员通过判断分析原因：（1）属于油井产液量波动导致；（2）管线堵塞导致；（3）管线破损导致；（4）正在收球，集油管线与差压曲线重合。通过预警报警，能够及时发现故障，从而采取相应的措施，确保井场生产的正常运行。

（一）油井工况智能判识

鄂尔多斯盆地已开发的油藏主要有侏罗系延安组与三叠系延长组两套致密砂岩层系，油层主要特点是低渗透、低压和低产，油藏压力系数只有 0.6 ~ 0.85，油井无自喷能力，只能采用人工举升方式开采。鄂尔多斯盆地在 20 世纪 70—90 年代曾经试验过水力活塞泵采油、螺杆泵、气举等采油方式，但都由于操作费用高、维护管理难度大等原因没有推广应用。由于盆地开发区域分散，油井的最大供液量不大于 2.5m³/d，油层埋深不大于 2400m，自然环境差，最经济有效的采油方式是游梁式抽油机—有杆泵采油方式。

抽油泵工作状况的好坏，直接影响抽油井的系统效率，因此，需要经常进行分析以采取相应的措施。分析抽油泵工作状况常用地面实测示功图，即悬点载荷同悬点位移之间的关系曲线图，它实际上直接反映的是光杆的工作情况，因此又称为光杆示功图或地面示功图。

由于抽油井的情况较为复杂，在生产过程中，深井泵将受到制造质量、安装质量，以及砂、蜡、水、气、稠油和腐蚀等多种因素的影响，所以，实测示功图的形状很不规则。为了正确分析和解释示功图,常需要以理论示功图及典型示功图为基础,进而分析和解释实测示图。

油井工况分析及故障预警系统是依据实时采集数据,借助功图分析软件,在油井工况出现突变处及时报警,针对油井故障进行自我诊断,具备不同级别故障预警提示功能及初步的油水井动态图表自动生成功能。

（二）井场异常智能判识

1. 井场视频监视设备

井场安装一体化摄像机、智能分析视频服务器、辅助照明灯及扬声器等设备,实现井场视频图像的实时采集与传送,以及语音示警等功能。

根据井场油井的数量不同,视频监控设备的配置数量可适当进行调整。井场的油井数小于等于 8 口井时,宜设置一套视频监控设备;井场的油井数大于 8 口井时,宜设置两套视频监控设备。

2. 主要技术性能

（1）一体化摄像机,光学变焦不低于 18 倍,数字变焦不低于 10 倍,彩色照度不低于 0.1lx,黑白照度不低于 0.01lx;整机的防护等级不低于 IP65。井场的油井数大于 3 口井时,摄像机宜配套云台;井场的油井数小于等于 3 口井时,摄像机不配套云台。

（2）辅助照明灯,满足为井场视频监视提供充足照明的需求,防护等级不宜低于 IP65。

（3）智能分析视频服务器,应具备图像识别功能,当有物体进入监视区域时可自动报警;智能视频服务器有视频接入端口、控制电缆接口及音频接口,同时还具备远程升级、维护、Web 管理的功能。

视频系统能够对井场默认的状态进行识别,当井场出现异常（有人进入）时,智能视频服务器能够锁定现场的目标（有人进入）,井场喇叭播放以前预设的语音,提醒闯入人员离开;值班室视频工作站自动放大有报警的井场,同时语音提醒"井场有异常"。值班人员通过观察报警界面,确认下步措施:工作人员则进行确认,重新进行检测背景的学习;外部闯入人员可通过语音提醒其离开,否则通知相关工作人员处理。

（三）油井停井智能判识

为了保证油田的正常生产,以及对井组产液量的检测,以往的方式都是采用人工巡井的方式检查,一旦出现个别单井因故障或电路问题出现停机,现场工作人员都不能及时发现与处理,通过安装的抽油机电动机控制柜的电参采集模块,能够时刻监测油井当前状态,停井报警提醒,如图 11-17 所示。

（四）电子巡护

数字化站控系统的特点是报警预警功能。通过报警功能,值班员工可以准确掌握重点数据的变化情况,数据超限后,用户可以及时进行处理,避免出现故障。

报警参数的修改是有一定权限的,只有站长和系统管理员级别才可以进行报警权限的设置和修改。报警参数包括报警限值的设置、报警功能的设置和报警级别的设置。

点击菜单上的"报警设置"按钮,进入报警设置界面,可以对站内收球筒压力、温度、缓冲罐液位、投产作业箱液位、事故罐液位、外输泵进口压力、外输泵出口压力、可燃气体浓度等与生产极为密切的环节进行设置。设置主要的内容是否允许报警、报警的上下限以及报警的级别。报警设置界面如图 11-18 所示。

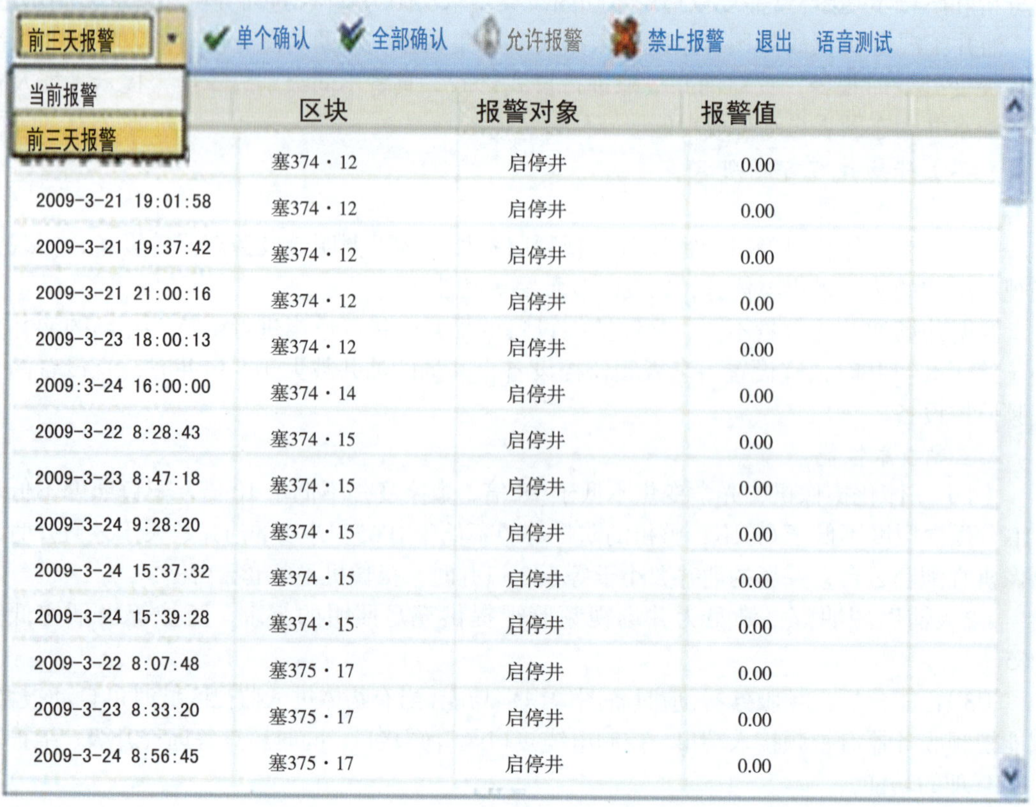
前三天报警
单个确认
全部确认
允许报警
禁止报警
退出
语音测试
当前报警
前三天报警
区块
报警对象
报警值
塞374·12 启停井 0.00
2009-3-21 19:01:58 塞374·12 启停井 0.00
2009-3-21 19:37:42 塞374·12 启停井 0.00
2009-3-21 21:00:16 塞374·12 启停井 0.00
2009-3-23 18:00:13 塞374·12 启停井 0.00
2009:3-24 16:00:00 塞374·14 启停井 0.00
2009-3-22 8:28:43 塞374·15 启停井 0.00
2009-3-23 8:47:18 塞374·15 启停井 0.00
2009-3-24 9:28:20 塞374·15 启停井 0.00
2009-3-24 15:37:32 塞374·15 启停井 0.00
2009-3-24 15:39:28 塞374·15 启停井 0.00
2009-3-22 8:07:48 塞375·17 启停井 0.00
2009-3-23 8:33:20 塞375·17 启停井 0.00
2009-3-24 8:56:45 塞375·17 启停井 0.00

图 11-17 增压点站控启停井智能报警图

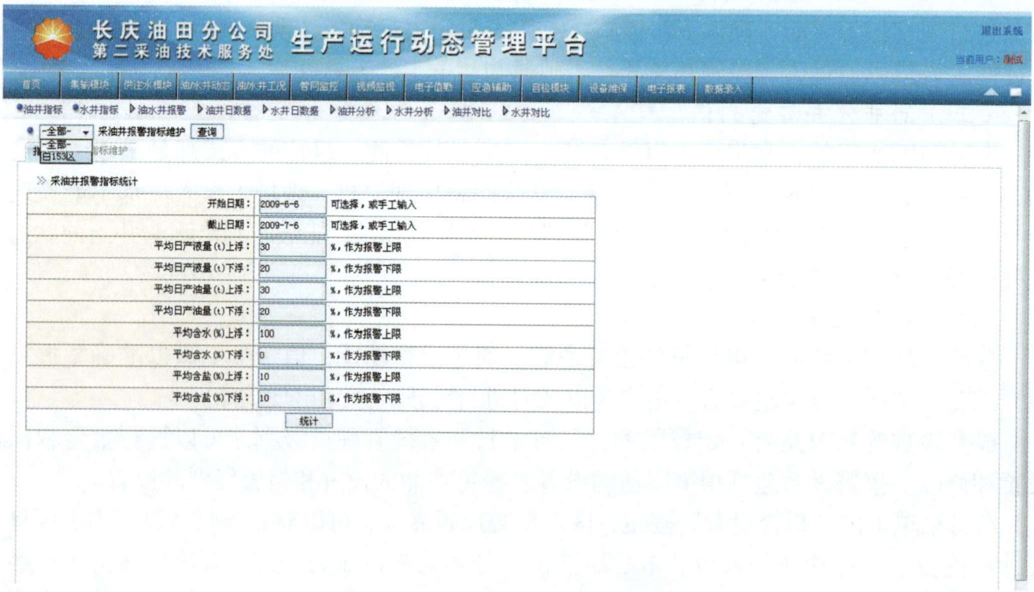
长庆油田分公司
第二采油技术服务处
生产运行动态管理平台
首页
集输模块
供注水模块
油/水井动态
油/水井工况
管网监控
视频监视
电子值勤
应急辅助
自检模块
设备维保
电子报表
数据录入
油井指标
水井指标
油水井报警
油井日数据
水井日数据
油井分析
水井分析
油井对比
水井对比
-全部-
采油井报警指标维护
查询
白153区
采油井报警指标统计
开始日期： 2009-6-6 可选择，或手工输入
截止日期： 2009-7-6 可选择，或手工输入
平均日产液量(t)上浮： 30 %，作为报警上限
平均日产液量(t)下浮： 20 %，作为报警下限
平均日产油量(t)上浮： 30 %，作为报警上限
平均日产油量(t)下浮： 20 %，作为报警下限
平均含水(%)上浮： 100 %，作为报警上限
平均含水(%)下浮： 0 %，作为报警下限
平均含盐(%)上浮： 10 %，作为报警上限
平均含盐(%)下浮： 10 %，作为报警下限
统计

图 11-18 增压点站控报警设置图

通过报警预警设置，重点解决了以下生产中的主要环节。

1. 集输系统

（1）球筒加热温度控制。收球筒温变安装在收球筒的本体上，收球前需要先加热熔化收球筒内蜡，于是需要设定熔蜡的温度。当加热到预定温度时，停止加热并发出提示信号提醒值班人员收球，如图11-19所示。

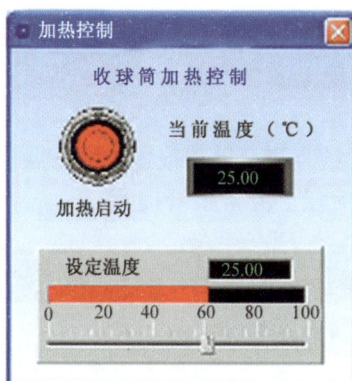

图11-19 增压点站控收球筒温度加热控制图

（2）外输异常判识。有缓冲罐的站安装防爆液位计，根据密闭分离装置的液位，通过变频器调节泵的排量，使分离装置内液位基本保持在中线附近，实现连续输油。当外输泵进口压力超下限时或出口压力超上限时联锁停泵并报警，保证站内的安全平稳运行，如图11-20和图11-21所示。

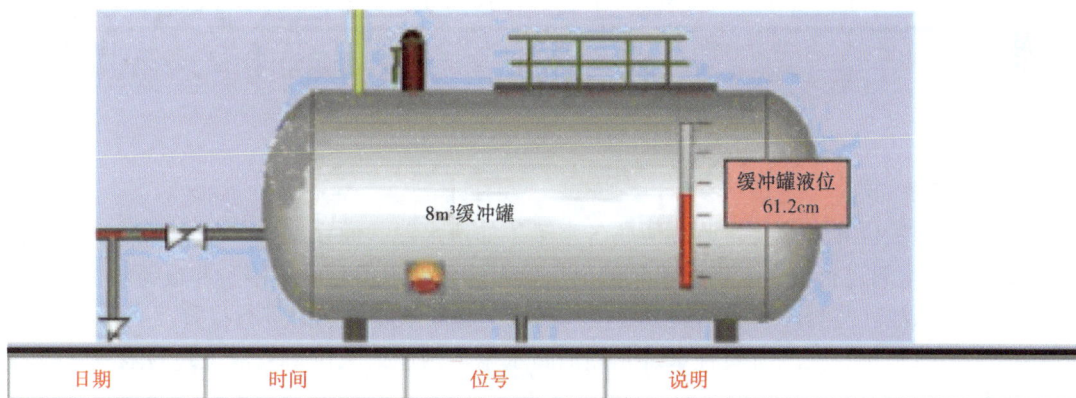

图11-20 增压点站控缓冲罐液位控制图

（3）可燃气体浓度判识。实时监测可燃气体浓度，超标报警。

（4）投产作业箱、事故罐液位监测。实时监测投产作业箱、事故罐液位，当液位超过设定范围时报警提醒。事故罐液位直接影响联合站各倒罐泵的运行，当倒罐泵进口压力达到低限值时联锁停泵并报警。

（5）三相分离器压力，油室、水室液位监测，污油泵自动启停。实时监测三相分离器压力，超过设定范围时报警提醒。通过自动调节各排液调节阀的开度，实现对油室、水室液位的控制。三相分离器运行时，要不断排出凝析油到污油箱。监测污油箱的连续液位，当液位超高限时联锁启动污油泵并进行提示，当液位超低限时联锁停污油泵并进行提示，同时监测污油泵的启停工作状态。三相分离器的平稳运行，确保了站内加热炉必需的供气压力，是联合站平稳运行的关键。

（6）联合站增压点、接转站来油温度、压力监测。实时监测联合站上游各路来油温度、压力，异常报警，既能及时发现上游生产是否正常，管线是否出现故障，同时也是联合站平稳运行的前提。

（7）外输压力、温度、流量监测，异常报警。增压点（接转站）监测外输压力和温度。联合站监测外输压力、温度和流量。异常报警提醒。

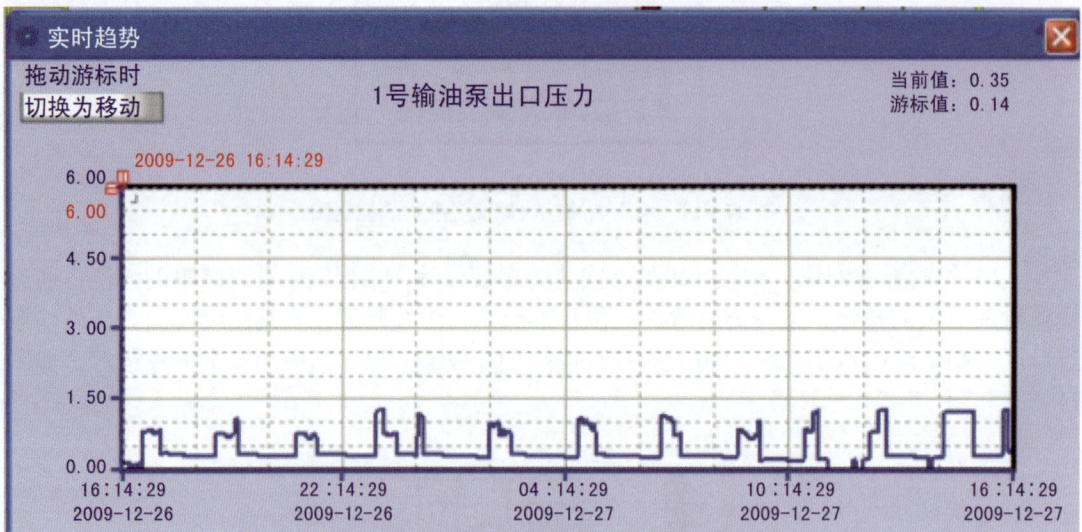

图 11-21　站控外输泵出口压力曲线图

2.注水系统

（1）水罐液位异常报警。监测所属各水罐（如清水罐、原水罐等）的连续液位，当液位超高限或低限时进行报警。当喂水泵的出口压力达到低限值时联锁停泵并报警。

（2）污水池。监测污水池的连续液位，当液位超高限或低限时进行报警。

（3）消防系统。监测所属各水罐（如消防水罐）的连续液位，当液位超高限或低限时进行报警。

（五）自动投球设备

在井组出油管线安装自动投球装置，根据井组压力和结蜡状况设定投球频率，并自动投球；在出油管线进站处安装自动收球装置，实现管线自动投球清蜡和收球作业，如图 11-22 所示。

在井场集油管线出口安装自动清蜡投球装置，其功能是定时向输油管道内自动投放清蜡球，对管道内壁上石蜡进行物理清除，可根据需要设置自动投球的频率，在不放空、不断流的情况下自动投球清管，改变了以往人工停井、倒流程、放空投球清管的方式。

　　井场安装的自动投球设备，改变了过去不管刮风下雨每天都要人工徒步到井场投球的传统工作模式，只需要每过一段时间把一定数量的清蜡球装入其储球器内，设定好时间就可以实现自动投球，大大减轻了油田操作工的劳动强度，如图 5-26 所示。

图 11-22　自动投球设备运行流程

　　1. 自动投球装置的发展过程

　　针对油田生产的实际情况，技术人员与相关厂家联合研发出了几种适合在油田发展的自动投球装置，主要有球阀式、回转式和活塞式三大类型。球阀式和回转式需倒流程，排空泄压。而活塞式可实现无排空常压在线装球，储球筒不带压、不进油，减小了因为储球筒进油而结蜡或堵塞等故障发生的可能性，大大减少了人工操作的操作程序，为油井数字化提供了便利。

　　展望未来，无排空常压在线装球，能实现投放不同规格清蜡球，同时防冬防凝投球装置必然是今后的发展方向。

　　2. 自动投球装置的不断研发

　　目前，很多投球机的工作原理基本上是根据二通或三通球阀的旋转取球和投球的，或者根据变换、延伸的原理以及电动机带动活塞进行取球和投球。由于输油管道内的压力大，应用这种原理的清蜡投球设备有时不能将清蜡球顺利地投入输油管道，在投球时存在管道憋压、切球等现象，而且装置的附件多、体积大，操作繁复。

　　还有一些投球机基本上与上述自动投球装置的原理相似，只是结构和形状有所不同，其技术原理完全相同，都没有走出球阀原理这个圈子，都存在管路复杂问题。鉴于此种情况，工程技术人员和厂家共同研制出一种活塞式自动投球装置——双电动机驱动的活塞式无排空技术的自动清蜡投球装置。同时还开发出了几种自动清蜡投球装置。这里主要介绍在油田已经使用的双活塞式无排空自动清蜡投球机。

　　3. 无排空自动清蜡投球装置

　　1）结构和组成

　　该设备由驱动装置、传动装置、执行装置和控制装置组成。驱动装置由两台 380V/50Hz

防爆型电磁制动电动机组成。传动装置由两台具自锁功能的蜗轮蜗杆减速机组成。执行装置由两套螺旋（梯形螺纹）传动装置组成，它把由蜗轮蜗杆减速机传来的低速旋转运动变成直线运动。控制装置由行程开关、相序控制电路、各种继电器、接触器、双稳态电路、记忆模块和远传接口等组成。图 11-23 为该设备机械部分组成原理图。

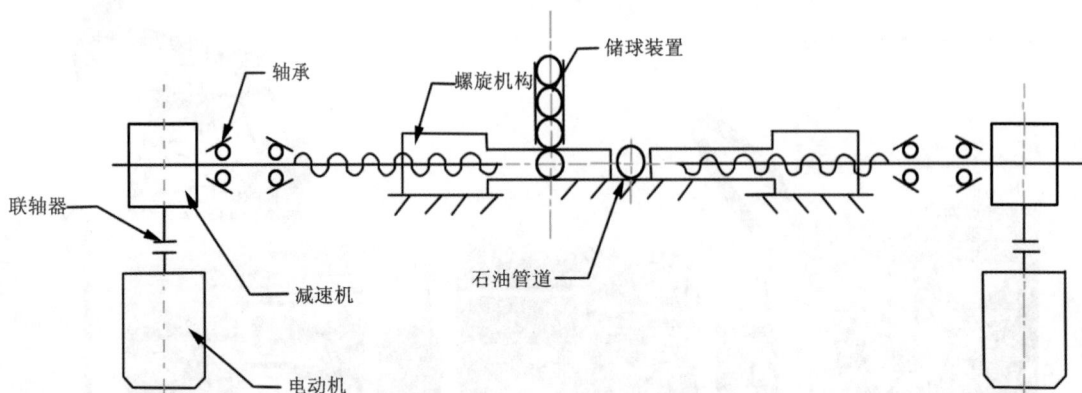

图 11-23　无排空自动清蜡投球装置原理图

2）工作原理

两活塞通过两台具有防爆和制动功能的电动机在减速机和丝杠的驱动下作直线运动。在不取球（或投球）状况下，两活塞处于垂直输油管道且以输油管道中心为对称轴相距 55mm 的位置，当需要取球时，一活塞先向另一活塞运动，当碰上另一活塞后，两活塞一起运动，这样就保证了取球时储球筒内不积油，当两活塞走到储球筒位置后，先运动的活塞停下来，另一活塞继续运动 55mm 停下来，这时储球筒内的球在重力的作用下进入投球管道，经过短暂停歇后，两活塞推着清蜡球一起运动到输油管道，球在石油的压力推动下进入石油管道。在投取球通道中有两道密封位，投球时一活塞进入一道密封位后，另一活塞才退出另一道密封位，以保证储球筒内始终无压力油，从而实现无排空常压装球。

以上运动过程全部采用机械式行程开关检测位置，并通过电控系统严格控制两活塞的运动顺序，电控系统全部采用分立式元器件，耐高低温，性能可靠，从而保证了自动投球的可靠性和精确性。

驱动系统采用具有防爆和制动功能的电动机，接线部分采用防爆软管，从而保证了系统的的安全防爆。

3）优点

（1）能实现无排空常压装球、自动投取球，操作简单方便，不需倒流程。

（2）结构原理科学，运行稳定、可靠。

（3）冬季不需加热保温，不存在冻堵现象。

（4）投取球过程无憋压现象。

（5）采用三相制动电动机，启动力矩大，控制精度高。

（6）设计具有记忆功能的电路。当遇到突发停电时，设备可存储原有状态，待有电时可恢复到原停电时状态，避免了一般电路的归零和铲球等问题。

（7）由于采用的螺旋机构和蜗杆减速机都有自锁功能，保证了一个取投球周期完成后，活塞虽然受到管道输送原油的压力，但不会运动，停位准确。

4）缺点

（1）结构复杂，成本较高。

（2）维修比较难。

5）使用情况

虽然该装置结构相对复杂，但运行稳定、可靠，维修率低，操作简单，装球时不用排空泄压，自动化程度高，自投用以来获得了良好的评价，随着油井数字化的不断发展，该装置得到了大量使用。

（六）水源井智能保护技术

在水源井井口主要安装智能流量计、水源井数据处理与自动控制设备及通信设备。自动采集水源井产水量、深井泵三相电流、电压工作参数。对水源井深井泵发生的卡泵、空抽、过载、缺相、短路、卸载等故障进行智能判识并自动停泵保护，如图 11-24 所示。

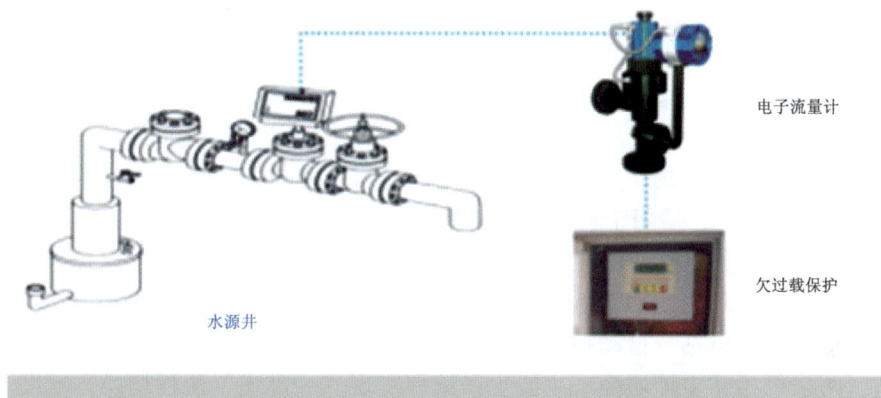

电子流量计

欠过载保护

水源井

图 11-24　水源井数据采集与控制

第四节　橇装集成技术

一、数字化增压橇

橇装集成技术是结合生产实际将缓冲、分离、加热、混输等功能集成橇装化，变站场为装置，实现无人值守，实现了设计标准化、制造规模化、建设快速化、维护总成化。采用高效节能燃烧器等，伴生气就地利用，节约了能源，清洁操作，维修保养专业化，通过智能控制系统可实现多种工艺流程切换和远程终端控制。

数字化橇装增压集成装置是数字化建设的重点装置，该装置是对装置本体、混输泵、控制系统、自控阀及橇座五大功能单元的集成。数字化橇装增压集成装置是工程技术人员自主研发、制造的数字化智能装置，功能上能够对增压点进行替代。该装置可进一步优化地面流程，实现一级半布站，进一步降低地面建设投资。

数字化橇装增压集成装置以数字化管理为基础，基本实现了"泵到泵"油气混输，实现以集成化、数字化、橇装化为特点的一级半布站，如图 11 - 25 和图 11 - 26 所示。

图 11 - 25　橇装增压集成装置模型

图 11 - 26　橇装增压集成装置实物图

（一）橇装增压集成装置概述

橇装增压集成装置主要由集成装置本体、混输泵、控制系统、阀门管线及橇座等组成，将原油混合物的过滤、加热、分离、缓冲、增压、自控等功能高度集成，通过电动阀门切换可实现多种工艺流程，适用于超低渗透油田原油混合物的增压混输站场。

集成装置采用两台螺杆油气混输泵为输出动力，是以一主一辅运行方式为增压输出流程设计的。以油气加热密闭混输为条件，分离出的气体满足装置加热部分燃烧外，剩余气体经油气混输至下一级站。自动控制两台螺杆泵的转速，使来油与其外输对应，实现油气平稳输送。两泵可相互主辅切换。主要生产流程实现"一键式"流程切换，辅助流程方式中也可运行单泵，利用控制阀的任意选控。因此大大降低了现场员工的劳动强度和切换运行的误操作风险，如图 11 - 27 所示

控制阀 1 和控制阀 3 是电动换向三通阀，为实现一键式切换主辅泵使用。两台泵一对一采用了两台变频器，具备远程软启动和调频功能。阀 2 为调节阀，通过调节阀 2 的开度来平稳缓冲区的液位，如图 11 - 28 所示。

控制流程以缓冲区的液位为调控依据，先设定旁通开度调节阀（阀 2）进缓冲区的开度，监测罐内液位，当液位上升（或下降）则通过变频器调节外排泵转速；当调节泵速至最大（或最小）时，液位仍然不能平稳时，再调节阀 2 的开度；在升降一台泵时，对另一台泵随之反调节，确保总输出与总来油的平衡关系。为保证分离出的气体满足燃烧器使用，系统还监测分离缓冲区压力，当缓冲区压力低至 0 时，说明气体较少，自动调节阀 2 开度，增大分流量，同时增大排量；在该装置控制上采用了 PLC 闭环控制和外部计算机指令控制相互作用，即使控制计算机死机或通信失败，装置上的 PLC 仍会自动控制运行。

远程方式，站控计算机既控制站控设备，又运行油井系统检测，系统实现了井站一体化操作，对站、井、视频等同界面操控。系统全属性 Web 发布实现远程操控。

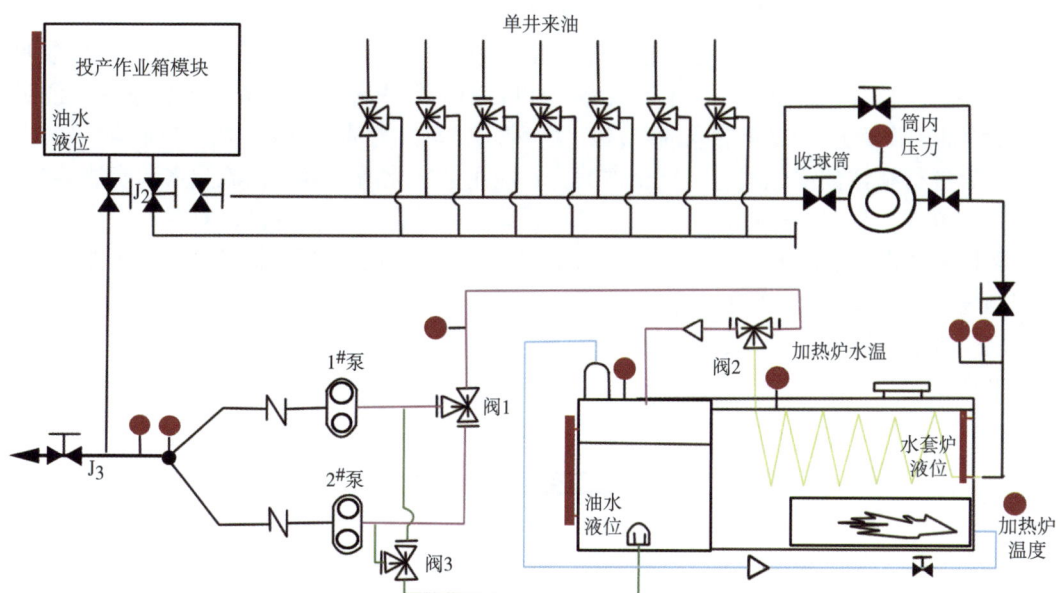

图 11-27　标准化增压点流程图

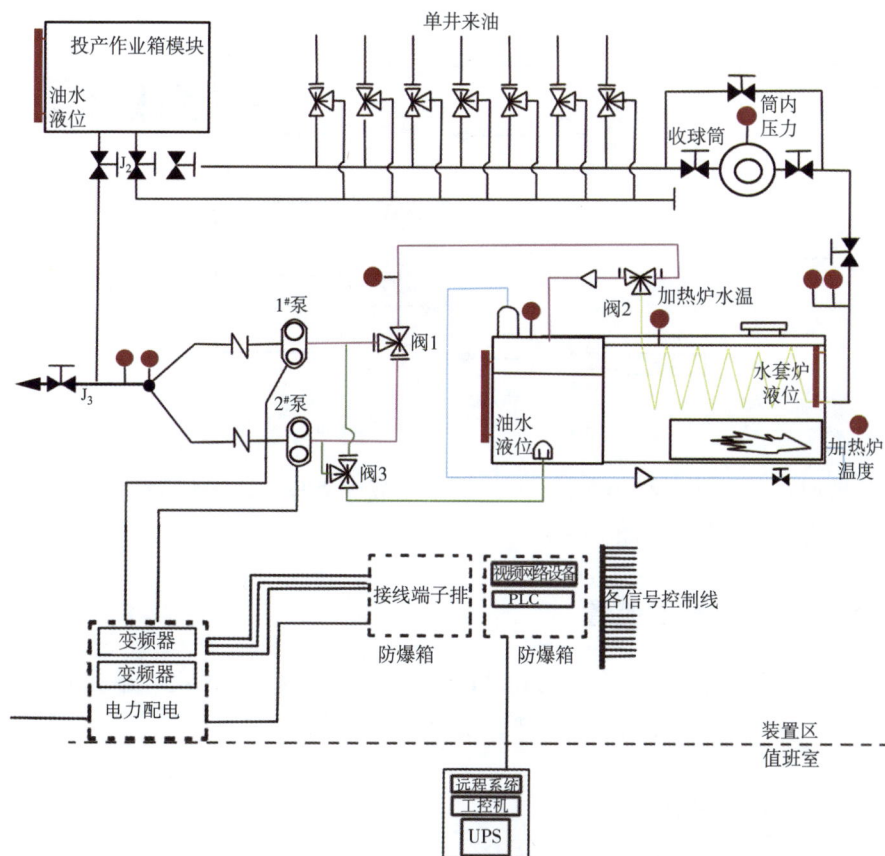

图 11-28　标准化增压点控制系统总图

（二）橇装增压集成装置在油井的应用

由于橇装增压集成装置在功能上能对增压点进行替代，而且具有过滤、加热、分离、缓冲、增压、自控等功能，有效地提高了生产效率，所以目前不少井场已经进行了安装。现举例说明。

华池油田作为开发 27 年的老油田，以"关、停、并、转"为基本原则，按照"简、配、改、优"四字方针进行整体数字化改造。实施方案为：应用数字化增压橇、稳流配水和捞油等技术简化工艺流程；从"井—接转站—联合站"系统进行数字化配套建设；对老油田进行劳动组织架构扁平化改革，建立起按流程管理的新型劳动组织模式；优化岗位职责、工作流程、管理制度，实现数字化管理的高效运行。

改造前基本情况：三级布站，19 座站场，294 口油井，164 口水井，724 人管理，如图 11 – 29 所示。

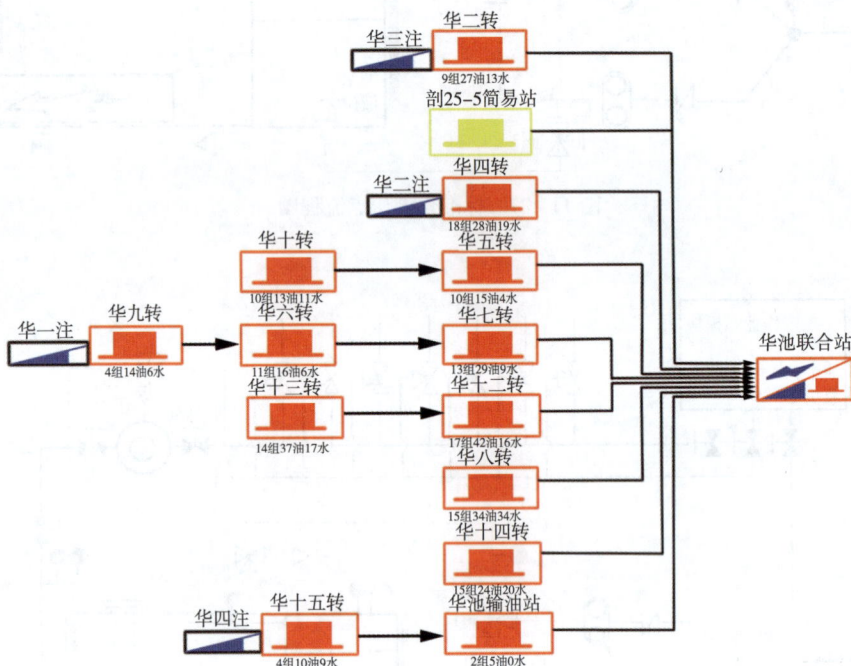

图 11 – 29　华池油田改造前

改造后情况：二级及一级半布站，9 座站场（减少 47%），294 口油井，164 口水井，510 人管理（减少 30%），如图 11 – 30 所示。

二、数字化集成转油装置

将加热、输油及燃料供应等功能集成橇装，并结合站内已建的缓冲罐和加热炉等设备的数字化改造，实现转油工艺的远程监控，如图 11 – 31 所示。

三、数字化混输泵橇

研制适合超低渗透油田生产运行的 3 大类 12 种规格的双头单螺杆混输泵，并将混输泵及混输工艺结合成橇,实现混输工艺的远程监控(图11-32)。

四、数字化注水橇

数字化注水橇(图11-33)将中间水箱、水处理设备、注水泵和控制系统集成橇装化,依托井场露天布置,节约占地面积,降低投资,远程智能监控生产运行动态,实现无人值守。

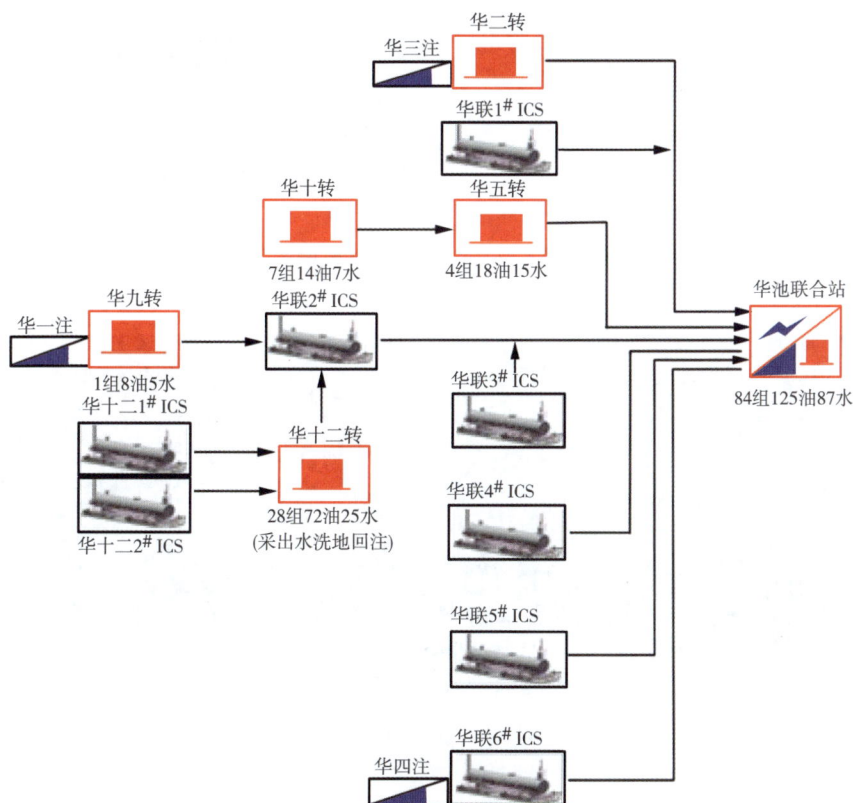

图11-30　华池油田改造后

图11-31　数字化集成转油装置

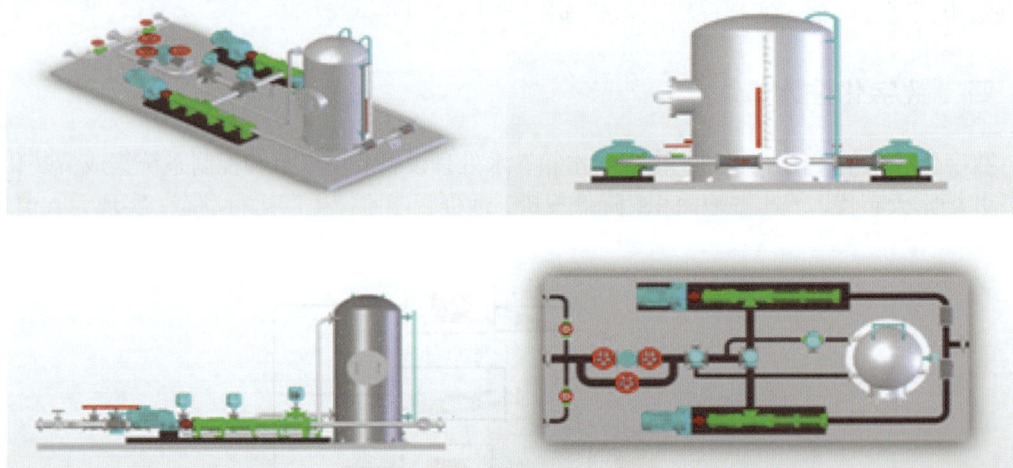

图 11 - 32　数字化混输泵橇

图 11 - 33　数字化注水橇

五、数字化增压点

通过对常规增压点进行工艺优化改造，具备与数字化增压橇相同的功能，达到"中心值守、远程监控"的生产管理模式（图 11 - 34）。

（一）目标和主要任务

数据采集是根据标准数字化管理站控系统建设的要求，数字化站控系统作为扁平化生产管理模式的基本管理单元，具备本站生产管理和站外所辖井场的电子巡护两大基本功能，站内值班室以保证站场安全、平稳运行为原则，实现关键生产数据的集中监控，变频控制输油泵的连续平稳输油，以及重要生产设施的视频监视。油井巡护利用井场的视频和数据采集、传输系统，在增压点内进行远程监控。

标准数字化管理站控系统除主要完成站内工艺设施、所辖井场生产过程数据的自动采集和集中监控，并与上位管理系统进行数据通信，上传本站的重要生产运行数据外，还要接收上位系统的调度指令，实现远程的启停抽油机、语音警示等功能。

（二）增压点采集的主要内容及系统配置要求

采油厂增压站是实现油井井场的原油收集并向二级集油站进行输送的一线站点，负责站内生产流程及所辖区域油井的日常管理。日常生产业务涉及投球、收球，井场来液单量，原油外输，循环水，加热炉等，针对不同的设备，采集的数据点及控制方式不同。其主要设备有变频器、输油泵、液位计、加热炉、收球筒、外输流量计、气液分离器等。

增压点站控系统主要由过程控制单元PLC、操作站、局域网络等构成，并配套操作系统、人机界面、工控组态及数据库等相关软件。

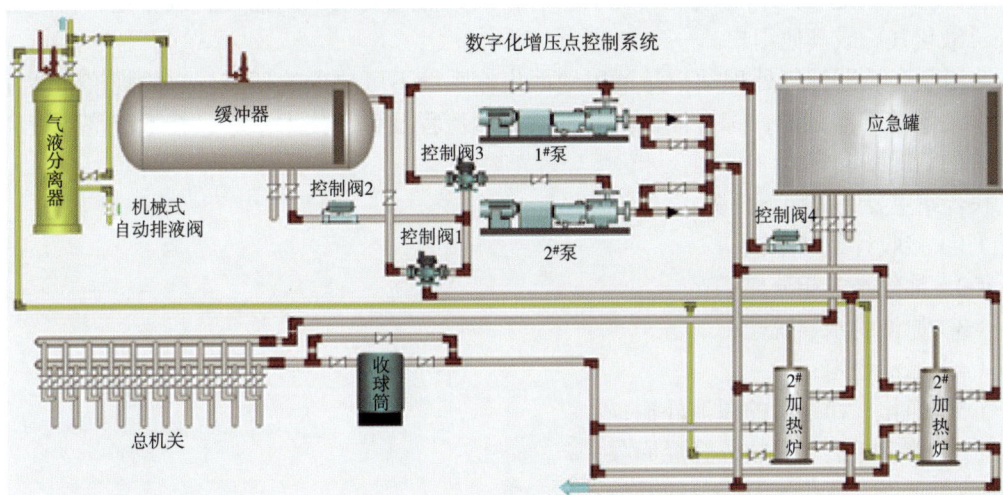

图 11-34　数字化增压点

六、数字化联合站

数字化联合站实施"站场定期巡检、运行远程监控、事故紧急关断、故障人工排除"的管理模式。在作业区对所辖井站集中进行电子巡井、生产数据实时监测、安全远程自动控制和安防智能监控。

（一）内容及系统配置要求

联合站是转油站的一种，它是油气集中处理联合作业站的简称。由于其功能较多，在油田上普遍存在。站内有原油处理系统、转油系统、原油稳定系统、污水处理系统、注水系统和伴生气处理系统等。

主要包括油气集中处理（原油脱水、原油稳定、轻烃回收等）、油田注水、污水处理、供变电和辅助生产设施等部分。

油田联合站是原油生产的一个关键环节，它的主要作用是接收各转油站来油，对油气水进行分离、净化、加热，将处理后合格的原油、净化污水、伴生气向下一级油库输送。其中实现油水分离的系统称为集输系统，它是联合站原油生产的重要过程，直接关系到成品原油的质量和污水回注的质量，关系到联合站的节能降耗，也决定着联合站生产过程的安全平稳运行及原油生产的经济效益。对联合站集输系统实现良好的自动控制，有利于联合站生产的平稳运行，保证原油质量，降低成本。

（二）联合站集输系统工艺流程

联合站集输系统是实现油水分离的重要环节，原油的油水分离过程有自然沉降脱水、化学脱水、机械过滤脱水、电脱水等多种方法。目前我国各油田普遍采用的是沉降脱水、电脱水、电化学联合脱水等方法，采用的脱水流程主要有两段式脱水流程和三段式脱水流程。

在油田生产中，油气集输是继油藏勘探、油田开采之后很重要的生产阶段。此阶段从油井井口开始，将油井产出的原油、伴生天然气和其他产品，在油田上进行集中、输送和必要的处理。初加工后合格的原油送往首站进行长距离输油管线外输，或者送往矿场油库经其他运输方式送往炼油厂或运转码头。合格的天然气则集中到输气管线首站，再送往石化厂、液化气厂或其他用户。

油田联合站即油气处理站，是油田地面集输系统不可缺少的环节。它的规模和站址一般是由油田总部规划的，综合油田的总油气集输流程及生产技术水平、技术经济政策和其他系统的情况来确定。

联合站主要完成如下任务：

（1）接收计量站来油；

（2）油气水三相分离；

（3）原油脱水、脱盐；

（4）原油稳定；

（5）净化、稳定后的原油外输；

（6）伴生天然气回收，轻烃回收；

（7）干气、液化气及轻油的外输；

（8）污水的处理、回收、回注。

完成上述任务，所需工艺设备和设施有油气分离设备，加热设备，原油脱水设备，原油脱盐设备，伴生天然气脱水设备，轻烃回收、原油稳定设施，储油罐，缓冲罐，输油、脱水等泵机组，输气压缩机以及加药设备等。

油田产品在联合站被加工成油、气产品。为完成这一任务，联合站除了油气集输系统外，还包括供电、供排水、供热、电讯、消防、采暖通风以及道路等系统，还有必要的生产厂房、辅助生产设施（维修间、仓库、化验室等）和行政生活设施（办公室、职工宿舍等）。

实施数字化管理的联合站，相应设置的数字化管理站控系统和视频监视系统应满足如下基本要求：

（1）对联合站内各生产设施的运行参数进行自动采集、处理和存储，对重要生产回路实现自动控制，并通过流程图、组趋势、报警、报表等多种画面对各类生产过程参数进行显示，对报警信息进行存储和提示等。

（2）采集所属井场的生产数据，进行单井功图计量，油井工况分析及显示，异常报警；抽油机电动机运行状态判断、抽油机远程启停控制；注水流量、压力监测，注水量远程设定等。

（3）采集联合站所属井场的视频信号，集中显示，实现在联合站内对所属井场的视频巡查、实时图像的自动判识及报警。

（4）自动生成符合管理要求的生产报表。

（5）系统远程维护、在线组态修改等功能。

（6）实现与其他系统的数据通信。

（三）数据采集的主要内容

1. 集输系统

（1）收球筒：监测收球筒的温度和压力。

（2）增压点、接转站来油进站区：监测各路来油温度和压力。

（3）三相分离器：监测三相分离器的压力；监测三相分离器的油室、水室液位。

（4）加热炉：监测每台加热炉的各路原油出口温度。

（5）外输区：监测外输原油的温度、压力及流量，并完成流量积算；监测外输原油总管的压力。

（6）输油泵：监测各输油泵进口压力；监测各输油泵的启停工作状态。

（7）倒罐泵：监测各倒罐泵的进口压力；监测各倒罐泵的启停工作状态。

（8）污油箱：监测污油箱的连续液位。

（9）储罐区：监测各储油罐的连续液位；

（10）气体外输区：监测气液分离器气相出口总管压力。

（11）可燃气体泄漏浓度监测：对可燃气体浓度进行监测。

2. 注水系统

（1）水罐：监测所属各水罐（如清水罐、原水罐等）的连续液位。

（2）喂水泵：监测各喂水泵的进口压力和出口压力。

（3）注水干线：监测各条注水干线的流量，并完成流量积算。

（4）污水池：监测污水池的连续液位。

（5）水罐：监测所属各水罐（如原水罐、净化水罐、调节水罐、净化水罐等）的连续液位。

3. 消防系统

（1）消防水罐：监测消防水罐的连续液位。

（2）消防泵：监测各消防泵（水泵及泡沫泵）的出口压力；监测消防泵（水泵及泡沫泵）的启停工作状态。

（四）联合站操作内容

联合站外输情况显示该联合站的外输汇管压力、温度、流量、含水、净化罐液位、缓冲罐液位、昨日产进油量、昨日外交油量、库存，压力、温度、流量、含水为实时数据，如图 11 - 35 所示。增压站外输情况显示该增压站的输油泵压力、温度、流量、今日外输累计液量等实时数据，如图 11 - 36 所示。点击增压站图标（图 11 - 37）进入增压站界面，可观察各实时数据。

庆一联外输情况			
压力	0MPa	流量	0m³/h
温度	35.6℃	含水	0%
净化罐液位	0m	沉降罐液位	4.46m
昨日产进	174.99m³	昨日外交油量	23.96t

图 11 - 35　联合站外输实时数据截图

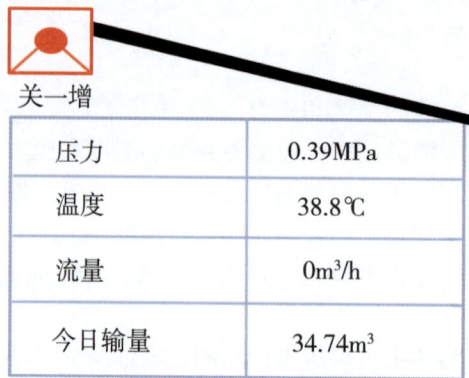

关一增	
压力	0.39MPa
温度	38.8℃
流量	0m³/h
今日输量	34.74m³

图 11-36 增压站外输实时数据

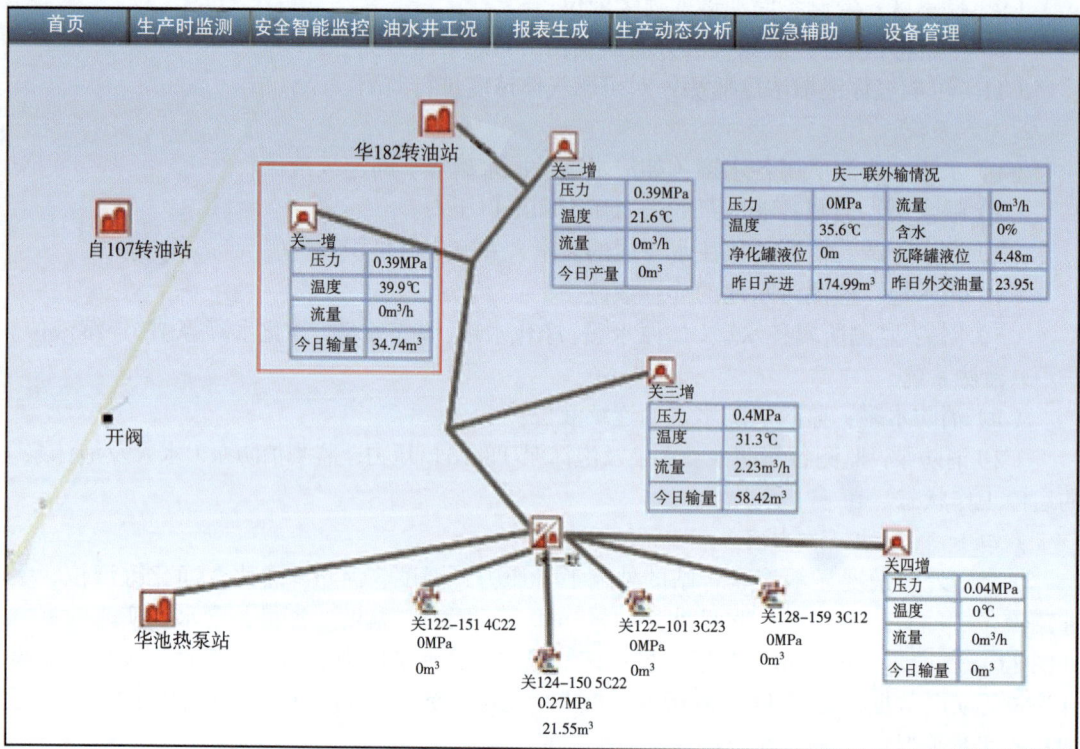

图 11-37 增压站界面

第五节 数据共享及应用技术

数字化管理从采集、传输、处理到应用构成了自动化建设的新模式，改变了以往的生产管理模式，把生产管理与数字化建设有机结为一体，成为我国超低渗透油田数字化管理的示范工程。

一、建立统一数据集成平台

创建接口统一、协议统一、驱动统一的"三统一"接入技术，打破接入难点，实现接入关键技术突破，首次实现异构控制器无缝接入，提出了 16 位设备地址的 MODBUS 协议扩展规范，实现 8、16 位控制器兼容，同时解决了标准 MODBUS 协议对控制器接入数量限制的问题。

采用 OPC 接口规范，集成了两套 SCADA 系统和两套 DCS 系统，建立了集中监控平台，实现集中统一监控。

建立了自动化数据集成应用平台，实现自动化数据在生产管理、预警分析、安全环保上的综合应用，形成全过程透明、全员参与的全新生产管理方式。

二、 标准化站控系统

油田数字化管理标准站控软件是生产前端实现没有"围墙"工厂向有"围墙"工厂转变的主要技术手段，是油气生产数据链前端的软件核心组成部分。

按照工业化软件要求，类 iphone(图标) 界面，对标准站控软件界面功能进行优化和定型，将站内监控和井场监控分离，加入了对数字化抽油机的监控功能，优化了数据访问接口，使得软件稳定性、实用性得到全面提升。

增压点标准站控、联合站标准站控、注水站标准站控和供水站标准站控，如图 11 – 38 所示。

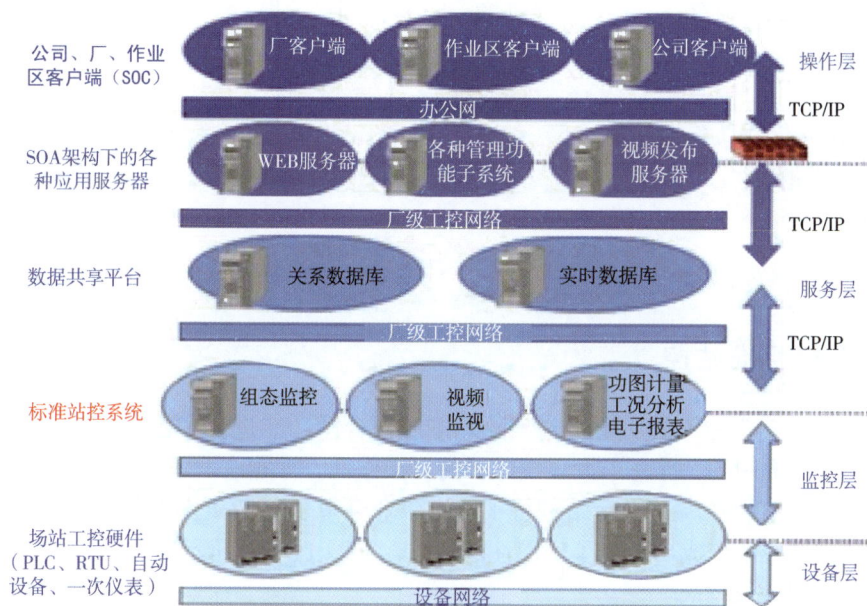

图 11 – 38 标准化站控在油田数字管理体系中的应用

油田数字化管理标准站控系统是按照对基本生产单元建设的"标准化设计、模块化建设"的指导方针而开发的软件。该自动化监控平台集计算机控制技术、现场数据采集技术和网络数字通信技术于一体。该系统采用了工业控制、现场数据采集与网络数据同步显示、网络通信等先进技术，可在控制室实时、准确显示各个监测点的数据，对其进行记录保存，对于重要数据进行高限、低限设置，实现超限报警，增强了生产管理模式的安全性，提升了工艺过程的监控水平和生产过程管理的智能化水平，建立健全油田统一的生产管理、综合研究的数字化管理平台，达到强化安全、过程监控、节约资源和提高效益的目标。其系统结构图如图 11-39 所示。

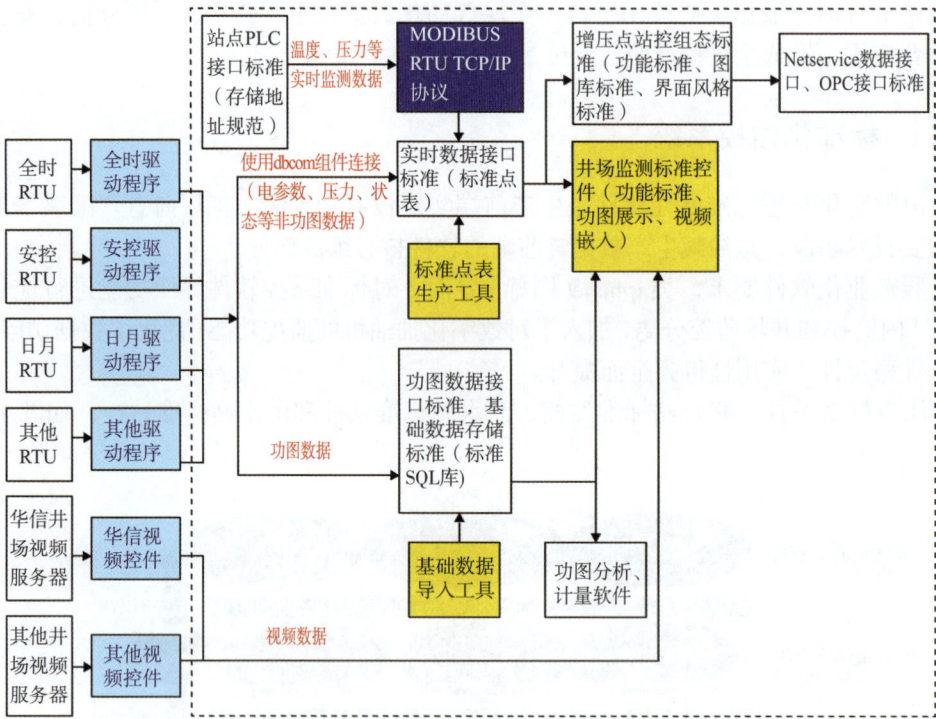

图 11-39　标准站控系统结构图

三、联合站标准站控

联合站标准站控软件依据现场生产实际，按照联合站功能进行了区域划分，打破了传统工艺流程图绘制的制约，提高了大规模部署的可操作性，有效地缩短了部署、调试时间。

如联合站标准站控在高一联合站进行了真实工业环境、复杂条件下长时间的软件系统的分析和测试，站控系统成功经受了实用性的考验，如图 11-40 所示。

（一）功能模块化

通过选择"模块导航"按钮，显示模块导航菜单的界面（图 11-41）。

（二）双重报警

当某个点发生报警时，该变量在方块图中对应的数字变成红色，该模块所在的方块图的边界则以红色进行闪烁，如图 11-42 所示。

（三）流向动态化

模块之间根据工艺流程对应的连接管线，采用动画表述当前原油的流动方向，如图11-43所示。

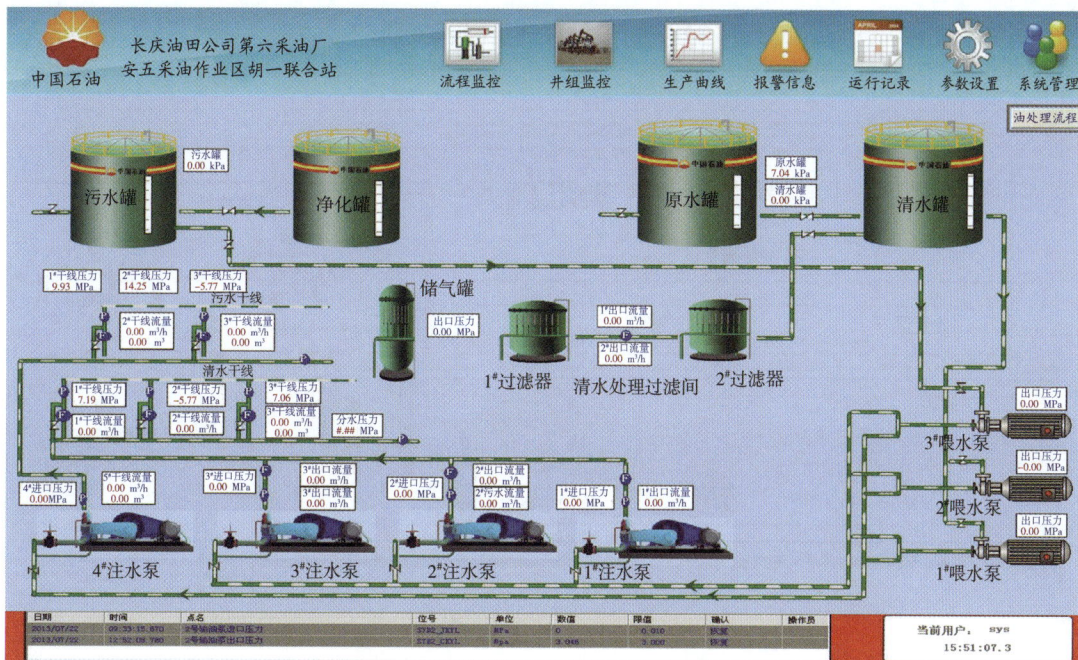

图 11-40　长庆油田联合站控制系统

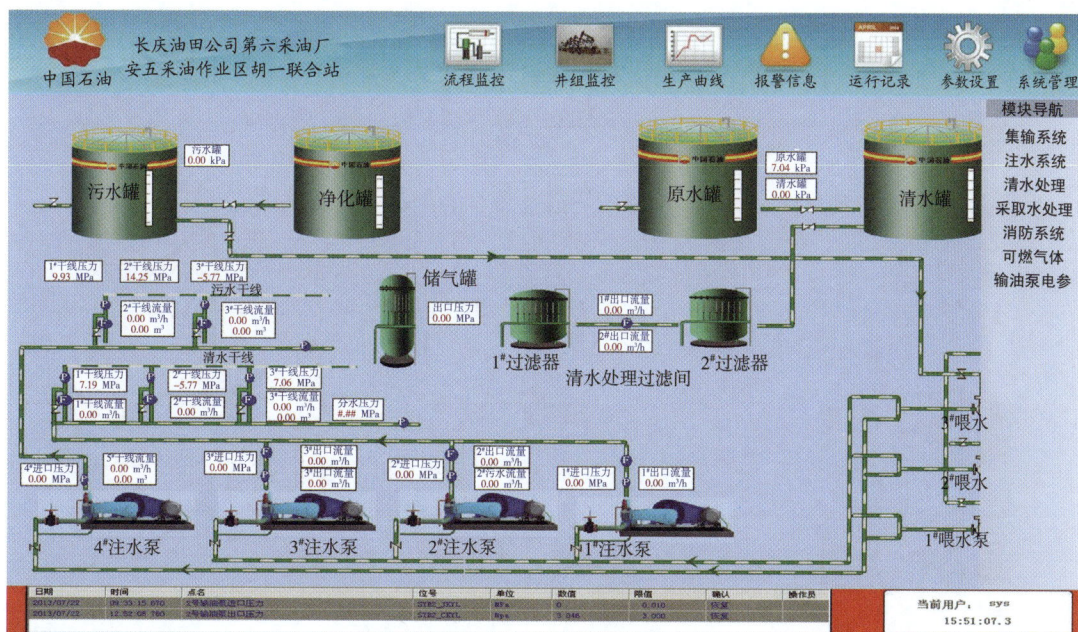

图 11-41　模块导航菜单

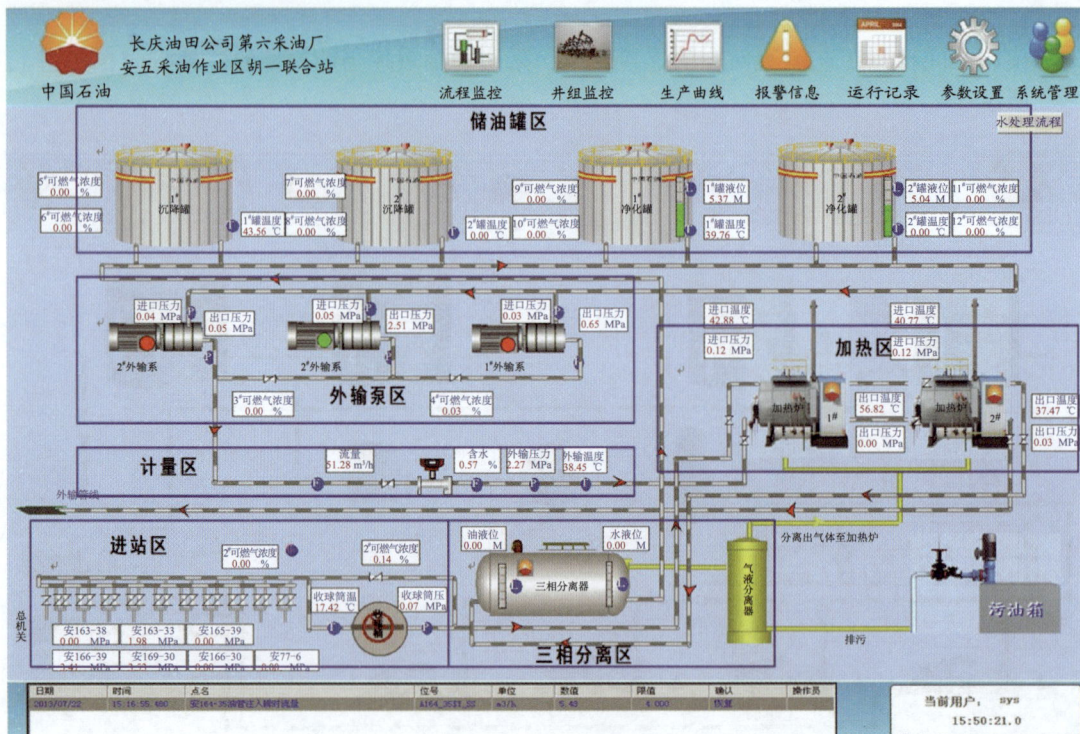

图 11 - 42 双重报警

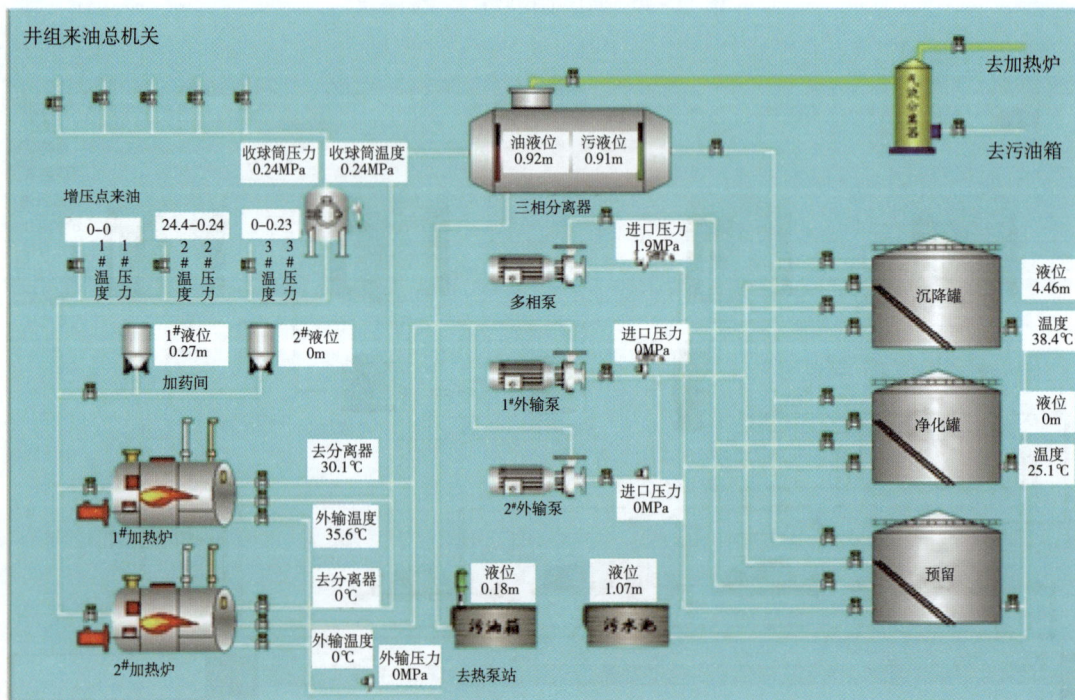

图 11 - 43 流向动态化

第十二章 超低渗透油藏数字化应用实例

第一节 超低渗透油藏数字化管理技术的推广应用

一、XF 油田

第二采油厂 XF 油田年原油生产水平 110×10^4t，已完成 2 座联合站、13 座接转站、13 座增压点、4 座注水站和 1713 口油水井的数字化管理升级改造（图 12-1）。

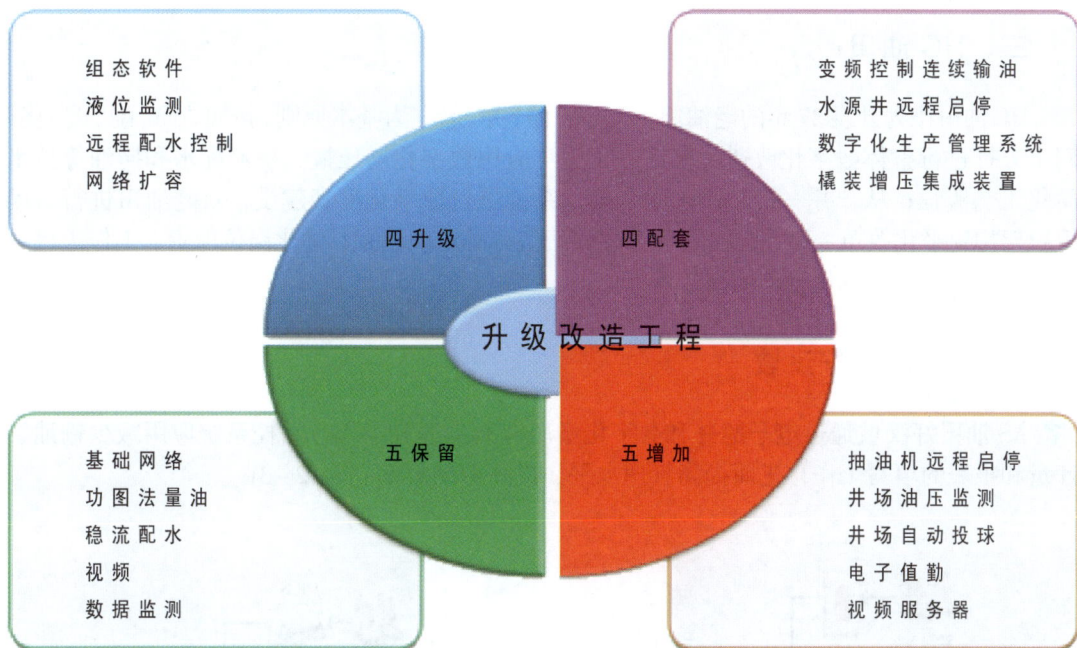

组态软件
液位监测
远程配水控制
网络扩容

四升级

变频控制连续输油
水源井远程启停
数字化生产管理系统
橇装增压集成装置

四配套

升级改造工程

基础网络
功图法量油
稳流配水
视频
数据监测

五保留

五增加

抽油机远程启停
井场油压监测
井场自动投球
电子值勤
视频服务器

图 12-1 XF 油田数字化管理升级

二、W 一联合站

W 一联合站年生产能力 65×10^4t，已完成所辖 20 座站点、82 个井场、623 口油水井和 9 口水源井的数字化管理升级改造项目建设（图 12-2）。

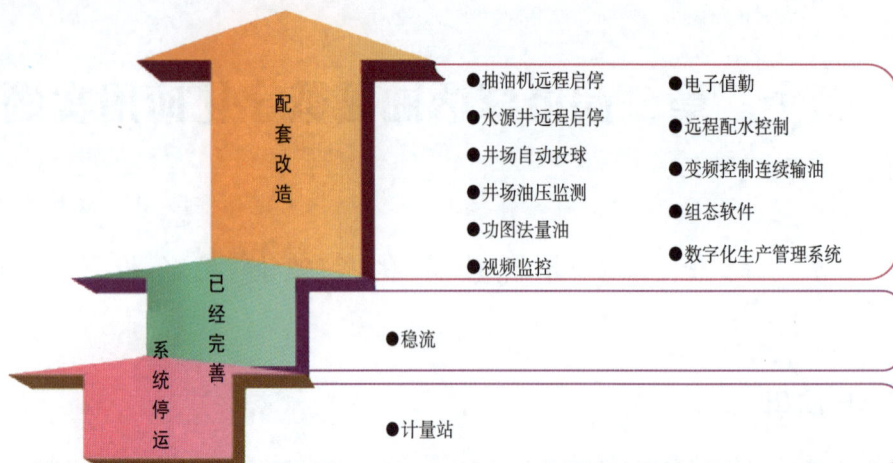

图 12-2　W—联合站数字化管理升级

三、HC 油田

HC油田作为开发27年的老油田,以"关、停、并、转"为基本原则,按照"简、配、改、优"四字方针进行整体数字化改造。实施方案为:应用数字化增压橇、稳流配水和捞油等技术简化工艺流程;从"井—接转站—联合站"系统进行数字化配套建设;对老油田进行劳动组织架构扁平化改革,建立起按流程管理的新型劳动组织模式;优化岗位职责、工作流程、管理制度,实现数字化管理的高效运行。

四、AS 油田好汉坡

AS油田好汉坡通过电子巡井和数字化增压橇减少巡井工作。站控系统应用减少输油、计量和报表的填写工作,进而提高管理水平、提高劳动效率(图12-3)。

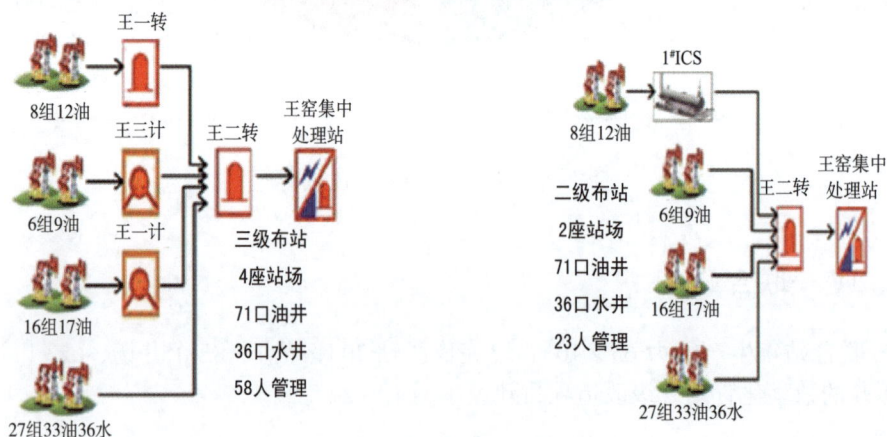

图 12-3　好汉坡改造前后对比图

五、HQ油田

HQ油田乔河作业区按照大井组、二级布站、井站共建、多站合建的地面建设模式，在原投资基本持平的条件下完成6座站点、56个井场、252口油井、73口注水井的数字化配套建设。

按生产流程设置劳动组织架构，取消井区和精干作业区，建立了与数字化管理相适应、按生产流程管理的联合站（作业区）—增压点（注水站）—大井组新型劳动组织模式，如图12-4所示。

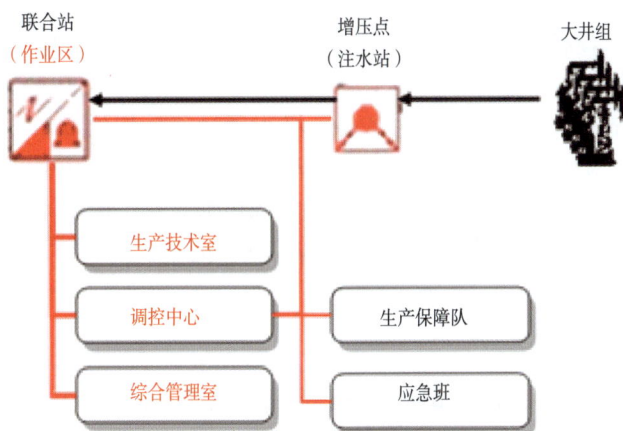

图12-4 新型劳动组织架构示意图

六、HJ油田

按照勘探开发一体化，2010年新建的HJ油田，对环一联所辖的3座增压点采用数字化增压橇，形成一级半布站模式（图12-5）。

以环一联基本生产单元构建该区块的数字化生产管理核心，即生产管理单元。运行人员集中进行生产管理，下辖的橇装站场无人值守，实现了作业区直接管理到井场，提高了管理效率。

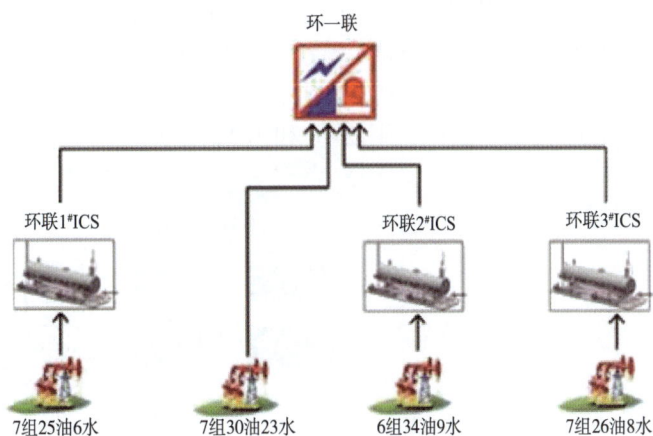

图12-5 HJ油田数字化管理升级

第二节　效果评价

一、促进了劳动组织架构的改变

数字化是油田生产组织方式的革命，是油田管理方式的变革，是劳动组织架构的改变，是控制投资、降低成本、提高效率、确保安全生产的有力技术支撑。超低渗透油田数字化建设是在"五统一、三结合、一转变"的基础上进行推广的。"五统一"就是标准统一、技术统一、平台统一、设备统一、管理统一。"三结合"就是与岗位、生产、安全相结合。"一转变"就是转变思维方式。面对 $5000 \times 10^4 t$ 发展目标，传统的生产组织和管理方式已经不能适应当前大油田管理、大规模建设的需要，必须通过劳动架构变革和管理流程改变提升企业发展的内动力。为提高生产管理水平、提高劳动效率，数字化管理实现了生产管理由传统的经验管理、人工巡检、大海捞针、守株待兔的被动方式，转变为智能管理、电子巡井、精确制导的主动方式，实现生产管理数字化、智能化，推动了油田公司向管理现代化转型。

二、减少了用工总量

油田老区按照整体规划、突出重点、分步实施的原则，对有数字化基础的 XF 油田，按照"保、增、配、升"的技术思路进行数字化升级改造；对其他老油田按照"关、停、并、转"的技术思路进行数字化改造，建成了 HC 油田和好汉坡等整装区块的数字化油田。

油田新区按照"三同时"（即同时设计、同时建设、同时运行）的原则与产能建设项目同时配套，建成 HQ 和 HJ 等油田。

油田生产流程经历了三个阶段：20 世纪 70—80 年代三级布站；90 年代二级半布站；2008 年新型二级布站。每一次生产流程的变革直接带动了与之相适应的劳动组织架构的变化。

2008 年新型二级布站，减少管理层级；取消集输管理人员，使行政管理与生产流程管理相统一；取消井区和精干作业区，变直线职能制管理为矩阵式管理，提高了用工效率，提高了劳动组织效率（图 12-6 和图 12-7）。

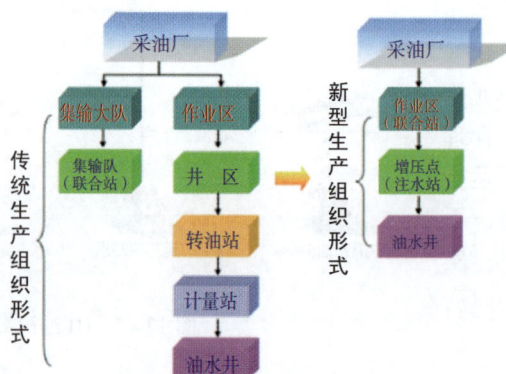

图 12-6　生产组织形式对比

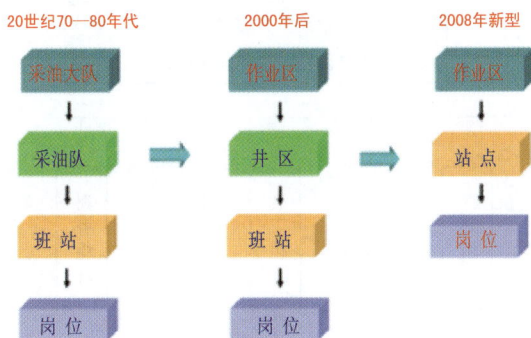

图 12 - 7　劳动组织架构对比

（一）20 世纪 70—80 年代三级布站

管理模式为四级管理（大队—采油队—班站—岗位，每万吨用工 28 人，如图 12 - 8 和图 12 - 9 所示。

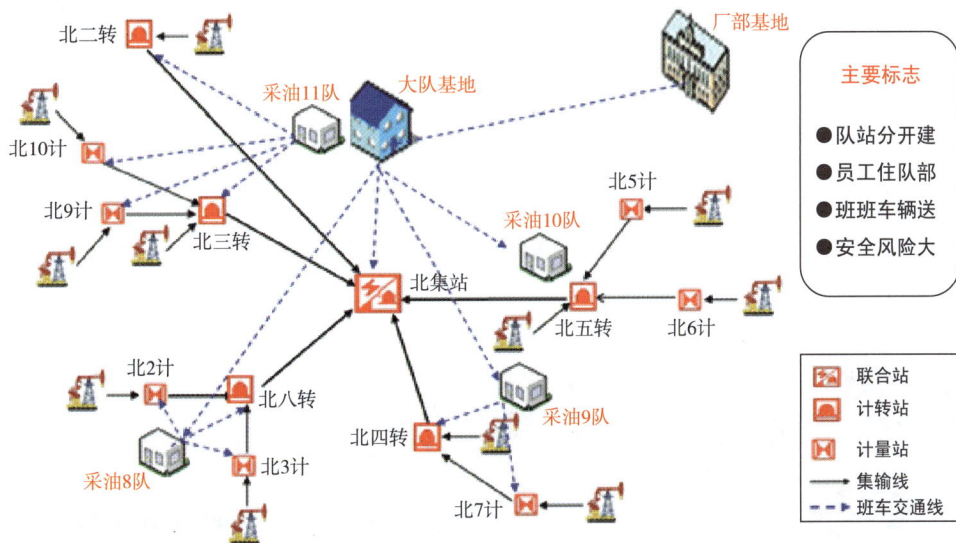

图 12 - 8　三级布站

（二）20 世纪 90 年代二级半布站——采油大队变作业区

主要是大队变作业区，压缩了机关组室，万吨用工 26 人，如图 12 - 10 和图 12 - 11 所示。

（三）2002 年以来劳动组织架构的变化

1. 2002 年撤队建区

标志是推广丛式井，技术、资料、化验集中由作业区管理。万吨用工 22 人。采油作业区机构如图 12 - 12 所示。

2. 2005 年以新采油厂大井组、集中巡护为代表的机构

主要标志是推广大井组，集中巡护。万吨用工 16 人。劳动组织架构图如图 12 - 13 所示。

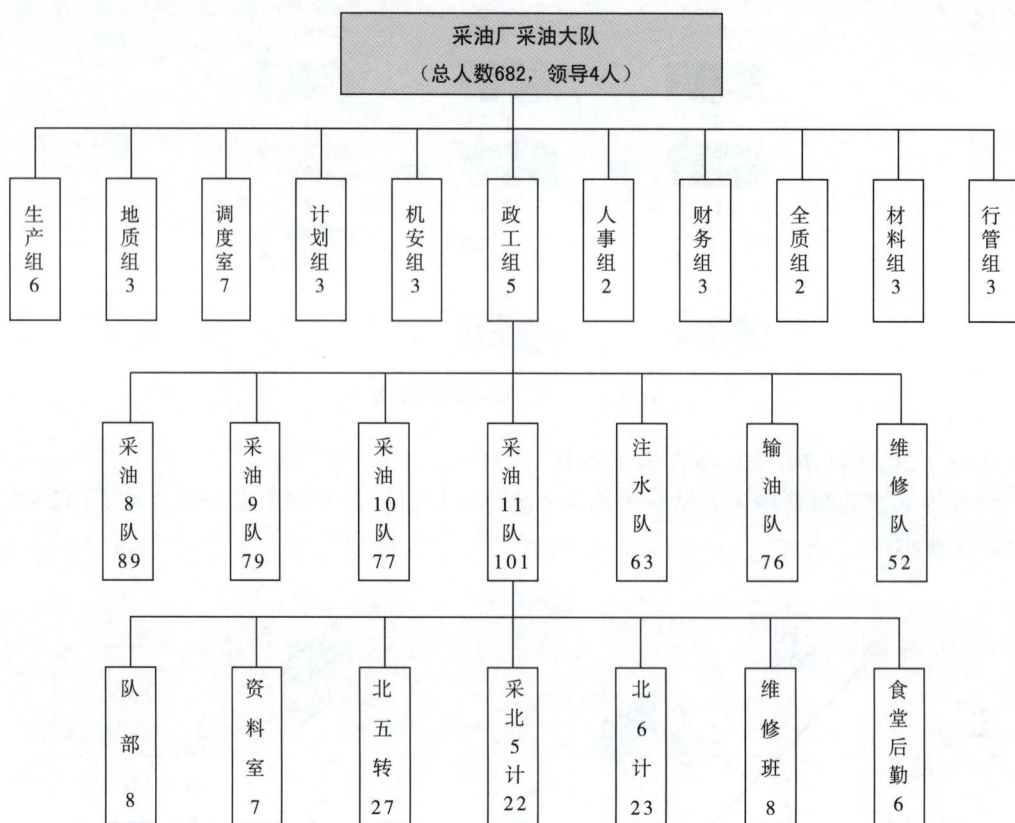

图 12-9 三级布站劳动组织架构图

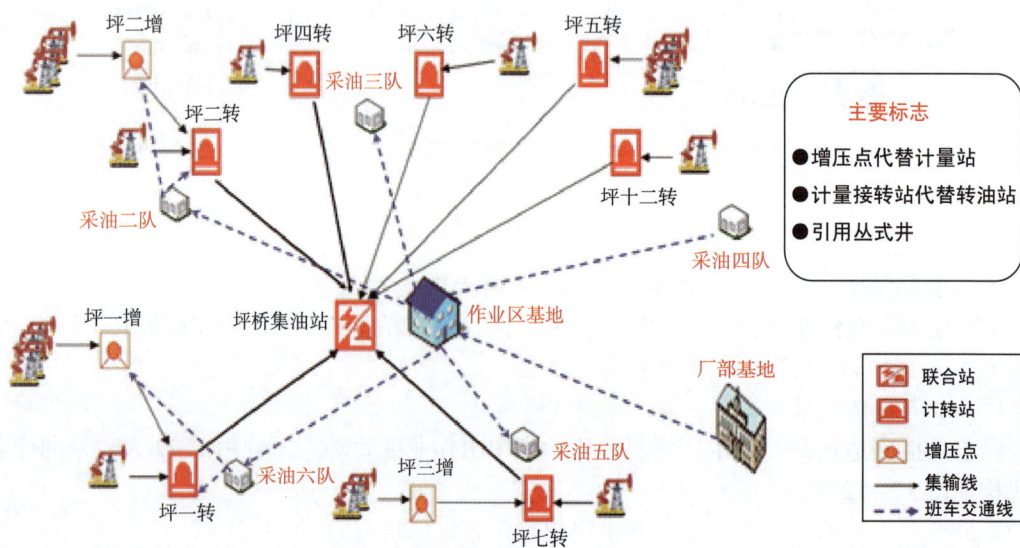

图 12-10 二级半布站

```
                    采油厂作业区
                 （总人数563，领导6人）

        生产组 7    技术组 4    经营组 7    管理组 3

    采油     采油     采油     采油     采油     注水     维修
    2队      3队      4队      5队      6队      队       班
    81       98       82       74       79       33       15

    队部     坪七转    坪3拉    坪4拉    坪5拉    坪26站    井组
    22       11       4        4        3        4        26
```

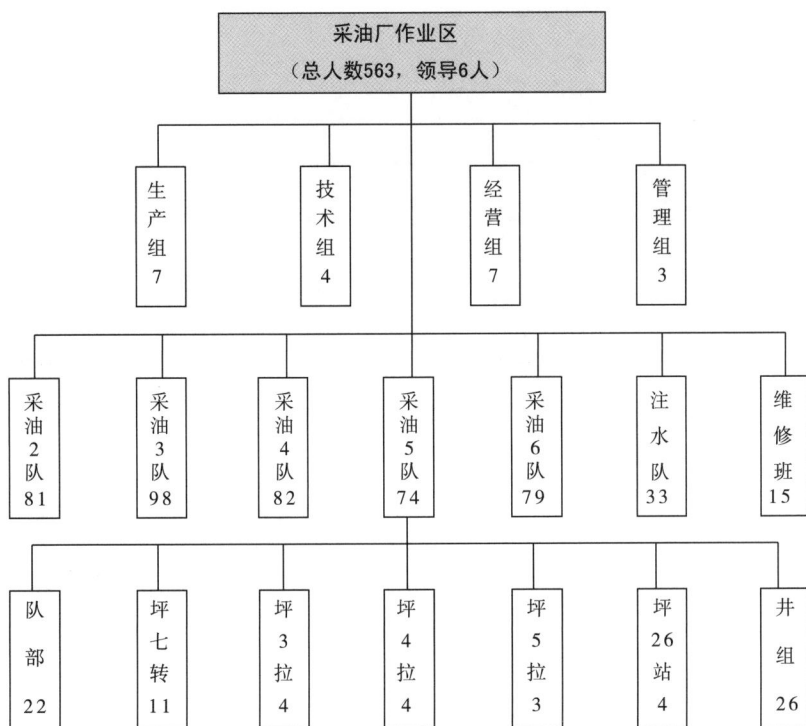

图 12-11　二级半布站劳动组织架构图

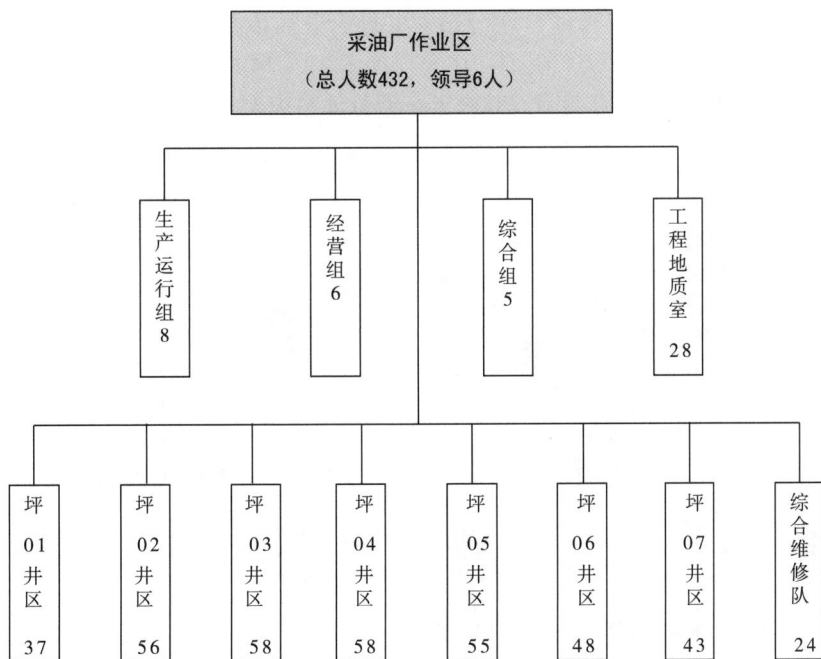

```
                    采油厂作业区
                 （总人数432，领导6人）

        生产运行组 8    经营组 6    综合组 5    工程地质室 28

    坪01    坪02    坪03    坪04    坪05    坪06    坪07    综合
    井区     井区     井区     井区     井区     井区     井区     维修队
    37      56      58      58      55      48      43      24
```

图 12-12　撤队建区劳动组织架构图

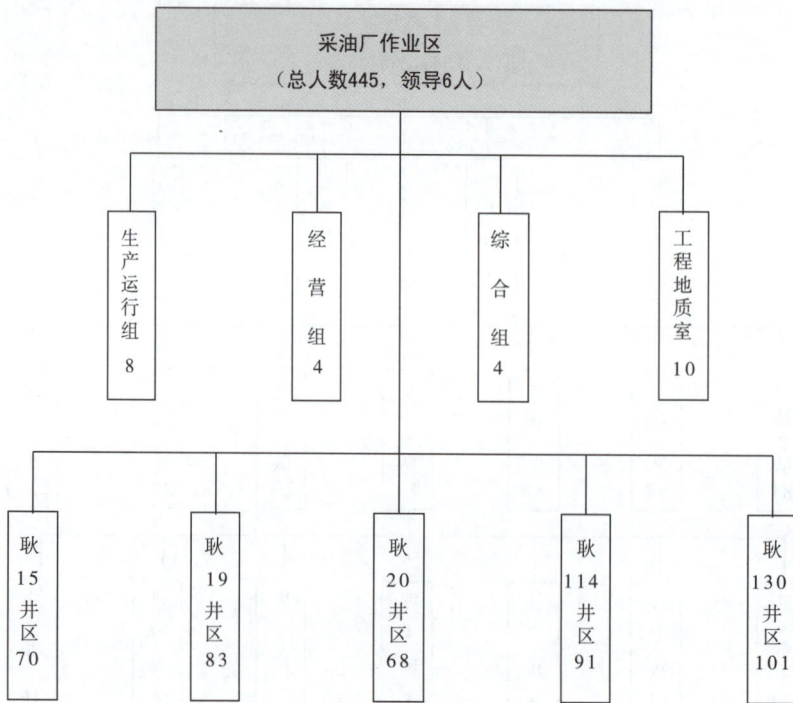

图 12-13　2005 年以来新型劳动组织架构图

3. 2008 年新型二级布站——HQ 油田

主要标志是作业区按流程管理，联合站、井站合建，取消倒班点和井区部，使员工劳动强度降低，劳动效率提高。万吨用工 10 人，如图 12-14 所示。每次生产流程的变革，均引起了相应的劳动组织架构的变化。2008 年新型劳动组织架构人员节约比例达到37.5%（图 12-15 和表 12-1 ）。

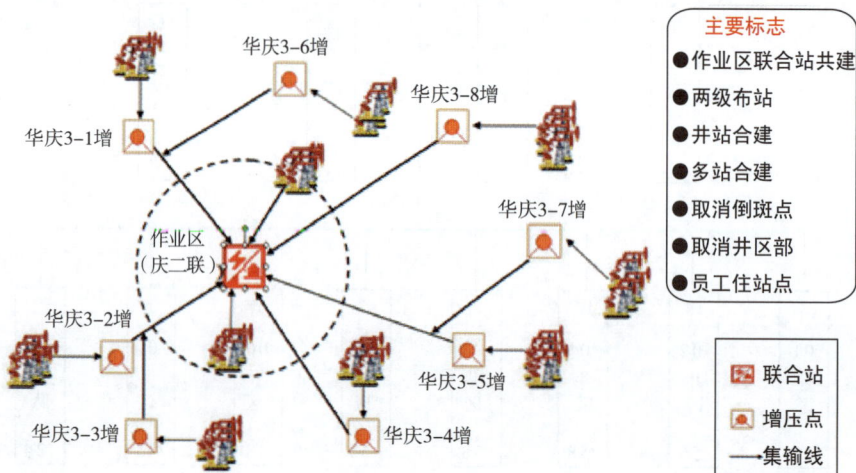

图 12-14　HQ 油田的二级布站

华庆采油作业区
（总人数318，领导6人）

生产技术室 13
主任 2 ｜ 地址岗 4 ｜ 工艺岗 4 ｜ 安全环保岗 2 ｜ 设备管理岗 1

调控中心 12
主任 2 ｜ 生产运行岗 2 ｜ 数字化管理岗 1 ｜ 信息监控岗 6 ｜ 土地外协岗 1

综合管理室 7
主任 1 ｜ 党群岗 3 ｜ 人事岗 1 ｜ 经营岗 1 ｜ 计划岗 1

生产保障队 40
队长 3 ｜ 材料工 2 ｜ 后勤服务岗 9 ｜ 数字化维护岗 5 ｜ 仪表校验岗 2 ｜ 油水井化验工 9 ｜ 低压试井工 7 ｜ 内部治安岗 1

庆二联合站 36
站长 3 ｜ 站内检修岗 24 ｜ 站外检修岗 9

增压点(8) 14×8
站长 2 ｜ 站内检修岗 3 ｜ 站外检修岗 9

应急班(4) 17×4
班长 3 ｜ 电工 3 ｜ 焊工 2 ｜ 维修工 9

注水站(3) 8×3
站长 2 ｜ 站内检修岗 6

主要标志
● 按流程管理
● 机构扁平化
● 推进数字化
● 推行市场化
● 劳动强度降低
  劳动效率提高
● 万吨用10人

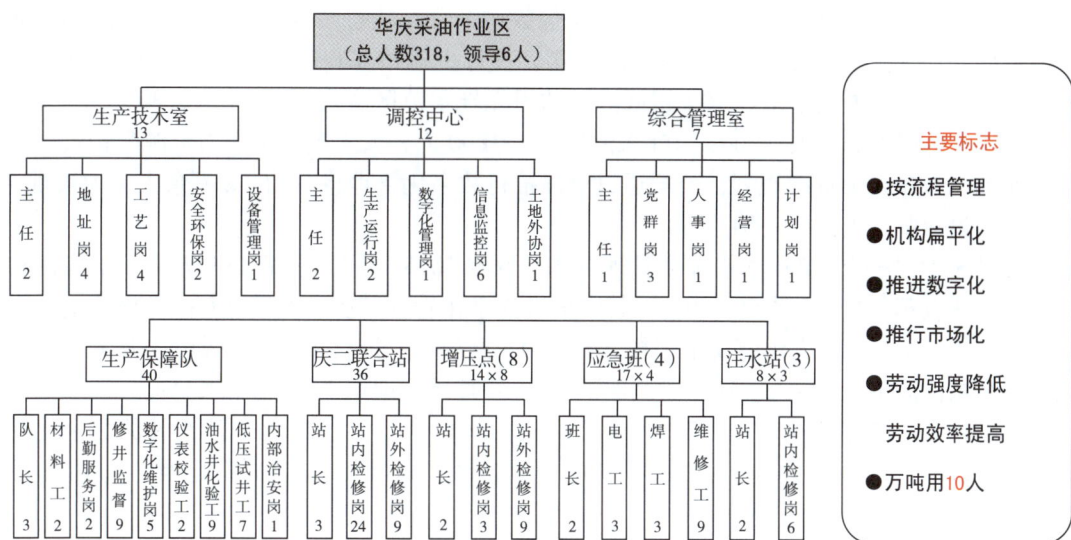

图 12 - 15　2008 年以来新型劳动组织架构图

表 12 - 1　劳动组织架构变化节约用人成本

时间	万吨节约用工	节约比例 %	原因	
			生产技术方面	劳动组织方面
20 世纪 70—80 年代			（1）三级布站； （2）单井	（1）四级管理：采油大队—采油队—班站—岗位； （2）机关 11 个组室
20 世纪 90 年代	2	7.1	（1）增压点代替计量站； （2）引用丛式井	（1）大队改制为作业区； （2）机关 11 个组室压缩为 4 个组室
2002 年	4	15.4	推广丛式井	（1）撤队建区； （2）将机关调整为"3 组 1 室"； （3）技术、资料、化验集中作业区管理
2005 年	6	27.3	（1）推广大井组（井场建井从 3.5 口提高到 6 口以上）； （2）运用新工艺、新技术、新设备	（1）集中巡护； （2）推进兼离并岗
2008 年新型	6	37.5	（1）作业区联合站共建； （2）二级布站； （3）井站合建； （4）大井组（井场建井 8 口以上）； （5）推进数字化管理	（1）按流程三级管理：作业区—站点—岗位； （2）再造作业区业务流程； （3）撤销采油井区、集输队

数字化建设的推进取得了许多新的突破。目前，我们试验的电子巡井报警系统、自动投球收球系统和远程开关井系统，在超低渗透油田得到全面推广，大幅度地降低了生产一线的劳动强度，为实现数字化管理创造了条件，为大幅度减少一线人员提供了条件，为进一步优化简化生产组织机构提供了技术支撑。

一是电子巡井系统视频监控技术和数据传输技术的应用，实现了井站生产动态的实时监控，永磁电动机、自动投球、加药装置等新型采油举升方式，油井运行自动维护设施的研发应用，大幅减少了一线工作量，生产前端可以减少用工 30%。二是通过推行作业区与联合站共建、井站合建、多站合建、取消倒班点等措施，简化地面工艺流程，可减少用工 1.5万余人。三是推广大井组丛式井模式，将少建井场 5000 余个，最少可节约用工 5000 余人。

四是推广优化布站技术，减少场站，控制岗位数量，百万吨建站数由老厂采油作业区的89座降低到新型作业区的24座。2009—2015年，预计少建站670余座，可节约用工6000余人。通过数字化的推行，10×10^4t超低渗透油田先导示范区实现用工47人，30×10^4t大板梁采油作业区用工205人，100×10^4t采油厂用工1000人，大大提高了人力资源配置效率。按照5000×10^4t人力资源规划，公司通过全面推行数字化管理将节约2.8万余人，为实现7万人控制目标奠定了良好基础。

根据统计，按照传统技术措施和管理方式，预测2015年用工总量13.9万人。采取创新管理、深化改革等措施减少6.9万人，其中推进数字化管理减少2.3万余人；优化简化生产流程减少1.3万余人；优化劳动组织模式减少0.4万余人；推行市场化减少1.4万余人；优化业务结构盘活1.5万余人。这样可确保到2015年直接管理用工7万人的目标。

截至目前，已完成9个作业区、156座站点、5479口油井、1788口注水井的数字化前端建设工作，完成总井数的24.9%，完成电子值勤系统60套，投运数字化增压橇19座，数字化注水橇3座。

三、提高了劳动效率

电子巡井、智能分析视频监控、电子值勤、管线堵漏判断、功图计量拓展、自动投球技术、变频器控制连续输油、数字化场站工控系统，数字化生产管理平台等一系列技术的应用，相对传统的管理方式，每百万吨用工减少了396人，见表12-2。

到2015年，油气当量5000×10^4t的大油田仅用7万人，实物劳动生产率即人均油气当量从339t上升到772t，单井综合用工由2.61人下降到0.84人，极大地提高了生产效率（图12-16）。

表12-2　新型劳动组织架构减少人员对比

序号	数字化技术名称	主要功能特点	减少岗位工种	每百万吨减少用工，人
1	电子巡井	（1）油井故障报警，抽油机远程启停； （2）人员闯入报警，井场喊话	住井工	200
2	智能分析视频服务器	人员闯入识别，自动拍摄存储，远程语音警示		
3	电子执勤	（1）实时监控，拍照取证； （2）车牌识别，可疑车辆提示	油区巡护工	60
4	管线堵漏判断	（1）自动监测管线进出口压力变化，事前预警； （2）使用管线检测软件，实时监测，泄漏点判断		
5	功图计量拓展	油井计量，油井工况智能诊断	低压试井工	14
6	自动投球装置	变传统人工投球为自动发球	采油工	8
7	变频器控制连续输油	变频器控制输油泵，实现连续平稳输油，减小工作量	站内检修岗	18
8	橇装增压装置	多功能集成、建站快捷、占地面积小、伴生气就地利用	站外检修岗	48
9	数字化场站工控系统	（1）各项数字化技术联合控制平台； （2）远程调注水井注水量； （3）油井、水源井远程启停，调冲次	专业技术人员、采油工、注水工、资料工	48
10	数字化生产管理平台	生产实时监测、安全智能监控、数据自动统计、工况智能分析、方案自动生成、系统远程维护、应急求援协调	管理及专业技术人员、资料工	
合计		若全部推广，则减少用工396人		

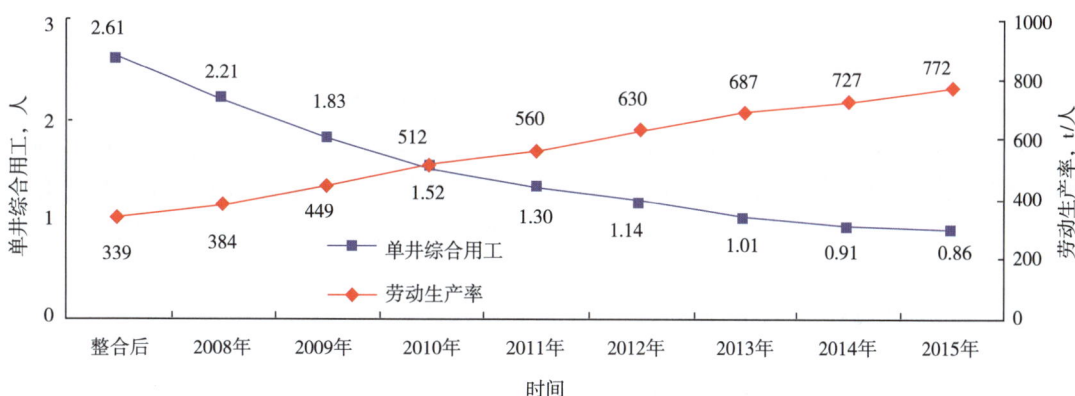

图 12 - 16　整合以来劳动生产率变化图

鄂尔多斯盆地以前管井工每天风雨无阻拿着笔、纸、压力表、扳手到井口看压力、填报表。量油工每天不停地倒流程闸门进行手动量油,录取产液量。管理数字化后产液量、压力通过远程计量系统显示在计算机界面上,资料录取既方便又准确。

数字化管理的最大特点就是保证了数据采集的连续性。以往油井生产资料的录取,靠手工定点、定时完成,不能反映油井的真实情况。现在,电脑可以 24h 实时、连续、自动记录数据,生产及管理人员在电脑上就可以随时浏览、提取实时数据,掌握每口井的生产运行情况。

四、降低了成本

井站合建、无人值守井场减少了看护设施,在保持投资基本不升的情况下实现了数字化;电子巡井减少了用工数和车辆巡护、巡检次数,降低了生产运行成本。

作业区与联合站共建、井站合建、多站合建,取消井区和倒班点,技术人员和特殊工种人员统一调配,实行专业化管理。按照这种工艺模式,百万吨建站数由 43 座降低到 24 座。

数字化建设的推进是低成本发展战略的需要,也是应对金融可能出现的各种危机的重大举措。一般油田人工成本占到操作成本的 40% 以上,加上其他各种补贴、费用,几乎占到 50%,我们可以想象,控制人工成本的紧迫性有多大。

要在投资控制、成本控制上下工夫。每一个环节都要控制投资、降低成本。一般要求所有的非生产性投资原则上全部停止。我们要把有限的投资用于生产性的投资,要多打井、多采油、多产气,这才是应对金融危机的最有效的办法。

五、提高了生产质量

通过数字化管理应用提升了油气田的管理水平,催生了劳动组织架构的变革,实现了生产组织方式的改变。只要有网络的地方,就可以对大漠深处、梁峁之间的油气井、装置设备进行远程管理。数字化管理方式大大提高了生产管理水平和效率,提升了安全监控能力,降低了一线员工劳动强度,改善了生产生活条件,改变了员工过去"晴天一身土,雨天一身泥"

的工作状况。

油井数字化管理感性变理性。过去，员工分析油水井只是依靠手头有限的资料进行，分析不够细致、深入。如今，所有的动态监控资料和生产管理制度，计算机都可以自动生成各种生产运行曲线和图表，员工可以快速准确地查找油水井的小层平面图、单砂体图、油水井连通图、吸水剖面图、管柱图等各种生产资料数据，对油水井的生产动态情况有一个清晰准确的掌握，并利用这些数据和曲线进行理性、科学的分析，预测各项生产要素的运行趋势，及时采取措施，保证井组的正常生产。

数字化管理既提高了油井生产质量，还提高了工作效率。因此要坚持"两高、一低、三优化、两提升"的建设思路。

"两高"——高水平（建成井站实时数据采集、电子巡井、危害预警、智能诊断油井机泵工况、生产指挥的智能专家系统）、高效率（通过数字化管理系统的应用，提高操作人员的工作效率、生产运行的管理效率、油气田开发的综合效率）。

"一低"——低成本战略。

"三优化"——优化设计、优化施工、优化管理。

"两提升"——提升建设水平、提升管理水平。

六、减小了劳动强度，改善了工作环境

（一）改善了工作环境

数字化管理让好多工作场景光荣"退休"。以前人工每天上井投球、抽油机冲次调节、油井生产参数实时录入、井站输油泵没有规律的启停、油气分离缓冲罐液位的人工测量等流程操作现已全部实现自动化。在增压站值班室，以前员工必须到现场才能看到的井场工况现在也全部"搬到"计算机里。在这里，只要轻轻一点鼠标，你就可以尽览油区各个角落的"风光"。

（二）技术培训、说教变互动

过去，"说教式"培训照本宣科，枯燥乏味，员工学习主要靠耳听、笔写，受时间、空间限制，学习效果不理想。如今，技术培训视频播放，多媒体动画生动、形象、直观，随时教随时学，随时学随时教。数字化管理实现了网络教学，只需将黑板教学的内容发布在网站上，员工便可随时点击进行学习，"千里之外"的员工也可以通过网络进行网上沟通、交流，共同探讨问题。

七、保证了安全生产

建成后的数字化油田，形成了数字化管理，至少在六个方面发挥了重要作用：一是掌握了油田所有实时生产信息；二是实现了部门业务网上办公；三是实现了井场基地数据共享、自动采集，以便实时决策；四是减少了科研人员收集整理资料的时间；五是提供了全方位的生产经营信息；六是实现了油田的可视化管理。这些功能的发挥，给油田安全生产和网络安全运行提供了保证，实时监控、自动报警预警、及时提供事故信息，给大油田安全管理带来了极大的效益。

参 考 文 献

[1] 李学京 . 标准化综论 [M]. 北京：中国标准出版社，2008.

[2] 杨超培 . 企业标准化理论、方法和实例 [M]. 广州：广东经济出版社，2006.

[3] 沈同，邢造宇 . 标准化理论与实践 [M]. 北京：中国计量出版社，2010.

[4] 李春田 . 标准化概论 [M]. 北京：中国人民大学出版社，2005.

[5] 国家标准化管理委员会 . 标准化工作手册 [M]. 北京：中国标准出版社，2004.

[6] 冉新权，朱天寿 . 油气田数字化管理 [M]. 北京：石油工业出版社，2011.

[7] 凌心强，李时宣，张彦博 . 长庆油田的四化管理模式 [J]. 油气田地面工程，2011（1）：8 - 10.

[8] 张箭啸，夏政，穆冬玲，等 . 长庆油田超低渗透油藏开发地面设计探讨 [J]. 石油工程建设，2010（2）：80 - 85.

[9] 王春辉，林罡，张小龙，等 . 姬塬油田多层系开发地面工艺技术研究与应用 [J]. 石油工程建设，2012（2）：19 - 23.

[10] 孙莉，王俊英 . 长庆超低渗透油藏有效开发技术研究 [J]. 企业导报，2011（13）：284.

[11] 樊成 . 长庆油田超低渗透油藏开发技术研究与应用 [J]. 石油化工应用，2009（2）：30 - 35.

[12] 商永斌 . 标准化注水站在油田地面工程建设中的应用 [J]. 油气田地面工程，2010（10）：83.

[13] 何毅，夏政，林罡 . 长庆油田油气集输与处理系统节能降耗研究 [J]. 石油和化工设备，2011（10）：80 - 82.

[14] 张箭啸，张雅茹，杨博，等 . 长庆油气田地面系统标准化设计及应用 [J]. 石油工程建设，2010（1）：92 - 96.

[15] 夏政，张箭啸，林罡 . 长庆油田推行标准化设计需要注意的几个问题 [J]. 石油规划设计，2010（1）：6 - 8.

[16] 韩建成，杨拥军，张青士，等 . 长庆油田标准化设计、模块化建设技术综述 [J]. 石油工程建设，2010（2）：75 - 79.

[17] 孟凡臣，高健，韩聪 . 浅谈地面工程模块化、标准化建设与现场管理 [J]. 中国石油和化工标准与质量，2011（6）：207，231.

[18] 吕海卫，吕海霞 . 模块化在长庆油田中的应用 [J]. 内蒙古石油化工，2010（14）：128.

[19] 闫红军 . 全面推行标准化设计模块化建设问题及对策探讨 [J]. 油气田地面工程，2009（10）：79 - 80.

[20] 何茂林，郭亚红，王文武，等 . 数字化橇装增压集成装置研制与应用 [J]. 中外能源，2010（3）：62 - 64.

[21] 杨建东，王文武，郭亚红，等 . 可拆卸式橇装增压集成装置在长庆油田中的应用 [J]. 油气田环境保护，2012（4）：53 - 54.

[22] 何茂林，郭亚红，王文武，等 . 橇装增压集成装置的研究、应用与展望 [J]. 石油工程建设，2010（1）：131 - 133.

[23] 董巍，林罡，王荣敏，等 . 智能移动注水装置的研制 [J]. 石油工程建设，2010（6）：30 - 32.

[24] 张朝阳，王艳 . 长庆油田数字化的建设实践 [J]. 油气田地面工程，2011（2）：3 - 5.

[25] 杨世海，高玉龙，郑光荣，等 . 长庆油田数字化管理建设探索与实践 [J]. 石油工业技术监督，2011（5）：1 - 4.

[26] 姬蕊，冯宇，杨世海 . 长庆油田地面系统数字化设计研究 [J]. 石油规划设计，2010（4）：36 - 38.

[27] 姬蕊，王琦，冯宇，等 . 长庆老油田数字化升级改造浅谈 [J]. 石油规划设计，2012（5）：47 - 49.

[28] 王书洋 . 我国油田信息化建设关键技术及应用效果研究 [J]. 现代商贸工业，2011（11）：230.

[29] 吕端龙 . 标准化造价在油田工程造价管理中的应用 [J]. 产业与科技论坛，2009（7）：244 - 246.